美国著名奥数教练蒂图·安德雷斯库系列丛书(第二辑)

112个组合问题：
来自AwesomeMath夏季课程

112 Combinatorial Problems：From the AwesomeMath Summer Program

［美］弗拉德·马泰(Vlad Matei)
［美］伊丽莎白·瑞兰德(Elizabeth Reiland)　著

余应龙　译

哈尔滨工业大学出版社
HARBIN INSTITUTE OF TECHNOLOGY PRESS

黑版贸审字 08－2017－025 号

内 容 简 介

本书介绍了组合数学中一些中等水平内容的入门方法,还介绍了一些解决计数问题的特色工具以及证明技巧.为了帮助读者解决计数问题,每一章都包括几道各种难度的例题,并附有解答.在基本篇章之后还收录了一些入门题和提高题供学生自行处理.

本书可供初高中及参加数学竞赛的学生参考阅读.

图书在版编目(CIP)数据

112 个组合问题:来自 AwesomeMath 夏季课程/(美)弗拉德·马泰(Vlad Matei),(美)伊丽莎白·瑞兰德(Elizabeth Reiland)著;余应龙译.—哈尔滨:哈尔滨工业大学出版社,2019.5(2024.1 重印)

书名原文:112 Combinatorial Problems:From the AwesomeMath Summer Program

ISBN 978－7－5603－8082－7

Ⅰ.①1…　Ⅱ.①弗…②伊…③余…　Ⅲ.①代数方程—研究
Ⅳ.①O151.1

中国版本图书馆 CIP 数据核字(2019)第 058060 号

策划编辑　刘培杰　张永芹
责任编辑　张永芹　陈雅君
封面设计　孙茵艾
出版发行　哈尔滨工业大学出版社
社　　址　哈尔滨市南岗区复华四道街 10 号　邮编 150006
传　　真　0451－86414749
网　　址　http://hitpress.hit.edu.cn
印　　刷　哈尔滨市工大节能印刷厂
开　　本　787mm×1092mm　1/16　印张 13　字数 292 千字
版　　次　2019 年 5 月第 1 版　2024 年 1 月第 4 次印刷
书　　号　ISBN 978－7－5603－8082－7
定　　价　58.00 元

(如因印装质量问题影响阅读,我社负责调换)

美国著名奥数教练蒂图·安德雷斯库

序　言

　　组合数学是一个迷人的数学分支,它涉及计算各种对象和集合的个数.尽管组合数学在高中数学教材中所占的比例不大,但计数问题经常出现在初高中的数学竞赛中,然而这并不是因为学习组合数学要以达到较高的数学水平为前提,其实对于许多计数问题,任何具有牢固的算术背景和一些基本代数知识的人都是可以接受的.

　　本书给学生提供一个机会,使学生去探索组合数学中的一些中等水平内容的入门途径.本书包括一些解决计数问题的具有特色的工具以及证明技巧,更重要的是,能让学生建立起一个深厚的基础.值得注意的是,本书的某些章节比另外一些章节更具有挑战性.实际上,可以认为,关于不变量多于一种途径的计数,以及母函数等章节所包含的内容是相当艰深的,如果读者没能立即掌握这些概念,也不应沮丧.虽然对于计数问题,实际上每个人都是可以接受的,但这并不意味着可以对其不屑一顾.解决计数问题的一个最诡谲的方面是确定应该用什么工具和技巧.为了帮助读者习惯于处理这些微妙之处,每一节都包括几道各种难度的例题,并附有解答,且指出在实际中如何应用各种不同的技巧.

　　在这些基本篇章之后,我们还收录了一些入门题和提高题供学生自行处理.这些问题都是经过精心挑选的,其目的是使读者在各章中出现的解题技巧的基础上对这些问题做进一步研究.本书的后面部分涵盖了这些问题的详细解答,学生可以用来检验自己所做的努力.

　　本书中出现的一些问题来源于世界各国数学竞赛题.在此我们要对为这些竞赛做出贡献,并向我们提供如此丰富内容的诸位作者表示衷心感谢.我们也要感谢 Titu Andreescu博士给我们机会,并鼓励我们写这本书,还要感谢 Richard Stong,Branislav Kisacanin,Walter Stromquist 三位博士,感谢他们尽力而认真的反馈,帮助我们把本书做到精益求精.

　　愿大家共享这些问题!

Elizabeth "Lizard" Reiland

Vlad Matei

目　　录

第 1 章 计数的基本知识

在没有进入计数领域之前,我们首先回顾一下集合论的一些定义和记号.因为这些定义和记号对我们学习组合数学十分重要,也是出现在所有数学文献中的通用术语,所以应该学习和熟记.

定义 1 集合是由不同元素组成的总体,其各元素的排列顺序并不重要.我们可以用列举的方法指定一个集合,例如$\{1,2,4,8,16\}$ 或$\{3,5,7,\cdots,19\}$.注意,我们的定义表明,例如$\{1,2,4\}$,$\{2,4,1\}$ 指的都是同一个集合.

我们也可以使用构造法(也称描述法)的记号指定一个集合,在构造法集合中提出一个条件用来确定哪些元素属于这个集合,例如$\{x \mid 1 < x < 17, x$ 是整数$\}$.“$\mid$”可以读作“满足”,所以这个集合是:x 是满足 $1 < x < 17$ 的整数的所有值.因此这个集合可简化为$\{2,3,\cdots,16\}$.集合$\{(x,y) \mid x,y$ 是实数$,y=3x+4\}$ 是构造法集合记号的另一个例子.注意这个集合包含无穷多个有序实数对(x,y).

空集是没有任何元素的集合.用记号$\{\ \ \}$ 或 $\varnothing$ 表示.

记号 $x \in A$(读作 x 属于 A,或 x 是 A 的元素)表示元素 x 包含于集合 A 内.常用 $y \notin A$(读作 y 不属于 A,或 y 不是 A 的元素)表示元素 y 不包含于集合 A 内.

如果集合 A 的每一个元素都是集合 B 的元素(即由 $x \in A$ 可推得 $x \in B$),那么称集合 A 是集合 B 的子集(记作 $A \subseteq B$).

如果集合 A 和集合 B 恰好包含同样的一些元素,那么称集合 A 和集合 B 相等(记作 $A = B$).(证明 $A = B$ 的常用方法是证明 $A \subseteq B$ 且 $B \subseteq A$,切记!)

两个集合 A 和 B 的并是由一切属于集合 A 或集合 B 的元素组成的集合(记作 $A \bigcup B$):$\{x \mid x \in A$ 或 $x \in B\}$.两个集合 A 和 B 的交是由一切既属于 A 又属于 B 的元素组成的集合(记作 $A \bigcap B$):$\{x \mid x \in A$ 且 $x \in B\}$.这些定义可以以直觉的方式推广到超过两个集合

$$S_1 \bigcup S_2 \bigcup \cdots \bigcup S_k = \{x \mid x \in S_i, \text{对某些 } i, 1 \leqslant i \leqslant k\}$$
$$S_1 \bigcap S_2 \bigcap \cdots \bigcap S_k = \{x \mid x \in S_i, \text{对一切 } i, 1 \leqslant i \leqslant k\}$$

如果集合 A 和集合 B 没有共同的元素,那么称集合 A 和集合 B 不交(即 $A \bigcap B = \varnothing$).

集合 A 和集合 B 的差集(记作 $A \backslash B$)是由属于 A 但不属于 B 的元素组成的集合.这一记号甚至可用于集合 B 不是集合 A 的子集的情况,例如$\{1,2,3\} \backslash \{3,4\}$ 是$\{1,2\}$.

如果有一个全集 U,它包含我们考虑的一切对象,那么就可以把不属于 A 的元素的全体对象定义为集合 A 的补集(记作 A^c)(即 $A^c = U \backslash A$).例如,当我们把整数集视为全集时,奇数集就是偶数集的补集.(注意:为了使补集的概念有意义,必须有一个全集.)

集合 A 的基或大小(记作 $|A|$)是这个集合的元素的个数.

虽然这些定义也许看起来有些简单,但在集合论中的确有些奇妙的问题.比如说,我们可以取集合 $\{1,2,3\}$ 的所有子集组成一个集合 A(或称为幂集 A).我们有

$$A=\{\varnothing,\{1\},\{2\},\{3\},\{1,2\},\{1,3\},\{2,3\},\{1,2,3\}\}$$

集合 A 的元素是集合.我们可以不断地使用这个想法去构造这样的集合,它的元素是集合的集合等.另一个有趣的例子是集合 $B=\{\varnothing\}$,注意集合 B 不是空集,而是包含空集的集合.空集的大小是 0,但是我们有 $|B|=1$.

可能会有人担心,集合 A 是否能将本身作为一个元素而包含在内,即 $A\in A$.为了避免出现这种情况,我们可以对所有集合的集合加以限制,即不能包含本身,$B=\{A\mid A\notin A\}$.考虑到集合是否包含本身将会导出一个著名的罗素(Russell)悖论.这些问题都很有趣,但是与本书关系不大,因为我们关于集合的定义是十分明确的,而且通常指的是有限集.

正当我们开始进入计数这一领域时,遇到的几乎每一个问题都会出现两个十分本质的法则.一旦进行了一些计数,你将会发现自己还没有意识到就已经在使用这两个法则了.我们马上就要正式叙述这些原理,不过首先要举一个简单的例子.

例 1　假定我们在服装店里,这个服装店有 16 种不同的衬衫,9 种不同的裤子和 3 种不同的鞋.要买一件东西有多少种不同的买法?

在我们讨论这一问题的解答之前,注意例 1 描述了一个关于组合数学的一个重要事实.更有趣的是,用简单的汉语编制组合数学的问题,并且你将经常见到这种方法.但是汉语并不像数学那样是精确的语言,我们通常并不想进行一长串的否定和解释把问题弄得很精准,因为这将会使简单地使用汉语这个关键点变得糟糕.

当你正要着手处理组合数学问题时,首先要采取的步骤之一是要决定如何解释这段汉语.例如,在解例 1 时,我们将隐含地假定类别只是提及的这 3 种东西(衬衫、裤子和鞋),而且鞋是成双出售的.至于如何解释问题,数学家一般是持同意观点的,而且这就是你在审视例题中会挑出来的东西之一.如果你不明确如何解释问题的语句,也不能去问别人弄清楚,尽力求得一个合理的解释,那么你肯定会注意到你在解题中所做出的假设.

在做了这些注释以后,让我们来解例 1 吧!

解　因为一件东西或者是衬衫,或者是裤子,或者是鞋,我们只要把各种东西的种数相加,就得到 $16+9+3=28$ 种可能的方法.

例 1 中的计数问题是相当简单的,它体现出应用加法原理的一个实例,加法原理是一个能够解决许多更为复杂的问题的普遍原理.加法原理的叙述如下:

定理 1(加法原理)　如果 $A_1,A_2,\cdots,A_n$ 是两两不交的集合(即两两没有共同的元素),那么

$$| A_1 \bigcup A_2 \bigcup \cdots \bigcup A_n |=| A_1 |+| A_2 |+ \cdots +| A_n |$$

这看上去就像一长串"花哨"的符号,实际上正是这一法则告诉我们,如果要计数从一组不同的且没有重叠的集合中挑出一个元素的可能的方法种数时,只需要将各个集合的大小相加. 如果集合有重叠,那么必须要小心一点. 在这一章中将对容斥原理进行讨论. 现在给出使用这一原理的一个简单的例子.

例 2 设 $X=\{1,2,\cdots,200\}$. 定义
$$S=\{(a,b,c) \mid a,b,c \in X,a<b,a<c\}$$
则 S 有多少个元素?

解 注意,我们可将 S 分割成不交的集合 A_k,这里 k 是 a 的值,$1 \leqslant k \leqslant 199$. 因为 $b>k,c>k$,所以 b 有 $200-k$ 种选择,c 也有 $200-k$ 种选择. 于是 $| A_k |=(200-k)^2$. 利用加法原理,得到 $| S |$.

例 3 如果一个服装店可以提供 16 种不同的衬衫和 9 种不同的裤子,那么买一套由一件衬衫和一条裤子组成的服装有多少种购买方法?

解 为了有助于简化计数,我们构造一张表. 表中的每一行表示衬衫,每一列表示裤子. 表中的每一格都表示由所在行中的衬衫和所在列中的裤子组成的一套服装. 因为每一格表示不同的一套服装,每一套服装都恰好出现在一个格子里,所以服装的套数就等于表中的格子数. 因为有 16 种衬衫和 9 种裤子,所以表中有 $16 \cdot 9=144$ 个格子,于是可能买的服装套数是 144.

注意,如果我们要一套由一件衬衫、一条裤子和一双鞋组成的服装,那么就要把这种想法扩展到一张三维表中. 第一个坐标表示衬衫,第二个坐标表示裤子,最后一个坐标表示鞋. 类似地,如果要做 n 种选择,那么可以想象在一个 n 维表中的计数格子. 这就给我们带来了另一个基本法则.

定理 2(乘法原理) 如果我们有 n 种要选择的情况,其中第一种选择有 X_1 种可能,第二种选择有 X_2 种可能,一直到第 n 种选择有 X_n 种可能,那么要选择的方法总数为 $X_1 \cdot X_2 \cdot \cdots \cdot X_n$.

对于大部分问题,我们既采用加法原理,也采用乘法原理得到最后的结果. 利用加法原理,我们可以把问题分解为若干种情况,其中每一种情况的计数相对比较简单(一般采用乘法原理),请看下面的例子.

例 4 恰有一个数字是偶数的三位数有多少个?

解 这里要分三种情况:首位数字是偶数,另两位数字是奇数;中间一位数字是偶数,另两位数字是奇数;末位数字是偶数,另两位数字是奇数. 因为这三种情况不重叠,所以可以对各种情况进行计数,然后利用加法原理得到最后的结果.

我们可以设想分三个步骤构造一个三位数:选首位数字,选第二位数字,选末位数字. 在首位数字是偶数,另两位数字是奇数的情况下,首位数有 4 种选择 $(2,4,6,8)$,因为

首位必须是偶数，而且非零（否则将不是三位数）．因为第二位和第三位都是奇数，所以都有 5 种可能 $(1,3,5,7,9)$．于是乘法原理告诉我们，有 $4 \cdot 5 \cdot 5$ 个三位数符合这种情况．在中间一位数字是偶数，另两位数字是奇数的情况下，对于每一个数字都有 5 种可能：奇数数字是 $1,3,5,7,9$，偶数数字是 $0,2,4,6,8$．于是总的来说，这种情况共有 $5 \cdot 5 \cdot 5$ 个三位数．类似地，在末位数字是偶数，另两位数字是奇数的情况下也有 $5 \cdot 5 \cdot 5$ 个三位数．将这三种情况合在一起，利用加法原理，共有 $4 \cdot 5 \cdot 5 + 5 \cdot 5 \cdot 5 + 5 \cdot 5 \cdot 5 = 350$ 个恰有一个数字是偶数的三位数．

还有一个基本的且常用的技巧是补计数．假定我们关注的是确定集合 A 的大小，如果有一个有限的全集 U，根据加法原理，有 $|A| + |A^c| = |U|$，移项后得到 $|A| = |U| - |A^c|$．我们可以利用这一公式确定集合 A 的大小．特别是能够确定全集的大小与 A 的补集的大小，然后做减法．在某些情况下可以比直接计算 A 的大小容易得多．如果在问题中看到"至少"这类词的时候，补计数是经常考虑的好办法．

例 5 有多少个四位数至少有一个数字是 2 或 3？

解 首先，计算四位正整数的总数．首位数必须是 1 至 9，所以有 9 种选择．其余三位数字是 0 至 9 中的一个数字，于是每一位都有 10 种选择．于是总数是 $9 \cdot 10 \cdot 10 \cdot 10 = 9\,000$ 个四位正整数．

下面我们计算有多少个不包含 2 或 3 的四位正整数．首位有 7 种选择 $(1,4,5,6,7,8$ 或 $9)$，其余三位都有 8 种选择．这样就给出总共有 $7 \cdot 8^3$ 个不包含 2 或 3 的四位数．从总数中减去它，就得到 $9\,000 - 7 \cdot 8^3 = 5\,416$ 个至少有一个数字是 2 或 3 的四位数．

下面来看一些到目前为止已学到的技巧在解决问题时的应用．

例 6 集合 $\{1,2,\cdots,n\}$ 有多少个子集？（这个数据在以后的问题中会经常用到，所以这是一个有用的事实，要记住．）

解 考虑元素 $i(1 \leqslant i \leqslant n)$．构造一个子集 S，对于 i 有两种选择：i 属于 S，或 i 不属于 S．因为这 n 个元素中的每一个都有这样的选择，所以，根据乘法原理，集合 $\{1,2,\cdots,n\}$ 有 2^n 个子集．

例 7 集合 $\{1,2,\cdots,n\}$ 有多少个子集 S，使 $|S|$ 是奇数？

解 对于每一个元素 $i(1 \leqslant i \leqslant n-1)$ 都有两种选择：属于 S 或者不属于 S．这时候，考虑 $|S|$．如果 $|S|$ 是奇数，那么 S 中不包含 n；如果 $|S|$ 是偶数（到目前为止），那么 S 必须包含 n 以满足 $|S|$ 是奇数这一条件．在这两种情况下，对于 n 都只有一种选择．根据乘法原理，这表示有 $2^{n-1} \cdot 1 = 2^{n-1}$ 个使 $|S|$ 是奇数的子集 S．

例 8 甜点师在星期日开始的一个星期中的每一天都准备了甜点．每天的甜点是蛋糕、馅饼、冰淇淋和布丁中的一种．同样的甜点在连续两天中不能出现在同一个菜单上．因为星期五有人过生日，所以必须有蛋糕．问这个星期中可能有多少种不同的菜单？

解 先从星期五开始，因为这一天必须有蛋糕，这表示星期六不能有蛋糕，所以星期六的甜点有 3 种选择.类似地,从星期五往前到星期四,星期四的甜点有 3 种选择(蛋糕除外).于是星期三可以在星期四不供应的三种甜点中做任意选择,一直回到星期日都是这样.每一天都有 3 种选择(星期五除外).根据乘法原理,共有 $3^6 = 729$ 种可能的菜单.

在例 7 中利用乘法原理有点细微的区别.乘法原理只要求在我们拥有的选择链中的每一步上与我们所决定的选择链中的那处有同样多个可能选择.至于那些特殊的选项是什么则无关紧要.在例 8 中虽然所允许的甜点的集合可以根据我们所做的实际选项而改变,但每一天(星期五除外)可能的甜点数恰好总是 3.

解决本题还有另一种方法.例如,可以从星期一开始往前算.虽然可以这样做,但是要难得多(如果你不信,可以尝试一下).经常有多种正确的计数方法解决计数问题,在考虑不同的处理方法时,总有好的想法出现.

例 9　将一个大立方体涂成绿色,然后切成 64 块同样大小的小立方体,有多少个小立方体至少有一个面涂成绿色?

解　我们采用补计数法.先确定有多少块小立方体没有绿色的面.为了不涂到绿色,小立方体必须在大立方体的内部.对于小立方体($2 \cdot 2 \cdot 2$)而言,大立方体($4 \cdot 4 \cdot 4$)中有 $4 \cdot 2 = 8$ 个小立方体没有绿色的面,所以有 $64 - 8 = 56$ 个小立方体至少有一个面涂成绿色.

例 10　设 $n(n \geqslant 2)$ 是正整数,n 的质因数分解式是 $p_1^{\alpha_1} p_2^{\alpha_2} \cdots p_k^{\alpha_k}$,其中 $p_1, p_2, \cdots, p_k$ 是不同的质数,$\alpha_1, \alpha_2, \cdots, \alpha_k$ 是正整数,问 n 有多少个正约数?

解　回忆一下,当且仅当 n 能被 x 整除时,x 是 n 的约数.因此有这样的情况:x 的质因数分解式是 $p_1^{\beta_1} p_2^{\beta_2} \cdots p_k^{\beta_k}$,其中对每一个 i,有 $0 \leqslant \beta_i \leqslant \alpha_i$.这就是说,$\beta_1$ 的值有 $\alpha_1 + 1$ 种选择,β_2 的值有 $\alpha_2 + 1$ 种选择,等等.应用乘法原理,n 的正约数的总数是 $(\alpha_1 + 1)(\alpha_2 + 1) \cdots (\alpha_k + 1)$.

例如,考虑 $20 = 2^2 \cdot 5^1$.根据我们的逻辑,20 应该有 $(2+1)(1+1) = 6$ 个正约数,它们是 $1, 2, 4, 5, 10, 20$.

例 11　设 n 和 k 是正整数.$\{1, 2, \cdots, n\}$ 的子集 S_i 组成 k 元组 $(S_1, S_2, \cdots, S_k)$,S_i 分别满足以下条件(即这三部分是互相独立的问题):

(a) 所有 S_i 两两不交;

(b) $S_1 \cap S_2 \cap \cdots \cap S_k = \varnothing$;

(c) $S_1 \cup S_2 \cup \cdots \cup S_k = \{1, 2, \cdots, n\}$.

计算 k 元组 $(S_1, S_2, \cdots, S_k)$ 的个数.

解　(a) 考虑特定的元素 $j \in \{1, 2, \cdots, n\}$.要使所有的 S_i 两两不交,j 只能属于 S_1,$S_2, \cdots, S_k$ 中的至多一个.对于 n 个元素中的每一个 j 来说,总共有 $k + 1$ 种可能(可能属于这 k 个子集中的一个,也可能不属于任何一个子集).根据乘法原理,两两不交的 S_i 共有 $(k+1)^n$ 个 k 元组.

（b）再考虑特定的元素 $j \in \{1, 2, \cdots, n\}$. 对于每一个 S_i 有两种选择：或者 j 属于 S_i，或者 j 不属于 S_i. 于是总共有 2^k 种出现 j 的子集 S_i 的可能组合. 但是只有 1 种情况不符合我们的条件，即 j 包含于每个子集 S_i 之中的情况. 于是对于 $\{1, 2, \cdots, n\}$ 的 n 个元素中的每一个都有 $2^k - 1$ 个位置. 根据乘法原理，有 $(2^k - 1)^n$ 个 k 元组满足 $S_1 \cap S_2 \cap \cdots \cap S_k = \varnothing$.

（c）实际上，这与上面这部分的情况类似. 只有 1 种情况不符合我们的条件，即 j 不包含于任何一个子集 S_i 中的情况. 于是对于 $\{1, 2, \cdots, n\}$ 的 n 个元素中的每一个都有 $2^k - 1$ 个位置. 根据乘法原理，有 $(2^k - 1)^n$ 个 k 元组满足 $S_1 \cup S_2 \cup \cdots \cup S_k = \{1, 2, \cdots, n\}$.

第 2 章　　排列与组合

　　许多计数问题涉及将一些东西安放在某个位置上. 虽然总体思想比较简单, 但是这些问题因根据允许安排的类型所确定的规则而千变万化. 在本章和下一章中, 我们将深入研究这些问题中的某些广泛的不太典型的类型. 我们将看到各种各样的情况, 在这些情况中, 主要的角色是"对象"和"位置". 在所进行的讨论中, 保持不变的唯一法则是我们的"位置"是有区别的.

　　虽然我们的位置是有区别的, 但我们的对象却可以是有区别的或者是无区别的. 例如, 假定我们有两个球和两个罐子, 有多少种方法把球放入罐子里去?

　　这个问题依赖于球是否有区别. 如果球是同样的 (无区别的), 那么有三种方法把球放入我们看来是不同的罐子里: 两个球都放入左边的罐子里, 或者两个球都放入右边的罐子里, 或者每个罐子各放一个球. 但是如果一个球是蓝色的, 另一个球是红色的, 那么我们能看到球的分布有四种可能性: 两个球都放在左边的罐子里, 或者两个球都放在右边的罐子里, 这两种情况现在还是有的, 但是现在还有红色球放在左边的罐子里, 蓝色球放在右边的罐子里, 以及蓝色球放在左边的罐子里, 红色球放在右边的罐子里这两种情况.

　　是否允许重复? 我们必须考虑的另一种可能性是能否规定几样东西放入同一个位置. 在上面, 我们假定每个罐子都足够大, 能容纳许多球. 如果加以限制, 每个罐子必须是空的或者恰能放一个球, 在这种情况下, 只有一种方法把两个无区别的球放入罐子里 (每罐一球); 如果规定两球有区别, 那么就有两种放法 (红球放入左罐, 蓝球放入右罐以及相反).

　　我们能否说出如何应用于哪一种情况呢? 这就是计数问题需要技巧之处. 通过各章中的例题和亲自实践, 你将学会识别问题所提供的暗示, 逐渐地轻松分辨出对象和位置 (球和罐子). 如果你还不能判断出要用什么情况, 那么你所能做的一切就是明确地陈述你的假定, 然后尽力去解决问题.

　　我们来看四种基本类型的问题, 本章中有三种, 下一章中有一种. 各种情况我们总结了四种重要的将一再出现的形式. 利用乘法原理, 并仔细考虑确定不做过量的计算, 是能够找到这些形式的. 应该经常使用这些公式, 以至于很有希望最终熟记这些公式. 但是, 知道如何推导将有助于你更好地记住这些公式, 使你更有效地确定哪一个公式适用于哪种特定的情况, 让你学会使用这种能解决更为复杂的计数问题的思想方法.

　　为了有助于说明问题中的形式, 假定小镇上新开张了一家冰淇淋商店, 该店提供 n 种不同口味的冰淇淋. 为了吸引顾客, 他们决定进行一系列的促销活动.

开张日: 各勺冰淇淋的顺序有区别, 口味允许重复

开张日商店决定提供能装 k 勺冰淇淋的蛋筒打折出售. 因为 k 勺冰淇淋在一个蛋筒上, 所以这 k 勺冰淇淋是有顺序的, 因此说明是有区别的.

一勺香草冰淇淋在一勺巧克力冰淇淋的上面区别于一勺巧克力冰淇淋在一勺香草冰淇淋的上面. 但是你要什么口味并不受限制, 你可以选取 k 种不同的口味, 或者 k 种同样的口味, 或者选取任意多少种口味. 根据这样的标准, 可能有多少种不同的蛋筒?

先从一个蛋筒开始, 加上冰淇淋. 第一勺冰淇淋的口味有多少种不同的选择呢? 因为有 n 种口味, 所以有 n 种选择. 那么第二勺呢? 因为选择口味没有限制, 所以仍然有 n 种选择. 事实上, 我们所加的每一勺, 无论加的是什么口味, 都恰有 n 种可能. 这就是说, 根据乘法原理, 我们总共可以做出

$$\underbrace{n \cdot n \cdot \cdots \cdot n}_{k \text{个因数}} = n^k$$

种可能的蛋筒.

同样的方法可应用于我们以前推导过的经典的"球和罐子"问题:

例 12 把 k 个有区别的球放到 n 个有区别的罐子里有多少种不同的放法(这里有区别的意思是可将球从 1 到 k 编号, 将罐子从 1 到 n 编号)?

解 对于第一个球, 把这个球分配到哪一个罐子里有 n 种选择. 同样第二个球也有 n 种选择, 等等. 这 k 个球都有 n 种选择. 根据乘法原理, 把这些球放到罐子里总共有 n^k 种放法.

我们可以设想把一个球当作一勺冰淇淋, 各个罐子表示不同的口味, 于是这个问题就变为对冰淇淋计数了. 当然我们的对象是有区别的, 并且超过一个对象可以出现在一个指定的位置上时, 答案总是 n^k.

第二天: 各勺冰淇淋的顺序有区别, 口味不允许重复

我们回到冰淇淋商店, 假定老板意识到开张那天太早就吃完了特色口味的冰淇淋, 所以营业结束得太早. 为了避免这种问题再次发生, 第二天商店改变了促销条件. 当顾客们还是想得到有 k 勺冰淇淋的蛋筒时, 那么任意一种指定口味的冰淇淋只能有一勺.

先考虑特殊情况, 假定我们想要得到一个有 n 勺冰淇淋的蛋筒(口味也是 n 种). 因为口味不能重复, 也就是说, 每一种口味恰好用一次, 所以我们必须做的事情就是将口味排序. 那么有多少种方法进行排序呢?

下面的定义将帮助我们着手解决这一问题.

定义 2 不同对象的有序组的排列是对同样这些对象以可能的不同顺序进行的排列.

例如, 下面各种情况都是对有序三数组 $(1,2,3)$ 的一种排列

$$(1,2,3),(1,3,2),(2,1,3),(2,3,1),(3,1,2),(3,2,1)$$

像前面一样, 我们从最下面开始, 用一勺一勺冰淇淋构成蛋筒, 有多少种口味选择最

下面的一勺冰淇淋呢？我们可以在 n 种可选的口味中任选一种，所以有 n 种可能.下一勺呢？既然已经有了最下面的一勺冰淇淋，那我们知道不能选取那种口味的冰淇淋了，只有余下的 $n-1$ 种冰淇淋可供选择.同样第三勺只有 $n-2$ 种选择，这是因为有两种口味已经用过了.这种方式一直用到最上面的一勺冰淇淋.除了最后一种口味外都用过了，所以可供选择的口味只有一种了.利用乘法原理，可以做出

$$n \cdot (n-1) \cdot (n-2) \cdot \cdots \cdot 3 \cdot 2 \cdot 1$$

种可能的蛋筒.

　　由于上述乘法在组合数学中经常出现，所以我们给它取一个名称并给出记号.我们把 1 到 n 的整数的乘积叫作 n 的阶乘，记作 $n!$.我们认为 $n!$ 是对 n 个不同的对象进行排序的总数.我们说 $0!=1$ 是因为对 0 个对象排列只有一种排法，即不排（你也可以认为是"没有"乘积，于是等于 1；还可以认为：由 $(n-1)!=\dfrac{n!}{n}$，得到 $0!=\dfrac{1!}{1}=1$）.

　　现在我们关注 $k \leqslant n$ 的一般情况.也就是说，在总共有 n 种口味的冰淇淋中取出 k 勺冰淇淋能做成多少种冰淇淋蛋筒（每一种口味至多只能用一次）？

　　就像我们恰好有 n 勺冰淇淋的情况，最下面一勺冰淇淋的口味有 n 种选择，第二勺冰淇淋有 $n-1$ 种选择，因为不允许使用与最下面一勺同样口味的冰淇淋.继续使用这种方法.这些数的乘积中最小的数是什么呢？因为第一个数是 n，第二个数是 $n-1$，第三个数是 $n-2$，……，第 k 个数是 $n-(k-1)=n-k+1$.一般情况下，我们有

$$\underbrace{n \cdot (n-1) \cdot (n-2) \cdot \cdots \cdot (n-k+2) \cdot (n-k+1)}_{k\text{个因数}} = \dfrac{n!}{(n-k)!}$$

种符合要求的蛋筒.

　　有人把这种结构称作"降幂"或"降因子"，并给出一个记号，如 $n^{\underline{k}}$ 或 $(n)_k$.在本书中我们不采用这种记号，不过，它有助于我们记住表达式 $\dfrac{n!}{(n-k)!}$ 并不是过分复杂的事情，它只是 k 个因子的乘积，与普通的幂并无太大的区别.

　　排列也有一个类似于球和罐子的问题.我们也能看出 $\dfrac{n!}{(n-k)!}$ 表示把 k 个有区别的球放入 n 个有区别的罐子中，每个罐子至多放一个球的放法的总数.

　　第三天：各勺冰淇淋的顺序无区别，口味不允许重复

　　经过两天把冰淇淋堆积到一个蛋筒上后，商店的工作人员需要休息一下.第三天，他们决定对口味加以限制（每一种口味最多只能用一次），用大碗代替蛋筒.这些碗足够大，把冰淇淋按照顺序放也没问题，这样顾客可以在任何时候用勺子吃他（她）想要吃的那种冰淇淋（不像蛋筒那样只能从上到下吃冰淇淋，否则就要坍塌）.一勺巧克力冰淇淋在一勺香草冰淇淋下面的蛋筒与一勺香草冰淇淋在一勺巧克力冰淇淋下面的蛋筒被认为是不同的蛋筒，但是放有一勺巧克力冰淇淋和一勺香草冰淇淋的碗只算一种.根据新的规

定,有多少种不同的 k 勺冰淇淋的碗[①]?

这个问题的答案记作 $\begin{bmatrix} n \\ k \end{bmatrix}$(读作"$n$ 选 k"). 也就是说,$\begin{bmatrix} n \\ k \end{bmatrix}$ 是从 n 种口味的冰淇淋中选出 k 勺冰淇淋的不同的碗的个数,但这 n 种口味中的每一种最多只能用一次. 我们的目标是寻求 $\begin{bmatrix} n \\ k \end{bmatrix}$ 的公式.

回想一下第二天. 我们还是有任何口味的冰淇淋至多用一次的规定,但当时我们考虑是有顺序的,结果共有 $\dfrac{n!}{(n-k)!}$ 种不同的蛋筒.

假定当时我们盛放 k 勺冰淇淋的是碗,并且每一勺冰淇淋的口味都不同,有多少种方法把这些勺冰淇淋放入一个蛋筒呢? 这就是 k 勺冰淇淋的一个排列. 我们从上面的特殊情况知,排列 k 种不同的对象有 $k!$ 种方法. 我们可以看出,从每种口味至多用一次的 n 种口味的冰淇淋中取出由 k 勺冰淇淋组成的蛋筒的总数恰恰是从 n 种口味的冰淇淋中选取 k 种口味的冰淇淋,然后对这 k 种口味的冰淇淋在蛋筒上以某种顺序排列的总数. 于是根据乘法原理,得

$$\begin{bmatrix} n \\ k \end{bmatrix} \cdot k! = \frac{n!}{(n-k)!}$$

由此得

$$\begin{bmatrix} n \\ k \end{bmatrix} = \frac{n!}{k!\,(n-k)!}$$

这就是 $\begin{bmatrix} n \\ k \end{bmatrix}$ 的公式. $\begin{bmatrix} n \\ k \end{bmatrix}$ 也称为二项式系数(后面我们将会看到为什么叫这个名称).

$\begin{bmatrix} n \\ k \end{bmatrix}$ 这个值是把 k 个有区别的球放入 n 个有区别的罐子里放法的总数,其中每个罐子的容量是至多一个球(再想想,每个罐子对应于一种特定口味的冰淇淋,每一个球表示一勺冰淇淋). $\begin{bmatrix} n \\ k \end{bmatrix}$ 的另一种常用的应用如下:

例 13 证明:$\begin{bmatrix} n \\ k \end{bmatrix}$ 是集合 $\{1,2,\cdots,n\}$ 的含有 k 个元素的子集的个数.

证明 假定 n 种口味的冰淇淋中的每一种都用一个数表示,那么一杯有 k 勺没有重复口味的冰淇淋恰好对应 $\{1,2,\cdots,n\}$ 的一个有 k 个元素的子集.

看看你是否能够用一个直接的理由去检验这是否正确. 你的理由将十分类似于冰淇

---

① 口味仍有 n 种. —— 译者注

淋的例子.

一般地,我们称 $\begin{bmatrix} n \\ k \end{bmatrix}$ 为组合数.

定义 3 组合是一组不同对象的一个子集(与顺序无关,$\{1,2,4\}$ 与 $\{4,2,1\}$ 是同一个组合).

注意,我们已经建立了排列和组合的公式,现在举例说明:

例 14 n 个人坐在一张圆桌旁可能有多少种坐法?如果在两种排列中每个人的左边相同,右边也相同,那么认为这两种排列是同一种排列.

解 如果两种排列成旋转对称,那么就是同一种排列,所以可以把一个人作为参照点,从那个位置开始进行排列.首先选择坐在参照人右边的人,因为这个位置不能是原参照人,所以这个位置有 $n-1$ 种选择.然后选择一个坐在那人右边的人,因为有两个人已经就座,所以有 $n-2$ 种选择.用这样的方法继续围桌就座,就得到 $(n-1)\cdot(n-2)\cdot n\cdots 1$,所以有 $(n-1)!$ 种坐法.

注意,一旦有了参照人,任何坐法都对应 $n-1$ 个人的唯一的排列.我们早就可以直接看出答案是 $(n-1)!$.第三种方法是考虑这 n 种排列是旋转对称的.于是在这 n 个人的每 n 种排列中只算一种,于是得到 $\dfrac{n!}{n}=(n-1)!$.

现在我们来定义格子路径的记号.实践证明"东北格子路径"在组合数学中是经常使用的.

定义 4 假定我们站在坐标平面的原点($(0,0)$ 处).在平面内以水平方向或竖直方向的单位长度作为步子进行移动.例如,第一步在 $(1,0),(0,1),(-1,0)$,或 $(0,-1)$ 处结束.一系列这样的步子就称为格子路径.如果我们把四种可能的方向局限于只能向右("东")或向上("北")的步子,那么就有"东北格子路径"这一名称.

现在我们从这些路径的基本计数开始.

例 15 设 a,b 是正整数,从 $(0,0)$ 到 (a,b) 有多少种"东北格子路径"?

解 为了到达 (a,b) 处,必须向右走 a 步,向上走 b 步(共走 $a+b$ 步).我们可以将此看作从集合 $\{1,\cdots,a+b\}$ 中选出 a 个数,对于每一个选出的 i,第 i 步是向右的.一旦我们确定了哪几步是向右的,那么其余的步子都必定向上.我们知道从一个大小为 $a+b$ 的集合中取出一个大小为 a 的子集的总数是 $\begin{bmatrix} a+b \\ a \end{bmatrix}$,这就给出了从 $(0,0)$ 到 (a,b) 的东北格子路径数.

例 15 的解题过程描述了计数问题中的一个重要技巧,这种技巧也能正式地用于前面的一些例子中.我们已说明了将此用于每一个从 $(0,0)$ 到 (a,b) 的东北格子路径,并将此与集合 $\{1,\cdots,a+b\}$ 的一个有 a 个元素的子集相联系.反之,每一个这样的子集来自于格子路径. 这就是双射的一个例子，双射是在两个集合间一对一地进行配对. 较为正式的提法是：

定义 5 两个集合 X, Y 之间的一个双射指的是一个函数 $f: X \to Y$，并且对于每一个 $y \in Y$，存在唯一的 $x \in X$，有 $f(x) = y$. 在这种情况下，我们也可以说 f 是 X 到 Y 的双射，X 和 Y 属于双射. 显然，如果两个集合属于双射，那么它们的元素的个数相同（具有相同基数的无限集也可以这样定义）.

我们将经常用双射将一个特定问题中的对象与我们已经计数过的某个集合建立起关系. 这是数学家最喜欢使用的技巧：把一个新的问题归结为他们已经知道如何解决的问题.

例 16 让我们来玩玩扑克牌吧！在下面的各个部分，我们把从一副有 52 张牌的正规扑克牌中取出的 5 张牌称为一手牌."花式"指一张牌是不是黑桃、红心、方块和草花中的一种."等级"指的是从 A 开始，依次是从 2 到 10 的这些数，再到 J，Q，K 的值. 一手牌中的各张牌的顺序是无关紧要的.

(a) 有多少种不同的一手牌？

(b) 有多少种持有黑桃 A 的不同的一手牌？

(c) 有多少种方法可得到同花的一手牌（一手牌中的所有牌的花式相同）？

(d) 有多少种方法可得到有 4 张牌值相同的一手牌（手里的牌中同一个等级的 4 种可能的花式都有）？

(e) 你能得到多少种顺次，但不是同花顺次（手里持有的 5 张连续等级的牌都是同样的花式. 不允许环圈顺次，例如 Q，K，A，2，3 不算顺次，但是 A 既可以算作 2 下面的 1，也可以作为 K 之上的最高等级的牌）的一手牌？

(f) 扑克牌中有多少种一手"烂"牌（手中没有高等级的牌）？这样的一手牌中没有同花，所有的 5 张牌都必须是不同的等级（但不是顺次）.

解 (a) 一手牌中的 5 张牌取自于总共 52 张牌. 因为这 5 张牌与顺序无关，所以总数是 $\binom{52}{5}$.

(b) 如果我们手中持有黑桃 A，那么手中的其余 4 张牌取自于这副牌中的其余 51 张牌. 于是有 $\binom{51}{4}$ 种持有黑桃 A 的不同的一手牌.

(c) 一手同花牌的花式有 4 种选择，在给定的花式中有 13 张牌，在同一花式中选 5 张牌有 $\binom{13}{5}$ 种方法，所以总共有 $4 \cdot \binom{13}{5}$ 种一手同花牌.

(d) 4 张同等级的牌有 13 种可能. 因为必须有这一等级的所有 4 种花式，所以只要确定手中的最后一张牌. 这副牌中还有另外 48 张牌，所以有 $48 \cdot 13$ 种 4 张牌值相同的一手牌.

（e）我们将对所有的顺次计数，然后减去同花顺次的种数. 在顺次中等级最低的牌有 10 种可能（一旦确定了这张等级最低的牌，其余等级的牌也就确定了），手中 5 张牌中的每一张都有 4 种花式的选择，所以共得到 $10 \cdot 4^5$ 种顺次. 我们需要减去同花顺次的种数. 在同花顺次中等级最低的牌仍有 10 种可能，但是因为手中的牌必须是同一种花式，所以花式只有 4 种选择. 于是虽然是顺次，但不是同花顺次的一手牌共有 $10 \cdot 4^5 - 10 \cdot 4$ 种.

（f）我们可以在 $\begin{bmatrix} 13 \\ 5 \end{bmatrix}$ 种一手牌中选出 5 种不同的等级，但是组成一个顺次可供选择的等级有 10 种，于是有 $\begin{bmatrix} 13 \\ 5 \end{bmatrix} - 10$ 种方法选择符合题意的等级. 接着要注意的是，有 4^5 种方法选择 5 张牌的花式，其中有 4 种方法会导致所有的 5 张牌有同一种花式，所以花式总共有 $4^5 - 4$ 种可能. 利用乘法原理，一手"烂"牌的总数是

$$\left[\begin{bmatrix} 13 \\ 5 \end{bmatrix} - 10 \right] \cdot (4^5 - 4)$$

例 17　图 1 中共有 120 个各种大小的三角形，也就是说，我们所画的线都是直线，所有 n 个点都在水平的基线上，n 的值是多少？

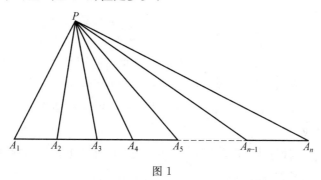

图 1

解　图 1 中的每一个三角形都由三个顶点确定，其中一个顶点是 P，另外两个顶点是水平基线上的不同的点. 于是图 1 中三角形的个数恰好就是水平基线上的顶点对的个数. 有这样 n 个点，从中选取两点（因为不考虑顺序，所以我们选取顶点的顺序不会改变我们得到的三角形是什么三角形）的方法数是 $\begin{bmatrix} n \\ 2 \end{bmatrix}$. 我们又知道一共有 120 个三角形，所以

$$\begin{bmatrix} n \\ 2 \end{bmatrix} = \frac{n!}{2! \ (n-2)!} = \frac{n(n-1)}{2} = 120$$

整理后，得

$$n^2 - n - 240 = (n - 16)(n + 15) = 0$$

因为 n 必须是正整数，所以得 $n = 16$.

第 3 章　星星、杠杠和多项式

在第 2 章中我们谈及了三种关键的计数情况. 现在我们将谈及第四种情况, 这就是允许重复选取一些对象(与顺序无关). 这种情况比前三种情况更需要技巧. 除了这种情况以外, 本章中还将引进多项式系数.

现在回到以冰淇淋举例的问题.

第四天: 各勺冰淇淋的顺序无区别, 口味可重复

在促销的最后一天, 商店决定撤销对口味的限制, 允许顾客选取能装许多勺冰淇淋的碗, 自己想要什么口味, 只要有就可以选取. 仍然有 n 种口味可供选择, 有多少种能装 k 勺冰淇淋的碗符合这一标准?

容易想到设法使用与我们在推导 $\begin{bmatrix} n \\ k \end{bmatrix}$ 的公式中类似的方法. 实际上, 我们可能会将原先计算蛋筒个数的公式除以重复的口味数 $k!$, 得到 $\dfrac{n^k}{k!}$. 但是我们很快发现这并不正确. 事实上, 对于 n 和 k 的某些值, 它甚至不是整数. 这里的问题是: $k!$ 是 k 种不同对象的排列总数. 如果口味没有区别, 那么就没有用这种特定口味组合的 $k!$ 种不同的蛋筒. 在各勺冰淇淋都是同一种口味的这一极端情况下, 只有一种可能的蛋筒, 所以将这种情况除以 $k!$ 就变得毫无意义了.

于是我们改用一种称为"星星和杠杠"的方法(有时候也称为"球和罐子"或"棒棒和石块"). 我们的目标是在要计数的对象和给定的星星和杠杠的数量之间构造一个双射. 在冰淇淋商店里, 我们是这样做的: 用 k 颗星, 每颗星表示一勺冰淇淋. 用杠杠分割表示各勺冰淇淋口味的星星. 例如, 出现在第一条杠前面的所有星对应口味 1, 第一条杠和第二条杠之间的所有星对应口味 2, 等等. 这就给出同一种口味的多勺冰淇淋(因为在两条杠之间有多颗星)或者有一种口味没有冰淇淋(此时两条杠相邻).

以三种口味: 咖啡味、薄荷味和巧克力味为例, 如果我们考虑一碗中有 5 勺冰淇淋, 那么我们可以用图 2 表示这碗冰淇淋有 2 勺咖啡味、2 勺薄荷味、1 勺巧克力味.

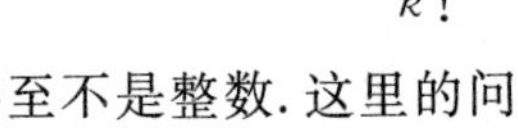

★★ | ★★ | ★
咖啡味　薄荷味　巧克力味
图 2

注意, 三种口味用两条杠就够了. 我们可以很容易地将任何星杠图转化为相应的盛有某种勺数冰淇淋的碗. 考虑以下两个例子(图 3).

★★★★ | ★★ | ★★★   ★ | | ★★
(a)   (b)

图 3

标明了相应的口味后,就得到(图 4):

★★★★ | ★★ | ★★★   ★ | __ | ★★
咖啡味 薄荷味 巧克力味   咖啡味 薄荷味 巧克力味
(a)   (b)

图 4

由此可以看出,图 4(a) 表示 4 勺咖啡味、2 勺薄荷味和 3 勺巧克力味的冰淇淋.图 4(b) 表示 1 勺咖啡味、0 勺薄荷味和 2 勺巧克力味的冰淇淋.

我们现在把问题一般化.要将图 4 分成 n 个区域(口味)就需要 $n-1$ 条杠.对于 k 勺冰淇淋就需要 k 颗星.我们可以设想用 k 颗星和 $n-1$ 条杠去填满 $n+k-1$ 个空位置.我们要取出 k 个空位置放星星.注意,选择星星的位置完全决定顺序,因为在每一个没有星星的空位置就有一个杠.

有多少种方法对星星选择空位置呢? 因为每个空位置恰好放一个对象,所以同一个空位置不能选择多次.还有,我们选择的每一个空位置都放置一颗同类的星星,所以与我们选取空位置的顺序无关.因此,要知道从没有顺序或重复的 $n+k-1$ 个不同的对象中取出 k 个对象的总数,即有

$$\begin{bmatrix} n+k-1 \\ k \end{bmatrix}$$

种可能的星星和杠杠的排列方法.因为每一种排列唯一决定一个冰淇淋碗,所以这恰好就是从总共 n 种口味中取出可能的有 k 勺冰淇淋的碗的种数,这里口味允许重复.

现在来看一个明显的例子.如果有一个用 5 勺冰淇淋,3 种允许口味组成的碗,那么由上面的公式得到 $\begin{bmatrix} 7 \\ 2 \end{bmatrix} =21$ 种可能.对吗? 检验一下.计算 5 颗星和 2 条杠的排列,所有的可能如下:

★★★★★ | | ★★★★ | ★ | ★★★ | ★★ |
★★ | ★★★ | ★ | ★★★★ | | ★★★★★ |
★★★★ | | ★   ★★★ | ★ | ★   ★★ | ★★ | ★
★ | ★★★ | ★ | ★★★★ | ★   ★★★ | | ★★
★★ | ★ | ★★   ★ | ★★ | ★★ | ★★★ | ★★
★★ | | ★★★   ★ | ★ | ★★★ | ★★ | ★★★
★ | | ★★★★ | ★ | ★★★★ | | ★★★★★

所以可以肯定确实有 21 种.

我们再次注意到球和罐子和上述情境类似. 我们可以用星星和杠杠的方法计算将 k 个有区别的球放入 n 个有区别的罐子中的放法总数. 每个球恰好放入一个罐子里，但是一个罐子里可以盛放任意多个球，包括 0 个球.

多项式系数. 现在要谈的是组合数学中（迄今为止）最后一个重要的概念. 我们已经讨论过如何从 n 种口味中可以任意选择有重复口味的冰淇淋构成蛋筒的问题，但是如果我们加一点限制：有人对我们说每种口味必须要有多少勺，那该怎么办？ 我们有多少种方法把这些勺冰淇淋构成一个蛋筒？

例 18 假定有三种口味（香草味、巧克力味和草莓味）的冰淇淋，我们必须用 v 勺香草味的、c 勺巧克力味的、s 勺草莓味的. 设总勺数为 k（所以 $v+c+s=k$）. 根据这些限制有多少种可能的蛋筒？

解法 1 考虑这个问题的一种方法是一次处理一种口味. 现在有 k 勺冰淇淋，其中有 v 勺是香草味的. 我们可以用 $\begin{pmatrix} k \\ v \end{pmatrix}$ 种方法选择哪 v 勺是香草味的，剩下的 $k-v$ 勺冰淇淋是巧克力味的或者是草莓味的. 当然，我们可以用 $\begin{pmatrix} k-v \\ c \end{pmatrix}$ 种方法选择 c 勺巧克力味的，这样就留下 $k-v-c=s$ 勺都是草莓味的. 将这两个组合数相乘，得

$$\begin{pmatrix} k \\ v \end{pmatrix} \cdot \begin{pmatrix} k-v \\ c \end{pmatrix} = \frac{k!}{v!\,(k-v)!} \cdot \frac{(k-v)!}{c!\,s!} = \frac{k!}{v!\,c!\,s!}$$

注意这与我们分配口味的先后顺序无关. 也就是说，可以先选择哪几勺是香草味的，然后选择哪几勺是巧克力味的，最后分配剩余的是草莓味的. 也可以先分配草莓味的，然后是香草味的，巧克力味的. 还是得到同样的结果.

虽然这里用了三种口味，但这一命题可以推广到任意多种口味！ 一般地，k 个对象由总共 n 类不同的对象组成，其中第 1 类有 k_1 个对象，第 2 类有 k_2 个对象，……，第 n 类有 k_n 个对象，这 k 个对象（$k=k_1+k_2+\cdots+k_n$）的排列的种数用

$$\begin{pmatrix} k \\ k_1, k_2, \cdots, k_n \end{pmatrix} = \frac{n!}{k_1!\,k_2!\,\cdots k_n!}$$

表示，我们称它为多项式系数.

如果只有两类对象，那么就得到

$$\begin{pmatrix} n \\ k, n-k \end{pmatrix} = \frac{n!}{k!\,(n-k)!}$$

所以二项式系数是多项式系数的特殊情况.

现在回顾一下前面的例子，看看是否能够更加直接地证明这一公式，即不用二项式系数推导这一公式的两种方法同样有效. 对两种方法都了解，将有助于你去处理新的问题. 现在将见到的这类证明在避免复杂的计算中经常是有帮助的.

解法 2　假定我们在冰淇淋中添加一些有色的食物使得同样口味的冰淇淋有所区别.对每勺冰淇淋染色使其有所不同(每一勺香草味冰淇淋染上不同的颜色,即一勺绿色香草味冰淇淋不同于一勺蓝色香草味冰淇淋).于是我们将 k 种不同的对象在蛋筒上排序,从上面的讨论知蛋筒的可能种数是 $k!$.

实际上,我们对在冰淇淋上染色并不感兴趣,我们只关心口味的顺序.这意味着我们对可能的蛋筒的计算已经复杂了,因为最下面是一勺蓝色的冰淇淋最上面是一勺绿色的冰淇淋与最下面是一勺绿色的冰淇淋最上面是一勺蓝色的冰淇淋(按口味来说)实际上是相同的.对于所有的香草味冰淇淋总共有多少种染色顺序呢?因为我们有 v 勺香草味的冰淇淋,所以有 $v!$ 种顺序.类似地,染色的巧克力味冰淇淋有 $c!$ 种顺序,染色的草莓味冰淇淋有 $s!$ 种顺序.根据乘法原理,对于一个特定的口味排序,有 $v!\ c!\ s!$ 种染色顺序.因为我们希望每一种口味的顺序恰好只算一次,所以要除以 $v!\ c!\ s!$,得

$$\frac{k!}{v!\ c!\ s!} = \binom{k}{v,c,s}$$

这就是我们以前求出的.

在最后几节里涉及组合数学中的许多公式.现在稍微花点时间总结一下到目前为止学到的东西,见表 1 所示.

表 1

	无重复	可重复
有区别的球	$\dfrac{n!}{(n-k)!}$	n^k
无区别的球	$\dbinom{n}{k}$	$\dbinom{n+k-1}{k}$

在可重复的情况下,我们要看罐子是否允许盛放多个球.

最后,多项式系数没有列在表 1 中.如果给出一组确定的对象,其中有些对象是同样的,而且必须对这些对象排序,此时要用到多项式系数.多项式系数也可以用于以下情况:给出一些确定的标记,其中有一些标记是相同的且必须把这些标记贴到一些不同的对象上.

在解一部分具有挑战性的计数问题时,要确定使用表 1 中的哪一个量(如果有的话)适用于你的问题.首先用语言叙述你所关注的用来计数的过程.一般来说,在解这些例题时,就是我们试图寻求数学表达式之前的第一步.

一旦有了计划,你就需要在问题中分辨出扮演球和罐子的角色是什么,然后从此处着手.例如,我们在冰淇淋例子中,冰淇淋勺是球,口味是罐子.在前一章中,我们以一手扑克牌为例.在这种情况下,球是手里的 5 个空位置,罐子就是这副牌中 1 张特定的牌.

下面我们来探索几个包括多项式系数以及星星和杠杠的例子.

例 19 （a）用 AWESOMEMATH 这个单词中的所有字母能组成多少个"单词"（在组合数学问题的文本中，一个单词只是字母的组合，并不是你在词典中能找到的具有实际意义的单词）？

（b）用 AWESOMEMATH 这个单词中的 5 个字母能组成多少个"单词"？

解 （a）处理这一问题的一种方法是把这样的单词作为多项式中的项. 对于这些字母，共有 11 个空位置，需要把 2 个 A,2 个 E,2 个 M 和 W,S,O,T,H 各 1 个填入这 11 个空位置. 完成此方法的总数是

$$\binom{11}{2,2,2,1,1,1,1,1} = \frac{11!}{2!\ 2!\ 2!} = 4\ 989\ 600$$

（b）这里我们来看三种不同的情形：没有字母重复的情形；1 个字母（A,E 或 M）用两次的情形；2 个字母（又取自 A,E 或 M）用两次的情形.

你可以检验没有其他可能的情形了.

情形 1 假定没有重复的字母. 那么我们要从总共 8 个不同的对象中取出 5 个排列的方法有多少种，我们知道是 $\dfrac{8!}{3!}$ 种.

情形 2 假定有 1 对重复的字母. 有 3 种方法从 A,E 和 M 中选出重复的字母. 然后从 7 种字母中选取余下的 3 个字母，有 $\binom{7}{3}$ 种方法. 接着必须对这 5 个字母进行排列，但其中有 1 个字母重复，共有 $\binom{5}{2,1,1,1}$ 种方法，所以这种情况共有 $\binom{7}{3} \cdot \binom{5}{2,1,1,1}$ 种排列.

情形 3 假定有 2 个字母重复. 在 A,E 和 M 中选择有 2 个字母重复的方法有 $\binom{3}{2}$ 种. 然后必须从其余 6 种字母中选出 1 个作为最后的字母. 于是有 $\binom{5}{2,2,1}$ 种方法排列这些字母，所以这种情况共有 $\binom{3}{2} \cdot 6 \cdot \binom{5}{2,2,1}$ 种排列.

将这三种情形的种数相加，得到共有

$$\frac{8!}{3!} + \binom{7}{3} \cdot \binom{5}{2,1,1,1} + \binom{3}{2} \cdot 6 \cdot \binom{5}{2,2,1} = 13\ 560$$

个单词.

例 20 将 3 个蓝盘子、3 个红盘子、2 个绿盘子排成一行.

（a）有多少种不同的排列？

（b）一行的两端都是红盘子的排列有多少种？

（c）所有的蓝盘子都相连的排列有多少种？

（d）没有 2 个蓝盘子都相邻的排列有多少种？

解　（a）我们利用多项式系数. 总共有 8 个盘子, 分成个数分别是 3, 3, 2 不同的三组, 得到排列的总数是

$$\begin{bmatrix} 8 \\ 3,3,2 \end{bmatrix} = \frac{8!}{3!\ 3!\ 2!} = 560$$

（b）可以先满足 2 个红盘子必须放在两端的条件, 于是其余的盘子都在这 2 个红盘子之间进行排列. 此时只要回答把 3 个蓝盘子、1 个红盘子、2 个绿盘子排成一行有多少种不同的排法. 再用多项式系数, 就得到排列的总数是

$$\begin{bmatrix} 6 \\ 3,2,1 \end{bmatrix} = \frac{6!}{3!\ 2!\ 1!} = 60$$

（c）为了满足这个条件, 我们可以把 3 个蓝盘子当作 1 个大盘子处理. 在这个逻辑下, 只要把 1 个蓝的大盘子、3 个红盘子、2 个绿盘子进行排列. 再一次用多项式系数, 得到排列的总数是

$$\begin{bmatrix} 6 \\ 3,2,1 \end{bmatrix} = \frac{6!}{3!\ 2!\ 1!} = 60$$

（d）我们开始只排列红盘子和绿盘子, 有 $\begin{bmatrix} 5 \\ 3 \end{bmatrix}$ 种排法就可完成此事（只要选择在什么位置放红盘子, 其余两个位置放绿盘子）. 现在我们要确定红、绿盘子之间的以及两端的共 6 个位置. 为了满足题目的条件, 每个地方至多放 1 个蓝盘子. 所以我们选择其中的 3 个位置, 每个位置放 1 个蓝盘子, 这就有 $\begin{bmatrix} 6 \\ 3 \end{bmatrix}$ 种排法. 于是总共有

$$\begin{bmatrix} 5 \\ 3 \end{bmatrix} \cdot \begin{bmatrix} 6 \\ 3 \end{bmatrix} = 10 \cdot 20 = 200$$

种排列符合题目的要求.

虽然问题的前三部分可以使用多项式系数解决, 但是（d）部分不能简单地直接使用多项式系数处理. 反之, 我们必须停下来考虑一下, 在这种情况下什么才是最合适的方法.

虽然我们可以设法做出关于何时使用某个公式是适当的一般性的命题, 但是本题就是为什么我们在利用这些已经学过的形式之前还是必须小心翼翼、严格地去思考的一个例子. 本题也是对于如何描述所要求的类型进行排列的过程提供一个很好的例子, 这个过程会有助于我们想出计数的方法.（"首先, 我们对红盘子和绿盘子排列, 然后把蓝盘子放在红、绿盘子之间, 使得蓝盘子不相邻". 这可能不是你首先想到的处理方法, 这表明考虑不同的处理方法的重要性.）

例 21　求有序整数三数组 (a,b,c) 的个数,使 $0 \leqslant a \leqslant b \leqslant c \leqslant 11$.

解　注意给出 0 和 11 之间的 3 个整数(包括 0 和 11,且不必不同),恰有 1 种方法把这 3 个数分配给 a,b,c,且符合题目的要求(这种分配满足 $0 \leqslant a \leqslant b \leqslant c \leqslant 11$). 这样,我们的目标是确定取自于 0 和 11 之间(包括 0 和 11)的 3 个整数组成的允许重复的多重集(多重集指的是某些元素可以出现多次的集合,与一般的集合相同,它也与元素的顺序无关)的个数. 我们可以把它作为星星和杠杠的问题考虑. 星星就是我们要选择的数. 11 条杠杠把空位置分割成 12 个区域,0 到 11 的整数各占一个. 这就是 14 个对象,所以排列的个数(因而也是有序三数组的个数)是 $\dbinom{14}{3} = 364$[①].

例 22　方程

$$w + x + y + z = 11$$

有多少组非负整数解?

解　我们可以把它作为星星和杠杠的问题考虑. 每颗星表示"1",杠杠把星星分割开来,得到 4 个变量 w,x,y,z. 实际上,w 就是第一条杠前面的星星的个数,x 就是第一条杠和第二条杠之间的星星的个数,y 就是第二条杠和第三条杠之间的星星的个数,z 就是第三条杠后面的星星的个数. 这就迫使每个变量都是非负整数. 由于总共需要 11 个"1",所以有 11 颗星. 因为有 4 个变量,所以有 3 条杠,总共有 $\dbinom{14}{3} = 364$ 种方法排列 11 颗星和 3 条杠,所以这个数就是原方程的非负整数解的组数.

例 22 的解答与例 21 的解答恰好相同,原来这两个问题实际上是同一个问题. 我们把 a,b,c 看作部分和. 也就是说,a 就是 x,b 就是 $x+y$,c 就是 $x+y+z$. w 不起作用,但是完全由 x,y 和 z 的值确定.

寻求新的问题和已经知道如何解问题之间的联系是非常关键的. 在下面的例子中,我们将用双射叙述我们要计数的一些问题,这些问题与例 22 有同样形式的一般形式.

例 23　方程

$$w + x + y + z = 15$$

有多少组正整数解?

解法 1　我们改变一下变量是为了与前面一题相联系. 实际上,设 $W = w-1$,$X = x-1$,$Y = y-1$ 和 $Z = z-1$. 我们选择这样的安排是因为恰好 W,X,Y,Z 是非负整数时,w,x,y,z 是正整数. 移项后代入原方程,得

---

①　从左到右,第一颗星表示 a,第二颗星表示 b,第三颗星表示 c;第一条杠左边的星表示 0,第一条杠和第二条杠之间的星表示 1,……,第十一条杠右边的星表示 12. —— 译者注

$$w + x + y + z = W + 1 + X + 1 + Y + 1 + Z + 1 = 15$$

两边减去 4,得

$$W + X + Y + Z = 11$$

这里 W, X, Y, Z 是非负整数. 于是这就是例 22 的形式,因此有 $\begin{bmatrix} 14 \\ 3 \end{bmatrix} = 364$ 组解.

不直接利用例 22 的结果,还有一种方法解例 23.

解法 2 我们回到星星和杠杠的问题. 我们有 15 颗星星,每颗星算 1. 把这些 1 分成 4 个变量,需要 3 条杠杠. 但是与前面不同的是对杠杠可能出现的位置有限制. 实际上,我们不能把杠杠放在两端(这表示 w 或者 z 是 0). 此外,没有 2 个数可以相邻. 这样就有 14 个可能的位置插入杠杠,每个位置最多放置 1 条杠杠. 于是结果又是 $\begin{bmatrix} 14 \\ 3 \end{bmatrix} = 364$.

例 24 将表达式 $(x + y + z)^{10}$ 展开后化简,结果有多少项?

解 $(x + y + z)^{10}$ 的展开式中的每一项都呈 $kx^a y^b z^c$ 的形式,其中 k 是某个常数,a,b,c 都是非负整数,$a + b + c = 10$. 由例 22 可知,这是一个星星和杠杠的问题,有 10 颗星、2 条杠,于是有 $\begin{bmatrix} 12 \\ 2 \end{bmatrix}$ 项.

例 25 Eli,Joy,Paul 和 Sam 想合开一个公司,公司有 16 个份额要这 4 个人分担. 必须执行以下规定:

(a) 每个人必须分得的份额数是正整数,所有的份额必须分完;

(b) 任何人分得的份额数不能比另外 3 个人分得的总份额数多.

假定份额无区别,但人有区别,这些份额有多少种分法?

解 我们用与例 23 的解法 2 类似的方法,再用补计数的解法处理本题. 首先画 16 颗星星表示 16 个份额. 用 3 条杠杠把这些份额分给 Eli,Joy,Paul 和 Sam 各一份. 与例 23 一样,不能把杠杠放在两端,也不能把几条杠杠相邻,所以每个人至少得到一个份额. 这就让我们从 15 个合适的位置中取出 3 个位置插入杠杠,这样就有 $\begin{bmatrix} 15 \\ 3 \end{bmatrix} = 455$ 种方法完成此事.

有多少种方法可以使 Eli 得到 9 份或更多的份额呢? 在第一条杠杠前有 8 颗或更多颗星星即可. 这样就留下 7 个可能的空位置可以插入杠杠,所以这样就有 $\begin{bmatrix} 7 \\ 3 \end{bmatrix}$ 种情况可能发生. Joy,Paul 和 Sam 的情况也是这样,所以答案是 $\begin{bmatrix} 15 \\ 3 \end{bmatrix} - 4 \begin{bmatrix} 7 \\ 3 \end{bmatrix} = 315$ 种方法分配份额.

例 26 有 20 个台球,颜色分别是黄色、蓝色、绿色、红色. 假定同色球是无区别的. 如果我们把所有的球放在一条直线上,就有 1 140 种放法. 问至多有多少个蓝色球?

解 设黄色、蓝色、绿色、红色这4种颜色的球的个数分别是 y, b, g, r. 我们知道 $y+b+g+r=20$，也知道把这些球在一条直线上排列的总数是 1 140. 因为我们需要排列的是 4类对象，所以这是一个多项式系数的问题. 我们知道有

$$\begin{bmatrix} 20 \\ y, b, g, r \end{bmatrix} = \frac{20!}{y!\ b!\ g!\ r!} = 1\ 140 = 2^2 \cdot 3 \cdot 5 \cdot 19$$

种方法排列这些台球. 注意到由于19是 1 140 的质约数，所以我们知道 $y!, b!, g!$ 或 $r!$ 都不含有19这个约数. 首先因为分子 20! 的约数19只有一个，这表示 $b<19$. 类似地，因为 1 140 没有约数17，所以在 $y!, b!, g!, r!$ 中有一个约数17. 因为要使 b 尽量大，所以 $b \geqslant 17$. 这就给我们留下两种可能的值用来检验：$b=18$ 或 $b=17$.

如果 $b=18$，那么

$$\frac{20!}{y!\ b!\ g!\ r!} \leqslant \frac{20!}{18!} = 20 \cdot 19 = 380 < 1\ 140$$

所以 $b<18$. 于是 $b=17$. 为了证实这一点，我们注意到

$$\frac{20!}{17!\ 3!\ 0!\ 0!} = 1\ 140$$

这给了我们一个确切的台球分布（17个蓝色球，另外3种颜色球中有1种颜色的球有 3个）. 于是至多有17个蓝色台球.

第 4 章　容斥原理

有时候,我们试图计算的集合能表示为另几个集合的并.如果这些集合不交,那么我们就能用加法原理确定最后的总数.但是这些集合有重叠呢? 这里容斥原理(PIE,即 Principle of Iclusion-Exclusion 的缩写)就起作用了.

先看几个小例子,然后把这一原理推广到一般形式.假定我们有两个集合 A,B,要求 $A \cup B$ 的大小.如果我们将 $|A|$ 和 $|B|$ 相加,这样就对既属于集合 A 又属于集合 B(即属于 $A \cap B$)的元素算了两次.为了避免重复计算,需要减去交集的大小,于是得

$$|A \cup B| = |A| + |B| - |A \cap B| \qquad \text{(两个集合的 PIE)}$$

但是如果不是两个集合,而是三个集合,那将会发生什么情况呢? 事情变得稍微有点复杂.举个例子,假定我们有一个班级的学生,这个班级的每名学生喜欢用犰狳、虎皮鹦鹉、水豚这三种动物进行一些组合(每名学生至少喜欢这些动物中的一种).设 A 是喜欢犰狳的学生集合,B 是喜欢虎皮鹦鹉的学生集合,C 是喜欢水豚的学生集合.我们想知道班里共有多少名学生,也就是说,要求出 $|A \cup B \cup C|$.

我们从 $|A| + |B| + |C|$ 开始计算,因为要保证每名学生至少算到一次.我们在计算这个和的时候重复计算了什么? 利用"文氏图"能帮助我们弄清楚这一点.图 5 中每个区域的数告诉我们该区域中的学生被计算过的次数.

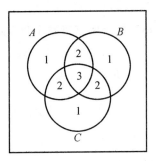

$$|A| + |B| + |C|$$

图 5

可以肯定地看出还有重复计算的部分.实际上,喜欢两种动物的学生计算了两次,喜欢所有三种动物的学生计算了三次.为了纠正这些重复的计算,我们设法对两个集合做些什么,即减去 $|A \cap B|$,也要减去 $|A \cap C|$,最后减去 $|B \cap C|$.下面是用"文氏图"(图 6)表示进行上面的每一个步骤后的结果.

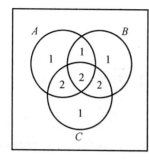 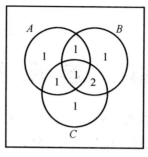 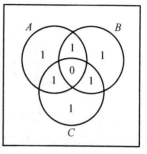

(a) $|A|+|B|+|C|-|A \cap B|$ (b) $|A|+|B|+|C|-|A \cap B|-|A \cap C|$ (c) $|A|+|B|+|C|-|A \cap B|-|A \cap C|-|B \cap C|$

图 6

现在我们要保证最中心的区域（喜欢所有三种动物的学生）被计算过. 为此，我们可以把所有这三个集合的交加回去，使每名学生都恰好被计算一次. 总结一下，我们发现

$$|A \cup B \cup C| = |A|+|B|+|C|-|A \cap B|-|A \cap C|-$$
$$|B \cap C|+|A \cap B \cap C| \quad （三个集合的 PIE）$$

但是更多的集合呢？你可以猜一猜，用更多次的加法和减法可以补上缺少的计算部分，排除重复的计算部分，从而进行纠正. 幸运的是存在启动容斥原理的模式，我们从开始的两个集合和三个集合的例子中已经看出了. 为了得到若干个集合的并的大小，我们：

从集合的大小开始；

减去两个集合的交的大小；

加上三个集合的交的大小；

等等.

我们减去所有偶数个集合的交，加上所有奇数个集合的交，直到得到最后的结果（所有集合的交）.

定理 3（容斥原理）　如果有 n 个集合 $A_1, A_2, \cdots, A_n$，那么

$$|A_1 \cup A_2 \cup \cdots \cup A_n| = \sum_{i=1}^{n} |A_i| - \sum_{i<j} |A_i \cap A_j| + \sum_{i<j<k} |A_i \cap A_j \cap A_k| - \cdots +$$
$$(-1)^{n-1} |A_1 \cap A_2 \cap \cdots \cap A_n|$$

下面我们来看如何将容斥原理应用于一些特定的问题. 本章中例 33 ~ 35 题值得特别注意. 这三道例题只凭各自的名称就显示出都是重要的定理，即关于函数的计数、欧拉（Euler）函数、"错排公式". 其中每一个都要用到容斥原理的证明.

例 27　某学校有 145 名学生喜欢 pie（馅饼），有 103 名学生喜欢 π（圆周率），有 78 名学生喜欢 PIE（容斥原理），有 54 名学生喜欢 pie 和 π，42 名学生喜欢 π 和 PIE，33 名学生喜欢 pie 和 PIE，有 9 名学生三个都喜欢. 假定每名学生都喜欢 pie，π，PIE 中的至少一种，那么该学校有多少名学生？

解　直接利用容斥原理就可以解决这个问题. 设喜欢 pie 的人是集合 A, 喜欢 π 的人是集合 B, 喜欢 PIE 的人是集合 C. 容斥原理告诉我们

$$|A \cup B \cup C| = |A| + |B| + |C| - |A \cap B| - |A \cap C| - |B \cap C| + |A \cap B \cap C|$$

把适当的数据代入后, 得

$$|A \cup B \cup C| = 145 + 103 + 78 - 54 - 33 - 42 + 19 = 216$$

名学生.

例 28　一个班级有 40 名学生. 其中 14 名学生喜欢数学, 16 名学生喜欢物理, 11 名学生喜欢化学. 7 名学生数学和物理都喜欢, 8 名学生物理和化学都喜欢, 5 名学生数学和化学都喜欢, 4 名学生所有三门学科都喜欢. 这三门学科都不喜欢的学生有多少名?

解　这个问题也要用到容斥原理, 还要用补计数法, 这两种技巧经常同时使用. 设喜欢数学的学生是集合 A, 喜欢物理的学生是集合 B, 喜欢化学的学生是集合 C. 于是这三门学科都不喜欢的学生的集合是 $40 - |A \cup B \cup C|$. 下面用容斥原理计算 $|A \cup B \cup C|$, 得

$$40 - |A \cup B \cup C| = 40 - (14 + 16 + 11 - 7 - 8 - 5 + 4) = 15$$

所以有 15 名学生这三门学科都不喜欢.

例 29　1 到 240 中有多少个整数是 4 或 6 的倍数?

解　我们知道在 1 到 240 中, 4 的倍数有 $\frac{240}{4} = 60$ 个, 6 的倍数有 $\frac{240}{6} = 40$ 个. 如果把这两个数相加, 那么 4 和 6 的最小公倍数 $(4, 6) = 12$ 的倍数就计算了两次. 因为这些倍数在每一类中都被计算了一次. 为了纠正这一点, 因此要减去 12 的倍数共 $\frac{240}{12} = 20$ 个, 得到 $60 + 40 - 20 = 80$ 个整数.

当我们有 n 个集合时, 容斥原理的公式中的集合 $A_1, A_2, \cdots, A_n$ 的子集的每一个非空交集都有一项, 这就是说, 容斥原理的公式(定理 3)的右边有 $2^n - 1$ 项. 如果不太幸运, 即当 n 很大时, 这就使容斥原理变得不实用了.

幸好, 有时候会出现一些对称性. 在这种情况下, 我们并不害怕 n 为很大的值. 例如, 对于任何 k, 有 $\begin{bmatrix} n \\ k \end{bmatrix}$ 项表示有 k 个集合的交. 当这些交的大小相同时, 情况怎么样呢? 于是我们可以对任意一个交集计数, 然后乘以 $\begin{bmatrix} n \\ k \end{bmatrix}$, 这样可使问题变得容易一些. 我们把这种方法用于下面的例题.

例 30　设 A, B, C, D 四个集合中每一个集合都有 400 个元素. 任何两个集合的交都有 115 个元素, 任何三个集合的交都有 53 个元素, 所有这四个集合的交有 28 个元素. 这四

个集合的并有多少个元素？

解 这又是一个直接利用容斥原理的问题. 我们知道每个集合都有 400 个元素, 且 $n=4$. 每两个集合的交有 115 个元素, 这样的一对集合共有 $\begin{bmatrix} 4 \\ 2 \end{bmatrix}$ 对. 每三个集合的交有 53 个元素, 这样的三元组共有 $\begin{bmatrix} 4 \\ 3 \end{bmatrix}$ 组. 最后, 所有四个集合的交有 28 个元素. 于是得

$$| A \cup B \cup C \cup D | = 4 \cdot 400 + \begin{bmatrix} 4 \\ 2 \end{bmatrix} \cdot 115 + \begin{bmatrix} 4 \\ 3 \end{bmatrix} \cdot 53 - 28 = 1\,094$$

(你也许会有疑惑 $\begin{bmatrix} 4 \\ 1 \end{bmatrix}$ 和 $\begin{bmatrix} 4 \\ 4 \end{bmatrix}$ 是否该出现在公式中, 它们去哪儿了?)

例 31 把单词 MEMENTO 中的各个字母排列, 使同一个排列中相同的字母不相邻的排法有多少种?

解 由多项式系数我们知, 把单词 MEMENTO 中的各个字母排列的总数是 $\dfrac{7!}{2!\,2!}$.

两个 M 连续出现的种数是 $\dfrac{6!}{2!}$, 这是因为我们把两个 M 捆在一起当作一个字母. 用同样简单的逻辑, 把两个 E 捆在一起当作一个字母, 有 $\dfrac{6!}{2!}$ 种排法. 减去这两个数以后, 就对既有两个 M 连续出现, 又有两个 E 连续出现的情况多减了, 所以必须加回去. 把 M 作为一组和把 E 作为一组处理时, 就得到 5 个对象, 所以有 5! 种排列. 于是有

$$\frac{7!}{2!\,2!} - 2 \cdot \frac{6!}{2!} + 5! = 660$$

种符合条件的排列.

例 32 方程

$$w + x + y + z = 11$$

有多少组整数解满足 $0 \leqslant w \leqslant x \leqslant y \leqslant z \leqslant 4$?

解 由例 22 可知方程 $w + x + y + z = 11$ 有 $\begin{bmatrix} 14 \\ 3 \end{bmatrix} = 364$ 组非负整数解. 但是这只考虑条件 $w, x, y, z \geqslant 0$. 我们用补计数法, 先计算原方程的非负整数解 w, x, y, z 中至少有一个数大于 4 的解有多少个.

现在假定至少有一个变量太大, 那么有 4 种方法选择哪一个变量使它超过上界 4. 我们可以把 5 个单位先分配给这个所选的变量, 再分配余下的另外 6 个单位, 有 $\begin{bmatrix} 9 \\ 3 \end{bmatrix}$ 种方法把这 6 个单位分配给所有 4 个变量.

现在假定至少有两个变量太大,那么有 $\begin{pmatrix} 4 \\ 2 \end{pmatrix}$ 种方法选择哪两个变量. 对这两个变量各分配 5 个单位时,还多 1 个单位分配给所有 4 个变量,有 $\begin{pmatrix} 4 \\ 3 \end{pmatrix}$ 种方法分配. 注意,因为所有 4 个变量都是非负的,所以要使两个以上的变量超过上界是不可能的,否则 4 个变量的和至少是 15. 于是利用容斥原理,有

$$\begin{pmatrix} 14 \\ 3 \end{pmatrix} - 4 \cdot \begin{pmatrix} 9 \\ 3 \end{pmatrix} + \begin{pmatrix} 4 \\ 2 \end{pmatrix} \begin{pmatrix} 4 \\ 3 \end{pmatrix} = 52$$

组解满足 $0 \leqslant w \leqslant x \leqslant y \leqslant z \leqslant 4$. (你对原来的 364 组中的大部分都超过这个范围感到奇怪吗?)

当问题中包含的变量并不是实际的数时,问题可能变得更复杂,但是只要记住容斥原理的一般模式还是可以解决的. 如果你发现这些变量把你所要的计数搞混了,那你可以用某些小的值代替这些变量,使你在处理一般情况之前知道如何进行下去.

例 33 回忆一下,从 X 到 Y 上的函数 f 指的是对每一个 $y \in Y$,存在某个 $x \in X$,使 $y = f(x)$,即 X 的每一个元素都被 f 映射到 Y 中某一个元素上. 证明:当 $|X| = n$,$|Y| = m$ 都是正整数时,"到 …… 上"的函数 $f : X \rightarrow Y$ 的个数 $s_{m,n}$ 可由式(1)给出

$$s_{m,n} = m^n - \begin{pmatrix} m \\ 1 \end{pmatrix} (m-1)^n + \begin{pmatrix} m \\ 2 \end{pmatrix} (m-2)^n - \cdots + (-1)^{m-1} \begin{pmatrix} m \\ m-1 \end{pmatrix} 1^n \qquad (1)$$

("到 …… 上"的常用的同义词是满射).

证明 本题中有两个变量,初看有些复杂. 我们用一个小的值代替 m(例如,取 $m = 4$),看看会发生什么情况.

如何计算这个"到 …… 上"的函数的个数并不是马上就清楚的,但是我们知道,不是"在 …… 上"的函数必定"遗漏"了到 Y 的某个元素的映射. 计算这些函数似乎比较合适,所以我们尝试用补计数和容斥原理. 设 A_i 是所有遗漏了 Y 中的第 i 个元素($1 \leqslant i \leqslant 4$)的函数的集合. 于是我们要计算的是

函数的总数 $- |A_1 \cup A_2 \cup A_3 \cup A_4|$

首先,从 X 到 Y($|Y| = 4$)的函数有多少个? 对于每一个 $x \in X$,我们必须选择 Y 的某个元素即 $f(x)$,所以对每个 x 有 4 个可能的函数 $f(x)$. 由乘法原理知,有 4^n 个从 X 到 Y 的函数.

现在对函数个数的计算并不是"到 …… 上". 这意思是说,至少有 1 个 Y 的元素被遗漏了. 假定 a 是 Y 的某个元素,我们希望计算所有使 a 不被 X 中任何元素映射到的函数的个数. 也就是说,对于每一个 $f(x)$ 只有 3 个可能的值,所以最后得到 3^n 个函数遗漏了 a. 对于 a 会是什么有多少种可能呢? 有 $\begin{pmatrix} 4 \\ 1 \end{pmatrix} = 4$ 种可能. 于是总的来说有 $\begin{pmatrix} 4 \\ 1 \end{pmatrix} \cdot 3^n$ 个函数至少

遗漏了 Y 的 1 个元素.

我们知道这里已经多计算了一些函数的个数（遗漏了超过 1 个元素的函数），于是根据容斥原理继续计数. 接着计算遗漏了 Y 的 2 个元素（比如说 a 和 b）的函数的个数. 既遗漏 a 又遗漏 b 的函数有 2^n 个，而且对哪两个作为 a 和 b 的选择有 $\begin{bmatrix} 4 \\ 2 \end{bmatrix}$ 种可能，这样总共就有 $\begin{bmatrix} 4 \\ 2 \end{bmatrix} \cdot 2^n$ 个函数. 类似地，有 $\begin{bmatrix} 4 \\ 3 \end{bmatrix} \cdot 1^n$ 个函数遗漏了 Y 的 3 个元素. 遗漏了 Y 的所有 4 个元素的函数是没有的，因为 X 的每个对象都必须映射到 Y 的某个元素上.

利用常用的容斥原理公式，得

$$s_{4,n} = 4^n - \begin{bmatrix} 4 \\ 1 \end{bmatrix} \cdot 3^n + \begin{bmatrix} 4 \\ 2 \end{bmatrix} \cdot 2^n - \begin{bmatrix} 4 \\ 3 \end{bmatrix} \cdot 1^n$$

这与问题中的命题给出的公式当 $m=4$ 时一致. 看看我们能否把这个问题一般化.

与当 $m=4$ 时的情况一样，我们将用补计数和容斥原理确定"到……上"的函数个数. 由于 $|Y|=m$，$|X|=n$，所以对于每一个 x，有 m 种选择，所以共有 m^n 个函数 $f: X \rightarrow Y$.

我们可以像前面那样，从至少遗漏 1 个元素，至少遗漏 2 个元素，等等的情况进行下去. 现在来看能否直接考虑遗漏 k 个元素的情况，使这个过程快一点，这里 k 是满足 $1 \leqslant k < m$ 的某个整数.

假定有一个函数至少遗漏了 Y 的 k 个元素的某个集合 S. 也就是说，$S \subset Y$，$|S|=k$，且对于每一个 $s \in S$，不存在 $x \in X$，使 $f(x)=s$. 这就是说，X 的每一个元素必须由 f 映射到属于 $Y \backslash S$ 的一个元素，这样的元素有 $m-k$ 个. 于是有 $(m-k)^n$ 个函数不是 S. 总之，大小为 k 的子集 S 有 $\begin{bmatrix} m \\ k \end{bmatrix}$ 个. 利用容斥原理，得

$$s_{m,n} = \sum_{k=0}^{m} (-1)^k \begin{bmatrix} m \\ k \end{bmatrix} (m-k)^n$$
$$= m^n - \begin{bmatrix} m \\ 1 \end{bmatrix} (m-1)^n + \begin{bmatrix} m \\ 2 \end{bmatrix} (m-2)^n - \cdots + (-1)^{m-1} \begin{bmatrix} m \\ m-1 \end{bmatrix} 1^n$$

这正是我们要证明的.

例 34 欧拉函数 $\varphi(n)$ 是小于或等于 n 且与 n 互质（与 n 没有大于 1 的公约数）的正整数的个数. 如果 n 的质因数分解式是 $n = p_1^{\alpha_1} p_2^{\alpha_2} \cdots p_k^{\alpha_k}$，其中 $p_1, p_2, \cdots, p_k$ 是不同的质数，$\alpha_1, \alpha_2, \cdots, \alpha_k$ 是正整数，证明

$$\varphi(n) = n(1 - \frac{1}{p_1})(1 - \frac{1}{p_2}) \cdots (1 - \frac{1}{p_k})$$

证明 这一问题具有相当大的挑战性，在很大程度上是由于变量的个数难以确定. 特别是这里要用 n 的一个具体的值去尝试一下对这种模式的感觉. 在进入一般情况之前，

先考察当 $n=360$ 时会发生什么情况. 我们知道 360 的质因数分解式是 $2^3 \cdot 3^2 \cdot 5$. 我们利用补计数和容斥原理处理这一问题.

我们来计算有多少个小于或等于 360, 且与 360 有大于 1 的公约数的正整数的个数. 这样的数必定是 2, 3 或 5 的倍数. 所以设到 360 为止 2 的正倍数的集合为 A, 到 360 为止 3 的正倍数的集合为 B, 到 360 为止 5 的正倍数的集合为 C, 于是答案是

$$\varphi(360) = 360 - |A \cup B \cup C|$$
$$= 360 - (|A| + |B| + |C| - |A \cap B| - |A \cap C| - |B \cap C| + |A \cap B \cap C|)$$

集合 $A \cap B$ 恰含有 2 的倍数和 3 的倍数, 即 $2 \cdot 3 = 6$ 的倍数. 类似地, 集合 $A \cap C$ 含有 10 的倍数, 集合 $B \cap C$ 含有 15 的倍数, 集合 $A \cap B \cap C$ 恰含有 30 的倍数. 把这些值恰当地代入后, 得

$$\varphi(360) = 360 - \frac{360}{2} - \frac{360}{3} - \frac{360}{5} + \frac{360}{6} + \frac{360}{10} + \frac{360}{15} - \frac{360}{30}$$
$$= 360 - (1 - \frac{1}{2} - \frac{1}{3} - \frac{1}{5} + \frac{1}{2 \cdot 3} + \frac{1}{2 \cdot 5} + \frac{1}{3 \cdot 5} - \frac{1}{2 \cdot 3 \cdot 5})$$
$$= 360(1 - \frac{1}{2})(1 - \frac{1}{3})(1 - \frac{1}{5})$$

这是预料之中的. 现在转向一般的 n.

像前面一样, 计算有多少个小于或等于 n, 且与 n 有大于 1 的公约数的正整数的个数. p_i 的任何倍数与 n 有公约数 p_i, 有 $\frac{n}{p_i}$ 个小于或等于 n 的自然数是 p_i 的倍数. 将 i 的所有的值相加, 得到 $\sum\limits_{i=1}^{k} \frac{n}{p_i}$.

但是我们知道, 这样的计算过度了. 根据容斥原理, 减去有两个 p_i 的倍数的所有自然数, 这样的数有 $\sum\limits_{1 \leqslant i_1 \leqslant i_2 \leqslant k} \frac{n}{p_{i_1} p_{i_2}}$ 个. 然后再加回有三个 p_i 的倍数的所有自然数, 得到 $\sum\limits_{1 \leqslant i_1 \leqslant i_2 \leqslant i_3 \leqslant k} \frac{n}{p_{i_1} p_{i_2} p_{i_3}}$ 个.

重复这一过程直到 n 的质因数分解式中有 k 个质约数的倍数, 得到要加到和式中的 $(-1)^{k-1} \frac{n}{p_1 p_2 \cdots p_k}$. 将 n 减去这个结果, 得

$$\varphi(n) = n - \sum_{i=1}^{k} \frac{n}{p_i} + \sum_{1 \leqslant i \leqslant j \leqslant k} \frac{n}{p_i p_j} - \cdots + (-1)^k \frac{n}{p_1 p_2 \cdots p_k} \tag{1}$$

最后, 式 (1) 可分解为

$$\varphi(n) = n(1 - \frac{1}{p_1})(1 - \frac{1}{p_2}) \cdots (1 - \frac{1}{p_k})$$

这就是所要求的.

例 35　一个有若干个对象组成的集合的"错排"指的是没有一个对象在其原来所在位置上的一个排列. 例如, 4, 3, 1, 2 就是 1, 2, 3, 4 的一个错排.

关于错排的问题通常是由一个故事引出的. 例如, 假定把 n 本课外作业本任意发还给 n 名学生, 有多少种方法使没有学生拿回自己的课外作业本（$1,2,\cdots,n$ 有多少种错排）？

解　毫无疑问, 我们要用到容斥原理和补计数. 设 A_i 是学生 $i(1\leqslant i\leqslant n)$ 拿回自己的课外作业本的集合. 我们要求发还作业本的方法的总数, 减去 $|A_1\bigcup A_2\bigcup\cdots\bigcup A_n|$. 我们知道不受限制的发还作业本的方法的总数是 n 个对象的排列, 即 $n!$. 现在确定至少有一名学生拿回自己的作业本的方法的总数.

这里是开始用容斥原理的地方了. 首先, 我们必须将每个特定的集合的大小相加. 注意, 因为所有学生是平等对待的, 所以可以利用对称性. 对任何一名学生 i, $|A_i|$（他能拿回自己作业本的方法的总数）是 $(n-1)!$（其余 $n-1$ 个人可以任意发还）. 因为有 n 个这样的集合, 相加后得到 $n\cdot(n-1)!$.

那么两个集合的交 $|A_i\bigcap A_j|$（学生 i 和 j 拿回自己的作业本）是什么情况呢？我们可以用任意的方法发还其余的作业本, 所以有 $(n-2)!$ 种可能. 两个集合的交有多少个呢？这恰好是从总共 n 名学生中选取两名学生的方法数, 我们知道这个数是 $\dbinom{n}{2}$. 于是要从我们进行的计数中减去 $\dbinom{n}{2}\cdot(n-2)!$.

继续这样做, 这一模式也继续形成. 如果 k 名学生拿回自己的作业本, 那么有 $\dbinom{n}{k}$ 种方法选取这 k 名学生, 于是有 $(n-k)!$ 种方法发还其余的作业本. 最后得到

$$n\cdot(n-1)!\ -\dbinom{n}{2}\cdot(n-2)!\ +\dbinom{n}{3}\cdot(n-3)!\ +\cdots+(-1)^{n-1}\dbinom{n}{n}\cdot0!$$

记住这就是我们需要计数的对象的补, 所以要用发还的总数（$n!$）减去这个数

$$n!\ -n\cdot(n-1)!\ +\dbinom{n}{2}\cdot(n-2)!\ -\dbinom{n}{3}(n-3)!\ +\cdots+(-1)^n\dbinom{n}{n}\cdot0!$$

$$=\sum_{k=0}^{n}(-1)^k\dbinom{n}{k}(n-k)!$$

我们可以用代数的方法化简这个式子, 求出 n 个对象错排的个数是

$$\sum_{k=0}^{n}(-1)^k\dbinom{n}{k}\cdot(n-k)!=\sum_{k=0}^{n}(-1)^k\frac{n!}{k!\ (n-k)!}(n-k)!$$

$$=n!\ \sum_{k=0}^{n}\frac{(-1)^k}{k!}\ ①$$

（这就是著名的"错排公式". 如果你学习过幂级数的话, 那么这个和可能对你来说是很熟悉的. 如果没有学过, 那么有许许多多的数学趣事等待着你呢！）

---

① 该式可简化为 $\left[\dfrac{n!}{e}+\dfrac{1}{2}\right]$ ——译者注.

第5章　帕斯卡三角形和二项式定理

帕斯卡(Pascal)三角形是一种十分迷人的结构.本章一开始,很少描述其许多神奇之处.在本章结束之前,我们将看到一些强有力的证明技巧,还将告诉你为什么帕斯卡三角形中的各数称作"组合数"(图7).

$n=0$:　　　　　　　　1

$n=1$:　　　　　　1　　　1

$n=2$:　　　　　1　　　2　　　1

$n=3$:　　　1　　　3　　　3　　　1

$n=4$:　1　　　4　　　$\boxed{6}$　　　4　　　1

图 7

帕斯卡三角形　　各行从 $n=0$ 开始,每一行中的各数都从 $k=0$ 开始.例如,$n=4$ 的行中 $k=2$ 的数(带有方框的数)是 $\begin{bmatrix} 4 \\ 2 \end{bmatrix}=6$.

最上面的一行($n=0$)只有一个数 1.下面标号为 n 的每一行有 $n+1$ 个数,第一个数和最后一个数($k=0$ 和 $k=n$)都是 1,除了这些 1 以外,每个数都是它上面两个数的和.

我们发现,在标号为 n 的行中标号为 k 的数是 $\begin{bmatrix} n \\ k \end{bmatrix}$(这就是行从 0 开始数,每行中的数从 0 开始数的原因).

为什么是这种情况呢? 原来当 $n \geqslant 2, 0 < k \leqslant n$ 时,有

$$\begin{bmatrix} n \\ k \end{bmatrix} = \begin{bmatrix} n-1 \\ k \end{bmatrix} + \begin{bmatrix} n-1 \\ k-1 \end{bmatrix} \qquad (帕斯卡恒等式)$$

由于二项式系数与我们构造三角形的方法有同样的规律,所以我们构造的三角形中的每一个新的数都是相应二项式的系数.

当然,我们还需要证明帕斯卡恒等式.证明的方法很多,其中之一是从前面见到的

$$\begin{bmatrix} n \\ k \end{bmatrix} = \frac{n!}{k! \ (n-k)!}$$

开始.你可以自己检验这种证法.而现在我们提供的却是一个组合的方法.

证明背后的思路是确定一个集合,然后用两种不同的方法计算它的个数.我们要找的两个表达式必须相等,因为它们是对同一个集合计数.有时,把这种方法称为"双重计

数"法，这是组合数学中的一个重要技巧.

现在正式叙述这个定理.

定理 4（帕斯卡恒等式）　对一切 $0 < k \leqslant n$，有

$$\begin{bmatrix} n \\ k \end{bmatrix} = \begin{bmatrix} n-1 \\ k \end{bmatrix} + \begin{bmatrix} n-1 \\ k-1 \end{bmatrix}$$

甚至也有人对 k 不属于 0 到 n 的范围时，定义表达式 $\begin{bmatrix} n \\ k \end{bmatrix}$，认为对任何 $k < 0$ 或 $k > n$，有 $\begin{bmatrix} n \\ k \end{bmatrix} = 0$. 如果我们采用这个定义，那么定理 4 的应用范围就更广泛了：当 $n \geqslant 1$，k 是任意整数时，定理 4 都成立. 为简单起见（这样做是使我们的计数有意义），我们假定 $0 < k \leqslant n$.

我们考虑：一个班级有 n 名学生，从中选出由 k 名学生组成的班委会有多少种选法？

证明　我们从 n 个不同的人组成的集合中选 k 个人. 每个人至多能选一次，选出的这些人代表的顺序无关紧要. 由此得到的结果是 $\begin{bmatrix} n \\ k \end{bmatrix}$.

我们关注班级里的一名特定的学生，比如说是 Jenny. 这里假定 $n \geqslant 1$ 是很重要的，否则我们将不能选 Jenny 了. 此时有两种可能，即 Jenny 进班委会，或不进班委会. 如果她进班委会，那么要从其余 $n-1$ 名学生中再选另外 $k-1$ 名学生组成班委会，有 $\begin{bmatrix} n-1 \\ k-1 \end{bmatrix}$ 种选法. 另外，如果她不进班委会，那么必须从其余的 $n-1$ 名学生中选出所有 k 个成员，有 $\begin{bmatrix} n-1 \\ k \end{bmatrix}$ 种选法. 根据加法原理，组成班委会的选法总数是 $\begin{bmatrix} n-1 \\ k \end{bmatrix} + \begin{bmatrix} n-1 \\ k-1 \end{bmatrix}$.

因为我们用两个表达式对同一件事计数，所以它们必相等. 于是有

$$\begin{bmatrix} n \\ k \end{bmatrix} = \begin{bmatrix} n-1 \\ k \end{bmatrix} + \begin{bmatrix} n-1 \\ k-1 \end{bmatrix}$$

这就是我们要证明的.

应该记住在证明含有二项式系数的某个组合恒等式时，像这样组成班委会的论证方法是一个很好的技巧. 另一类常用的论证方法包含在前面例 15 中见到的东北格子路径. 我们可以给出用东北格子路径证明帕斯卡恒等式的另一种方法.

证明：从 $(0,0)$ 到 $(k, n-k)$ 有多少条东北格子路径？

证明　我们在整个路径中共走 n 步，其中 k 步向右，$n-k$ 步向上. 选择哪 k 步向右的方法有 $\begin{bmatrix} n \\ k \end{bmatrix}$ 种，其余的 $n-k$ 步向上.

我们来看两种情况，最后一步向上和最后一步向右的情况.

如果最后一步向上,那么在到达 $(k, n-k)$ 之前已经到了 $(k, n-k-1)$. 从 $(0,0)$ 到 $(k, n-k-1)$ 的格子路径数是 $\begin{bmatrix} n-1 \\ k \end{bmatrix}$(我们共走了 $n-1$ 步,选择 k 步向右).

如果最后一步向右,那么在到达 $(k, n-k)$ 之前所到的点是 $(k-1, n-k)$. 从 $(0,0)$ 到 $(k-1, n-k)$ 的格子路径数是 $\begin{bmatrix} n-1 \\ k-1 \end{bmatrix}$(我们共走了 $n-1$ 步,选择 $k-1$ 步向右).

因为我们只有两种情况,所以用加法原理可求出从 $(0,0)$ 到 $(k, n-k)$ 共有 $\begin{bmatrix} n-1 \\ k \end{bmatrix} + \begin{bmatrix} n-1 \\ k-1 \end{bmatrix}$ 条东北格子路径.

因为我们用两个表达式对同一件事计数,所以它们必相等. 于是我们证明了

$$\begin{bmatrix} n \\ k \end{bmatrix} = \begin{bmatrix} n-1 \\ k \end{bmatrix} + \begin{bmatrix} n-1 \\ k-1 \end{bmatrix}$$

这就是我们要证明的.

除了帕斯卡恒等式以外,帕斯卡三角形还有很多有趣的性质. 例如,如果计算帕斯卡三角形的各项的和,我们会发现什么(在例 6 以前我们已经见到过这一论证的一部分).

例 36　用计数法证明帕斯卡三角形中标号为 n 的行的各元素的和是 2^n,即

$$\sum_{k=0}^{n} \begin{bmatrix} n \\ k \end{bmatrix} = \begin{bmatrix} n \\ 0 \end{bmatrix} + \begin{bmatrix} n \\ 1 \end{bmatrix} + \cdots + \begin{bmatrix} n \\ n \end{bmatrix} = 2^n$$

证明:一个班级的 n 名学生可组成多少个班委会(人数不限)?

证明　我们知道从 n 个人中选出 k 个人组成班委会的方法有 $\begin{bmatrix} n \\ k \end{bmatrix}$ 种,现在只要把 k 的一切可能值求和. 由于班委会的人数可以少到 0 人,多到所有 n 个人,所以 k 可以取从 0 一直到 n. 于是有

$$\begin{bmatrix} n \\ 0 \end{bmatrix} + \begin{bmatrix} n \\ 1 \end{bmatrix} + \cdots + \begin{bmatrix} n \\ n \end{bmatrix} = \sum_{k=0}^{n} \begin{bmatrix} n \\ k \end{bmatrix}$$

对每名学生都有两种可能,这名学生要么进班委会,要么不进班委会. 根据乘法原理完成此事的方法有 2^n 种.

因为我们用两个表达式对同一件事计数,所以它们必相等. 于是我们证明了

$$\sum_{k=0}^{n} \begin{bmatrix} n \\ k \end{bmatrix} = 2^n$$

这就是我们要证明的.

注意我们已经很容易地证明了"$\{1, 2, \cdots, n\}$ 有多少个子集?" 我们把在这里的证明模式化了(在例 6 中就是这样提出的). 我们如何描述这些要计数对象的集合并不重要,只

要其大小适合即可. 一般来说,根据你要设法证明的等式的一边,你会想到集合计数,下面的挑战就是找到获得另一边的计数过程.

现在我们把注意力集中到帕斯卡三角形的斜线上. 这个结果称为"曲棍球杆定理"(尝试把帕斯卡三角形的恒等式中的所有数圈出来,你就会明白是怎么回事了). 有一个利用帕斯卡恒等式就能证明的代数方法这里就不推导了. 但是,我们将提供两种方法证明,即组成班委会的方法和格子路径的方法.

定理 5(曲棍球杆定理)   如果 $n \geqslant k \geqslant 0$,那么

$$\binom{k}{k} + \binom{k+1}{k} + \binom{k+2}{k} + \cdots + \binom{n}{k} = \binom{n+1}{k+1}$$

证明:有多少种方法从 $n+1$ 名选手中选出 $k+1$ 名选手组成曲棍球队(球衣的号码是 1 到 $n+1$)?

证明   只要求得从 $n+1$ 个不同的选手集合中选出 $k+1$ 个人的方法总数,我们知道这个数是 $\binom{n+1}{k+1}$.

假定球队中选手的号码数最大的是 $r+1$,那么另外 k 名选手的号码数必是 r 或更小的数,所以选择这 k 个人的方法有 $\binom{r}{k}$ 种. $r+1$ 至少必须是 $k+1$(否则球队里就没有足够多的球员了),而且这个数能大到 $n+1$,于是数 r 从 k 取到 n. 将 r 的一切可能值相加,得

$$\sum_{r=k}^{n} \binom{r}{k} = \binom{k}{k} + \binom{k+1}{k} + \cdots + \binom{n}{k}$$

因为我们用两个表达式对同一件事计数,所以它们必相等. 于是我们证明了

$$\binom{k}{k} + \binom{k+1}{k} + \cdots + \binom{n}{k} = \binom{n+1}{k+1}$$

这就是我们要证明的.

对于用格子路径证明,为了更方便使用这个技巧,我们将这样重写这个恒等式:设 $m = n - k$,则该恒等式用 m 和 k 表示,变为

$$\binom{k}{k} + \binom{k+1}{k} + \cdots + \binom{m+k}{k} = \binom{m+k+1}{k+1}$$

证明:从 $(0,0)$ 到 $(k+1,m)$ 的东北格子路径有多少条?

证明   我们的路径必有 $k+1$ 步向右,m 步向上. 选择哪几步向右的方法有 $\binom{m+k+1}{k+1}$ 种(其余的都向上).

我们将进入以下情况,根据最小数的 l,使得 $(k+1,l)$ 在路径上(路径第一次到达直线 $x=k+1$). 因为定义 l 是最小的这样的值,所以我们知道路径到达 $(k+1,l)$ 之前的一

步是向右的,所以我们要对从 $(0,0)$ 到 (k,l) 的路径计数.这样的路径有 $\begin{bmatrix} l+k \\ k \end{bmatrix}$ 条.因为我们只允许路径是向右或向上,所以一旦路径到达 $(k+1,l)$,那么其余的步子都必须向上,于是只有一种方法到达 $(k+1,m)$.由于 l 可以从 0 到 m,所以将 l 的一切可能值相加,就有

$$\sum_{l=0}^{m} \begin{bmatrix} k+l \\ k \end{bmatrix} = \begin{bmatrix} k \\ k \end{bmatrix} + \begin{bmatrix} k+1 \\ k \end{bmatrix} + \begin{bmatrix} k+2 \\ k \end{bmatrix} + \cdots + \begin{bmatrix} m+k \\ k \end{bmatrix}$$

因为我们用两个表达式对同一事件计数,所以它们必相等,于是我们证明了

$$\begin{bmatrix} k \\ k \end{bmatrix} + \begin{bmatrix} k+1 \\ k \end{bmatrix} + \begin{bmatrix} k+2 \\ k \end{bmatrix} + \cdots + \begin{bmatrix} m+k \\ k \end{bmatrix} = \begin{bmatrix} m+k+1 \\ k+1 \end{bmatrix}$$

这就是我们要证明的.

二项式与多项式.我们在考察多项式时,关于二项式的知识也可能对我们有所帮助.

定理 6(二项式定理) 对于一个非负整数 $n(n \geqslant 1)$,有

$$(x+y)^n = \begin{bmatrix} n \\ 0 \end{bmatrix} x^0 y^n + \begin{bmatrix} n \\ 1 \end{bmatrix} x^1 y^{n-1} + \cdots + \begin{bmatrix} n \\ n \end{bmatrix} x^n y^0 = \sum_{k=0}^{n} \begin{bmatrix} n \\ k \end{bmatrix} x^k y^{n-k}$$

现在我们来看"二项式系数"这一术语的由来.它们都是二项式展开式中项的系数.我们往后将用归纳法给出这一定理的证明(见例 62),但是这里只是根据计数原理对其正确性提出一个理由.

首先考察指数较小的 $n=4$ 的情况,把 $(x+y)^4$ 改写为

$$(x+y)(x+y)(x+y)(x+y)$$

利用分配律展开,不化简且不合并同类项,得到下面的式子

$$x \cdot x \cdot x \cdot x + x \cdot x \cdot x \cdot y + x \cdot x \cdot y \cdot x + x \cdot x \cdot x \cdot y +$$
$$x \cdot y \cdot x \cdot x + x \cdot y \cdot x \cdot y + x \cdot y \cdot y \cdot x + x \cdot y \cdot y \cdot y +$$
$$y \cdot x \cdot x \cdot x + y \cdot x \cdot x \cdot y + y \cdot y \cdot x \cdot x + y \cdot x \cdot y \cdot y +$$
$$y \cdot y \cdot x \cdot x + y \cdot y \cdot x \cdot y + y \cdot y \cdot y \cdot x + y \cdot y \cdot y \cdot y$$

哪些项可化简为 $x^2 y^2$?恰好在某个排序中含有 2 个 x,2 个 y 的项.这样的排序有多少种呢?总共有 4 个字母,我们希望选出 2 个字母是 x,有 $\begin{bmatrix} 4 \\ 2 \end{bmatrix}$ 种方法.这表示在和式中有 $\begin{bmatrix} 4 \\ 2 \end{bmatrix}$ 项含有 2 个 x,2 个 y,于是 $x^2 y^2$ 的系数是 $\begin{bmatrix} 4 \\ 2 \end{bmatrix}$.像这样检验其他系数可以看出,这样的做法确实是可行的.

下面考虑一般情况 $(x+y)^n$,这里 n 是非负整数.$x^k y^{n-k}$ 的系数是什么呢?能化简为 $x^k y^{n-k}$ 的项恰好是在某个排序中由 k 个 x 和 $n-k$ 个 y 组成的项.这些字母的可能排序数

是在 n 个字母中选择 k 个字母是 x 的方法数,即 $\begin{bmatrix} n \\ k \end{bmatrix}$. 在展开式中最后出现乘积为 $x^k y^{n-k}$

的有 $\begin{bmatrix} n \\ k \end{bmatrix}$ 次,所以其系数为 $\begin{bmatrix} n \\ k \end{bmatrix}$. 多项式有一个类似的定理,(凭直觉就知道)称为多项式

定理. 它告诉我们是如何展开一个 n 次多项式的,即

$$(x_1 + x_2 + \cdots + x_m)^n = \sum_{k_1+k_2+\cdots+k_m=n} \begin{bmatrix} n \\ k_1, k_2, \cdots, k_m \end{bmatrix} x_1^{k_1} x_2^{k_2} \cdots x_m^{k_m}$$

其理由与二项式定理的这一论证情况相同,所以这里就不讨论了.

与此相反,我们要引进一些例子,说明如何将二项式定理和多项式定理应用于可能遇到的问题(不只是多项式的问题).

例 37 这里我们利用二项式定理和多项式定理求多项式的一些项的系数.

(a) $(x + 2y)^5$ 的展开式中 $x^2 y^3$ 项的系数是什么?

(b) $(2x - 3y)^6$ 的展开式中 $x^3 y^3$ 项的系数是什么?

(c) $(x - 2y + 3)^8$ 的展开式中 $x^3 y^3$ 项的系数是什么?

解 (a) 由二项式定理可知,含有 $x^2 y^3$ 的项是 $\begin{bmatrix} 5 \\ 2 \end{bmatrix} x^2 (2y)^3$,所以系数是 $2^3 \begin{bmatrix} 5 \\ 2 \end{bmatrix} = 80$,

该项是 $80x^2 y^3$.

(b) 由二项式定理可知,含有 $x^3 y^3$ 的项是 $\begin{bmatrix} 6 \\ 3 \end{bmatrix} (2x)^3 (-3y)^3$,所以系数是

$2^3 (-3)^3 \begin{bmatrix} 6 \\ 3 \end{bmatrix} = -4\,320$,该项是 $-4\,320 x^3 y^3$.

(c) 由多项式定理可知,含有 $x^3 y^3$ 的项是 $\begin{bmatrix} 8 \\ 3,3,2 \end{bmatrix} x^3 (-2y)^3 3^2$,所以系数是

$(-2)^3 3^2 \begin{bmatrix} 8 \\ 3,3,2 \end{bmatrix} = -40\,320$,该项是 $-40\,320 x^3 y^3$.

例 38 前面我们用计数的方法证明了

$$\sum_{k=0}^{n} \begin{bmatrix} n \\ k \end{bmatrix} = \begin{bmatrix} n \\ 0 \end{bmatrix} + \begin{bmatrix} n \\ 1 \end{bmatrix} + \cdots + \begin{bmatrix} n \\ n \end{bmatrix} = 2^n$$

现在用二项式定理证明上式.

证明 二项式定理告诉我们

$$(x + y)^n = \begin{bmatrix} n \\ 0 \end{bmatrix} x^0 y^n + \begin{bmatrix} n \\ 1 \end{bmatrix} x^1 y^{n-1} + \cdots + \begin{bmatrix} n \\ n \end{bmatrix} x^n y^0$$

取 $x = y = 1$,得

$$2^n = (1+1)^n = \begin{bmatrix} n \\ 0 \end{bmatrix} 1^0 1^n + \begin{bmatrix} n \\ 1 \end{bmatrix} 1^1 1^{n-1} + \cdots + \begin{bmatrix} n \\ n \end{bmatrix} 1^n 1^0$$

$$= \begin{bmatrix} n \\ 0 \end{bmatrix} + \begin{bmatrix} n \\ 1 \end{bmatrix} + \cdots + \begin{bmatrix} n \\ n \end{bmatrix}$$

这就是所求的.

例 39　$2\,011^{2\,011}$ 的百位数字是多少?

解　稍动脑筋就可利用多项式定理解决本题. 注意,我们可以将 $2\,011^{2\,011}$ 改写为 $(2\,000 + 10 + 1)^{2\,011}$,然后由多项式定理,得

$$\sum_{a+b+c=2\,011} \begin{bmatrix} 2\,011 \\ a,b,c \end{bmatrix} 2\,000^a \, 10^b 1^c$$

注意我们关注的是百位数字,所以含有 $2\,000$ 的正整数次幂的项不予考虑. 这就可以处理 $a=0$ 的情况. 被上式改写为只有一个变量的项(如同我们用于二项式定理那样),有

$$\sum_{k=0}^{2\,011} \begin{bmatrix} 2\,011 \\ k \end{bmatrix} 10^k 1^{n-k}$$

这里还可以略去许多项. $k \geqslant 3$ 的任何项都有因数 $1\,000$,这不影响百位数字,于是得

$$\begin{bmatrix} 2\,011 \\ 0 \end{bmatrix} 10^0 + \begin{bmatrix} 2\,011 \\ 1 \end{bmatrix} 10^1 + \begin{bmatrix} 2\,011 \\ 2 \end{bmatrix} 10^2 = 1 + 20\,110 + 202\,105\,500$$

所以 $2\,011^{2\,011}$ 的百位数字是 6.

除了在帕斯卡三角形和二项展开式中出现的一些有趣的性质外,二项式系数还要在其他一些背景中展现,如下面的例题.

例 40　在一个由正方形搭成的三角形图案中,第 1 行有 1 个正方形,第 2 行有 2 个正方形. 一般地,第 k 行有 k 个正方形,这里 $1 \leqslant k \leqslant 11$. 除了最下面一行以外,每一个正方形都靠在下面 2 个正方形上(图 8). 第 11 行中的每一个正方形中填一个 0 或一个 1. 然后在其余各正方形中填数,每一个正方形中填的数都是下面 2 个正方形中数的和.

在最下面一行中的 0 和 1 最初有多少种填法,使得最上面的 1 个正方形中的数是 3 的倍数?

解　最下面一行中的正方形从左到右分别标以 $a, b, c, d, e, f, g, h, i, j, k$,每一个字母表示 0 或 1. 如果看到最下面一行中最左边的数,那么就是 a. 倒数第二行的最左边的数就是 $a+b$,它上面一行最左边的数是 $a+2b+c$,再上面一行最左边的数是 $a+3b+3c+d$,再上面一行最左边的数是 $a+4b+6c+4d+e$.

注意表示这些数的变量的系数对应于帕斯卡三角形中的元素. 特别是第 l 行的最左边的数的各变量的系数对应于帕斯卡三角形中(第 0 行数起)第 $11-l$ 行的系数,这里 $1 \leqslant l \leqslant 11$. 于是表示最上面正方形的各项系数相应于帕斯卡三角形中第 10 行的各项系数. 由此可知,这个正方形中的数是

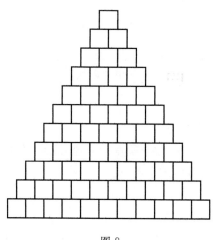

图 8

$$a + 10b + 45c + 120d + 210e + 252f + 210g + 120h + 45i + 10j + k$$

因为我们只关心这个数是 3 的倍数,所以把 3 的倍数提取出来,得

$$3(3b + 15c + 40d + 70e + 84f + 70g + 40h + 15i + 3j) + (a + b + j + k)$$

因为第一部分总是 3 的倍数,所以只需考虑 $a + b + j + k$. 因为 k 这 4 个数中每一个都是 0 或 1,所以它们的和必是 0 或 3. 只有当 a,b,j,k 都等于 0 时,它们的和是 0. 只有当 $a,b,$ j,k 这 4 个数中的 3 个是 1,最后一个是 0 时,它们的和是 3. 有 $\begin{bmatrix} 4 \\ 3 \end{bmatrix}$ 种方法可能是这样(取 3 个是 1). 其余 7 个变量自由分配 0 或 1,共有 2^7 种方法分配. 于是总的分布数是 $5 \cdot 2^7 =$ 640 种.

我们可以用许多方法计算:写出帕斯卡三角形的前 11 行,用公式 $\begin{bmatrix} n \\ k \end{bmatrix} = \dfrac{n!}{k!\,(n-k)!}$,等等. 一个十分简洁的方法是把帕斯卡三角形中的各数只留下除以 3 的余数,因为我们只关心除以 3 的余数. 例如,前几项如图 9 所示.

$n=0$:				1			
$n=1$:			1		1		
$n=2$:		1		2		1	
$n=3$:	1		0		0		1
$n=4$: 1		1		0		1		1

图 9

之所以喜欢用这种计算系数的方法,是因为速度快,而且可以降低计算错误的可能性.

第 6 章　　用一种以上的方法计数

双重计数原理是组合数学中最重要、最基本的技巧之一. 表示这一原理的一般情况是:如果把问题中所给的信息放置在一张表中,然后将各列相加或各行相加,利用这两种方法就能得到信息的总和.

使这一原理形象化的具体方法是我们描述某个集合 S,然后用两种方法对其元素计数,于是就归结为左边 = 右边的这类等式. 一种方法就会给出左边,另一种方法就会给出右边.

我们将使用在前面第 5 章中用于证明定理 4 和定理 5 以及例 36 的技巧,使用双重计数原理是最基本的技巧和证明之一,通常可称其为"组合证明". 组合证明让人开阔视野,读写都很有趣. 在这类问题中唯一难处理的就是正确地寻找集合 S 并进行计数.

我们从这些例题开始着手,这样会对这一原理有更好的感觉.

例 41　证明

$$\tau(1) + \tau(2) + \cdots + \tau(n) = \left\lfloor \frac{n}{1} \right\rfloor + \left\lfloor \frac{n}{2} \right\rfloor + \cdots + \left\lfloor \frac{n}{n} \right\rfloor$$

这里 $\tau(k)$ 表示正整数 k 的正约数的个数,$\lfloor x \rfloor$ 表示实数 x 的整数部分.

证明　设 S 是有序数对 (d,k) 的集合,其中 $1 \leqslant d \leqslant k \leqslant n$,$d$ 是 k 的一个约数.

一方面,现在要问对于给定的 k,有多少个这样的 d? 答案很明显,根据定义这就是 $\tau(k)$. 于是对所有的 k 求和,得

$$|S| = \tau(1) + \tau(2) + \cdots + \tau(n)$$

另一方面,换个看法,如果固定 d,我们能找出多少个这样的 k,使 $d \mid k$,且 $1 \leqslant k \leqslant n$? 答案是 $\left\lfloor \frac{n}{d} \right\rfloor$. 于是再对 d 的所有选择求和,得

$$|S| = \left\lfloor \frac{n}{1} \right\rfloor + \left\lfloor \frac{n}{2} \right\rfloor + \cdots + \left\lfloor \frac{n}{n} \right\rfloor$$

例 42　证明

$$\sum_{d \mid n} \varphi(d) = n$$

其中 $\varphi(x)$ 表示欧拉函数,即小于或等于 x,且与 x 互质的正整数的个数.

证明　我们用两种方法计算集合 $A = \left\{ \dfrac{a}{n} \mid 1 \leqslant a \leqslant n \right\}$ 中分数的个数. 首先,显然有 n 个这样的分数.

另一方面,有些分数可以约分,约分之后可以看到每一个都可以表示为 $\dfrac{p}{d}$ 的形式,其中 $d \mid n$,且 $(p,d)=1$. 于是对于每一个 $d \mid n$,有 $\varphi(d)$ 个分母为 d 的分数.

这就推出集合 A 中有 $\sum\limits_{d|n} \varphi(d)$ 个分数,所以 $\sum\limits_{d|n} \varphi(d)=n$.

例 43 设 $a_1 \leqslant a_2 \leqslant \cdots \leqslant a_n = m$ 是正整数,用 b_k 表示满足 $a_i \geqslant k$ 的 a_i 的个数. 证明

$$a_1 + a_2 + \cdots + a_n = b_1 + b_2 + \cdots + b_m$$

证明 改变一下对 b_k 的看法. 如果我们取下面 n 个区间 $[1,a_1],\cdots,(a_i,a_{i+1}]$ $(1 \leqslant i \leqslant n-1)$,于是在 $\{1,2,\cdots,n\}$ 中的每一个数 k 恰属于一个这样的区间. 对于属于 $[1,a_1]$ 的每一个 j,有 $b_j=n$. 类似地,对于属于区间 $(a_i,a_{i+1}]$ $(1 \leqslant i \leqslant n-1)$ 的每一个 j,我们有 $b_j=n-i$. 于是

$$b_1 + b_2 + \cdots + b_m = na_1 + \sum_{i=1}^{n-1}(n-i)(a_{i+1}-a_i) = a_1 + a_2 + \cdots + a_n$$

例 44 设 $p_n(k)$ 是集合 $\{1,2,\cdots,n\}$ 的恰有 k 个固定点的排列总数. 证明

$$\sum_{k=0}^{n} kp_n(k) = n!$$

证明 首先看左边. 这是对该集合的所有排列中计算各个固定点的个数. 更精确地说,这个表达式是计算二元组 (π,x) 的个数,其中 π 是 $\{1,2,\cdots,n\}$ 的一个排列,x 是 π 的一个固定点. 对于每一个 $k=0,1,\cdots,n$,有 $p_n(k)$ 个有 k 个固定点的排列 π. 每一个都对应于 k 个二元组 (π,x). 所以左边给出这个总个数.

现在换个看法,我们可以计算根据 x 划分的同样个数的二元组. 对于每一个 x,构造一个固定 x 的一个排列,其余各数可以任意排列,于是有 $(n-1)!$ 个固定 x 的排列. 所以总共有 $n \cdot (n-1)! = n!$ 个二元组. 因此得到该恒等式.

例 45 有 200 名学生参加数学竞赛,他们要解 6 道题,已知每道题至少有 120 名参赛者正确解出. 证明:必定有 2 名这样的参赛者,他们中至少有 1 人解出每一道题.

证明 我们用两种方法计算参赛者中有多少对这样的学生,这 2 人都没有解出这次数学竞赛中的任何一道题.

根据已知条件,我们知道任何一道题至多有 80 名参赛者没有解出. 于是对每一道题至多有 $\dbinom{80}{2}$ 对参赛者没有解出,于是至少有 $6\dbinom{80}{2}$ 对. 另一方面,由于有 $\dbinom{200}{2}$ 对参赛者,并且 $6 \cdot \dbinom{80}{2} < \dbinom{200}{2}$,所以必定至少有 1 对这样的参赛者:这 2 人中有 1 人解出 6 道题中的任何一道题.

例 46 已知 p 和 q 是正整数,证明

$$\lfloor \frac{p}{q} \rfloor + \lfloor \frac{2p}{q} \rfloor + \cdots + \lfloor \frac{(q-1)p}{q} \rfloor = \lfloor \frac{q}{p} \rfloor + \lfloor \frac{2q}{p} \rfloor + \cdots + \lfloor \frac{(p-1)q}{p} \rfloor$$

这里 $\lfloor x \rfloor$ 表示实数 x 的整数部分.

证明　这是一个非常典型的格点(纵坐标和横坐标都是整数的点)计数问题. 我们考虑笛卡儿(Descartes)坐标平面内顶点坐标分别为 $(0,0)$, $(p,0)$, (p,q) 的三角形的内部或边上的格点个数(图 10).

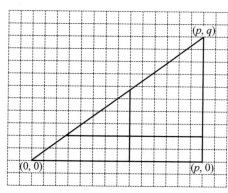

图 10

我们用沿着水平线和竖直线这两种方法进行计数.

于是取一点 $(m,0)$, 其中 $1 \leqslant m \leqslant p-1$. 通过这一点画一条竖直线与从 $(0,0)$ 到 (p,q) 的直线相交于纵坐标等于 $\frac{qm}{p}$ 的点. 恰好有 $\lfloor \frac{qm}{p} \rfloor$ 个格点, 总共得到 $\sum_{m=1}^{p-1} \lfloor \frac{qm}{p} \rfloor$ 个格点.

对于水平线, 我们再取坐标为 $(p, q-n)$ 的点, 在三角形的内部画一条水平线与从 $(0,0)$ 到 (p,q) 的直线相交, 交点的坐标是 $(p-\frac{np}{q}, q-n)$. 每一条这样的水平线上有 $\lfloor \frac{pn}{q} \rfloor$ 个格点. 于是总数是 $\sum_{n=1}^{q-1} \lfloor \frac{pn}{q} \rfloor$ 个格点.

例 47　在一次竞赛中有 a 名参赛者和 b 名裁判员, 其中 b 是奇数, $b \geqslant 3$. 每一名裁判员对每一名参赛者评定"通过"或"不通过". 假定 k 是这样的数, 对于任何 2 名裁判员, 他们对至多 k 名参赛者的评定一致. 证明

$$\frac{k}{a} \geqslant \frac{b-1}{2b}$$

证明　我们画一张 a 行 b 列的表格, 其中行表示参赛者, 列表示裁判员. 再在格子 (i,j) 中做记录, 这里 $1 \leqslant i \leqslant a, 1 \leqslant j \leqslant b$. 如果裁判员 j 对参赛者 i 评定通过, 那么填一个 p, 如果不通过, 则填一个 f.

用行与列两种方法统计评定一致, 即 (p,p) 或 (f,f) 的总对数记作 A.

对于列, 看不同的裁判员的评定. 利用已知条件, 我们知道 $\binom{b}{2}$ 对裁判员中的每一对,

他们至多对 k 名参赛者的评定一致，所以 $A \leqslant k \begin{bmatrix} b \\ 2 \end{bmatrix}$.

对于行，注意这种情况对参赛者是独立的，所以我们可以对每一名参赛者进行统计，并乘以参赛者的人数 a. 于是考虑第一名参赛者，假设他得到 m 次通过，n 次不通过. 注意，有 $m + n = b$.

于是评定的总数是

$$\begin{bmatrix} m \\ 2 \end{bmatrix} + \begin{bmatrix} n \\ 2 \end{bmatrix} = \frac{m^2 + n^2 - (m + n)}{2}$$

$$= \frac{(m + n)^2 + (m - n)^2 - 2(m + n)}{4}$$

$$= \frac{b^2 - 2b + (m - n)^2}{4}$$

因为 b 是奇数，m, n 是整数，可推得 $|m - n| \geqslant 1$，所以第一名参赛者得到的一致评定的总数至少是 $\frac{(b-1)^2}{4}$.

于是得到一致评定的总数的下界，即

$$A \geqslant a \cdot \frac{(b-1)^2}{4}$$

两者结合后，得到

$$a \cdot \frac{(b-1)^2}{4} \leqslant A \leqslant k \begin{bmatrix} b \\ 2 \end{bmatrix}$$

所以

$$a \cdot \frac{(b-1)^2}{4} \leqslant k \begin{bmatrix} b \\ 2 \end{bmatrix}$$

于是得到所求的不等式，即 $\frac{k}{a} \geqslant \frac{b-1}{2b}$.

例 48 设 $A_1, A_2, \cdots, A_n$ 是 $\{1, 2, \cdots, n\}$ 的子集，其中每一个至少有 $\frac{n}{2}$ 个元素，并且当 $i \neq j$ 时，有 $|A_i \bigcap A_j| \leqslant \frac{n}{4}$. 证明

$$\left| \bigcup_{i=1}^{k} A_i \right| \geqslant \frac{k}{k+1} n$$

证明 设 $\bigcup_{i=1}^{k} A_i = \{b_1, b_2, \cdots, b_m\}$. 我们的目标是要证明 $m \geqslant \frac{k}{k+1} n$.

考虑以下的表格：集合 $A_1, A_2, \cdots, A_k$ 表示行，元素 $b_1, b_2, \cdots, b_m$ 表示列. 如果 b_j 是集合 A_i 的元素，则在格子 (i, j) $(1 \leqslant i \leqslant k, 1 \leqslant j \leqslant m)$ 中填 1. 设 x_i 是在第 i 列中 1 的个数，

或等价地出现元素 $b_i(1 \leqslant i \leqslant m)$ 的集合的个数.

现在有 $S = \sum\limits_{i=1}^{m} x_i$ 等于整个表格中各数的和,对各行求和,得

$$\sum_{i=1}^{m} x_i = \sum_{i=1}^{k} |A_i| \geqslant \frac{nk}{2}$$

现在再看 $\sum\limits_{1 \leqslant i \leqslant j \leqslant k} |A_i \cap A_j|$. 它等于在同一列中取出两个 1 的取法总数. 但是这可以改写为用和式和组合数这两种记号表示,得

$$\sum_{1 \leqslant i \leqslant j \leqslant k} |A_i \cap A_j| = \sum_{i=1}^{m} \binom{x_i}{2}$$

根据已知条件,每个交集至多有 $\frac{n}{4}$ 个元素,所以

$$\sum_{i=1}^{m} \binom{x_i}{2} \leqslant \frac{n}{4} \binom{k}{2} \tag{1}$$

注意到利用柯西 — 施瓦兹(Cauchy-Schwartz)不等式,得

$$\sum_{i=1}^{m} \binom{x_i}{2} = \frac{1}{2} \left(\sum_{i=1}^{m} x_i^2 - \sum_{i=1}^{m} x_i \right) \geqslant \frac{1}{2} \left(\frac{S^2}{m} - S \right) = \frac{S^2 - mS}{2m}$$

因为 $S - \frac{m}{2} \geqslant \frac{nk}{2} - \frac{m}{2} \geqslant 0$,我们有

$$S^2 - mS + \frac{m^2}{4} \geqslant \frac{n^2 k^2}{4} - \frac{mnk}{2} + \frac{m^2}{4}$$

所以

$$\sum_{i=1}^{m} \binom{x_i}{2} \geqslant \frac{n^2 k^2 - 2mnk}{8m}$$

与式(1)结合,就推得

$$\frac{n^2 k^2 - 2mnk}{8m} \leqslant \frac{n}{4} \binom{k}{2}$$

稍微进行一些运算,就可得

$$m \geqslant \frac{k}{k+1} n$$

最后,我们以三个也包含几何内容的例题结束本章,这些例题在计数上给了一些限制,因为在欧几里得(Euclid)几何中出现这些限制是很自然的.

例 49　平面内有 n 个点,其中无三点共线. 证明:顶点选自这 n 个点,且面积是 1 的三角形的个数不大于 $\frac{2}{3}(n^2 - n)$.

证明　我们称面积是 1 的三角形是"好"的,设 T 是这样的三角形的个数. 我们看

"好"三角形的边.每一个三角形有三条边,所以线段的总数等于 $3T$.

另一方面,如果有一条给定的线段 AB,那么它至多是四个"好"三角形的一部分.

假定以上命题不成立,那么这些点中有三个点位于以 AB 为边界的半个平面内,设这三个点是 X,Y,Z.下面是一个初等几何的事实:如果 $|ABC|=|ABD|$(这是面积的记号),且 C,D 两点在 AB 边的同侧,那么 $CD \parallel AB$.于是 $XY \parallel AB,YZ \parallel AB$,所以 X,Y,Z 三点共线,这与本题的已知矛盾.

因为这一点,以及在 n 点之间画的线段的最大条数是 $\binom{n}{2}$,所以可以推出现在"好"三角形中的线段数至多是 $4\binom{n}{2}$.

于是

$$3T \leqslant 2n(n-1)$$
$$T \leqslant \frac{2}{3}(n^2-n)$$

例 50 设 k,n 是正整数,S 是平面内无三点共线的 n 个点的集合,对于每一个点 $P \in S$,至少有 k 个属于 S 的点与点 P 等距离.证明:$k < \frac{1}{2} + \sqrt{2n}$.

证明 设这 n 个点分别为 $P_1,P_2,\cdots,P_n$.考虑以 P_i 为圆心的圆 $C_1,C_2,\cdots,C_n$,对于每一个 P_i,到 P_i 等距离的最大点集在圆 C_i 上.

我们考虑三元组 (P_i,P_j,P_k),满足 $j<k,P_j,P_k$ 在圆 C_i 上.对于每一个下标 i 至少有 k 个点在圆 C_i 上.于是以 P_i 为第一点的三元组 (P_i,P_j,P_k) 至少有 $\binom{k}{2}$ 个,所以三元组的总数至少有 $n\binom{k}{2}$ 个.

另外,对于每一对点 (P_j,P_k),如果这一对点都在圆 C_i 上,那么该圆的圆心 P_i 必在 P_jP_k 的垂直平分线上.因为 S 中无三点共线,所以后两点是 (P_j,P_k) 的三元组至多有两个,所以总共至多有 $2\binom{n}{2}$ 个三元组.

将这两次计数的结果相结合,得

$$n\binom{k}{2} \leqslant 2\binom{n}{2} \text{ 即 } k(k-1) \leqslant 2(n-1)$$

该式可改写为

$$\left(k-\frac{1}{2}\right)^2 \leqslant 2n - \frac{7}{4} < 2n \text{ 即 } k < \frac{1}{2} + \sqrt{2n}$$

例 51 设 M 是平面内 $n(n \geqslant 4)$ 个点的集合,且无三点共线,都不在同一个圆上.求

所有的函数 $f:M \to \mathbf{R}$,满足对于任何包含 M 中的至少三点的圆 C,有

$$\sum_{P \in C \cap M} f(P) = 0$$

解　我们把至少包含 M 中三点的圆称为"好"圆. 每一个三点组恰好属于一个"好"圆. 先引进以下引理:

引理
$$\sum_{P \in M} f(P) = 0$$

证明　对于三点组 $T = \{P,Q,R\}$,设 $f(T) = f(P) + f(Q) + f(R)$. 考虑 $\sum_{T \subset M} f(T)$, 这里 T 跑遍每一个可能的三点组.

一方面,M 的每一个点都恰好包括在 $\binom{n-1}{2}$ 个三点组内,所以

$$\sum_{T \subset M} f(T) = \binom{n-1}{2} \sum_{P \in M} f(P)$$

另一方面,假定我们选择一个"好"圆 C,并计算完全在该圆上的所有三点组的个数. 然后如果该圆有 M 中的 k 个点,那么每个点都包括在 $\binom{k-1}{2}$ 内,于是

$$\sum_{T \subset M \cap C} f(T) = \binom{k-1}{2} \sum_{P \in M \cap C} f(P) = 0$$

现在只要对所有的"好"圆求和. 因为每一个三点组恰好包括在一个"好"圆内,所以得

$$\sum_{T \subset M} f(T) = 0$$

结合这两个等式就证明了引理.

设 A,B 是任意两点,S 是经过这两点的所有"好"圆的集合. M 的所有点不共圆,于是 $|S| > 1$. 除属于 M 的 A,B 以外的每一个点恰好属于 S 的一个圆,所以

$$0 = \sum_{C \in S} \sum_{P \in C \cap M} f(P) = |S| [f(A) + f(B)] + \sum_{P \in M \setminus \{A,B\}} f(P)$$

利用引理,我们有

$$0 = (|S| - 1) [f(A) + f(B)]$$

由于 $|S| > 1$,所以

$$f(A) + f(B) = 0$$

证明的其余部分就容易了,对于任意三点 A,B,C,有

$$2f(A) = [f(A) + f(B)] + [f(A) + f(C)] - [f(B) + f(C)] = 0$$

所以唯一的函数是零函数.

第 7 章　鸽巢原理

鸽巢原理是这样叙述的:如果有 k 个鸽巢,多于 k 只鸽子,每只鸽子在一个鸽巢内,那么必有一个鸽巢内至少有两只鸽子.更一般地说,如果有 k 个鸽巢和 n 只鸽子,那么有些鸽巢必定至少有 $\lfloor \frac{n}{k} \rfloor$ 只鸽子,另一些鸽巢必定至多有 $\lfloor \frac{n}{k} \rfloor$ 只鸽子.

鸽巢原理虽然简单,但是可以创造性地用来证明一些意想不到的复杂结果.我们在处理一个鸽巢原理的问题时,要辨别哪些对象代表"鸽子",哪些对象代表"巢".要做到这一点,一般要编排大量的证明.一旦辨清了对象,我们就能用鸽巢原理得出结论.

例 52　考虑一个边长为 2 的正方形内的 5 个点.证明:不管怎么放置这 5 个点,必有某一对点相距不超过 $\sqrt{2}$.

当我们思考这类问题时,可以考虑最不理想的情况,即各点距离尽可能远的情况.看来要将其中 4 个点放在正方形的角上,1 个点放在中心.即使在这种情况下,命题仍然成立.但是这远非是严格的证明!我们怎么知道这就是最不理想的情况呢?我们考虑的每一种情况都很容易,但是情况如此之多以至于难以把所有情况都包括在内.

有了鸽巢原理就有了希望.

证明　本题中的这 5 个点是鸽子,那什么是巢呢?因为命题中没有特定的方案,所以必须自己想办法.我们联结对边中点的线段把正方形划分成 4 个单位正方形,每个单位正方形作为一个巢.根据鸽巢原理,4 个小正方形中必有一个包含这 5 个点中的至少 2 个点.在 1 个单位正方形中,两点之间的最大距离是 $\sqrt{2}$,所以这两点相距的最大距离是 $\sqrt{2}$,这就是要求的.

(即使在这种正式的解法中,我们也有点草率了.没有说清楚每一条边界线属于哪一个"巢".有多种方法确定:我们或者可以更小心地定义"巢",使每一个边界点只属于 4 个正方形中的 1 个,或者干脆说清楚这是无关紧要的,因为当对象可以放在多个巢里时,仍然可用鸽巢原理.)

例 53　假定有 n 个人参加一次会议,有些人与另一些人握手.证明:至少两个人与同样多个人握手.

证明　每个人的"握手次数",即他(她)和对方握手的人数必在 $0,1,\cdots,n-1$ 的范围之内.人就是鸽子,握手次数就是巢.

是否有可能将每个巢都占有呢?这就是说,实际上至少有一个人(比如说,Alice)握 0 次手,却至少有一个人(比如说,Bob)和参加会议的另外每一个人都握手,但是 Bob 没有和 Alice 握手. 这就产生了矛盾, 所以必定至少有一个巢并没有被占有.

现在有 n 只鸽子, 还留下 $n-1$ 个巢, 所以必有两只鸽子在一个巢里. 也就是说, 至少有两个人的握手次数相同, 证毕.

例 54 在一个球面上任意给定 5 个不同的点, 证明: 存在一个包含其中 4 个点的闭半球.

证明 取这 5 个点中的 2 个点. 比如说, P,Q 两点. 存在一个过这 2 个点的大圆 C, 且圆 C 是两个闭半球的边界. 根据鸽巢原理, 这两个半球中的一个至少包含其余 3 个点中的 2 个点. 因为半球是闭的, 所以这个半球也包含 P,Q 两点, 于是至少包含给定的 5 个点中的 4 个点.

下面两道例题在问题的叙述上看起来非常类似, 但是我们用来作为 "巢" 的集合却是非常不同的.

例 55 证明: 从 $\{1,2,\cdots,100\}$ 中取出 51 个数的任何子集中, 存在一对没有公共质约数的元素.

证明 2 个连续整数没有公共质约数, 因为那个质约数也必定整除这 2 个数的差 1. 考虑数对 $\{1,2\},\{3,4\},\{5,6\},\cdots,\{99,100\}$. 每一组数对由 2 个连续整数组成, 共有 50 对. 根据鸽巢原理, 如果我们从 $\{1,2,\cdots,100\}$ 中取出 51 个数, 那么必须把这些数对中的至少一对中的 2 个数都选出. 这样的 1 个数对就有 2 个元素, 没有公共的质约数.

例 56 证明: 在从 $\{1,2,\cdots,100\}$ 中取出 51 个数的任何子集中, 存在一对这样的元素, 其中一个整除另一个.

证明 我们用以下方法定义 $\{1,2,\cdots,100\}$ 的 50 个子集 $S_1,S_2,\cdots,S_{50}$: 在 S_k 中最小的元素是奇数 $2k-1$. 此外, S_k 包含每一个形如 $(2k-1)2^j$ 的数, 但不超过 100. 例如, $S_1=\{1,2,4,8,16,32\}$, $S_{11}=\{21,42,84\}$, $S_{32}=\{63\}$. 1 到 100 的每一个数都包含于某个 S_k 中. 还注意到, 对于同属于某一个 S_k 的每一对数 $a,b(a<b)$, 都有 $a \mid b$.

考虑一个从 $\{1,2,\cdots,100\}$ 中取出 51 个数的子集. 因为有 50 个子集 $S_1,S_2,\cdots,S_{50}$, 根据鸽巢原理, 必定存在某个 $k(1 \leqslant k \leqslant 50)$, 使 S_k 中至少有两个元素属于这个子集. 在这两个元素中, 一个整除另一个.

在一个包括能被特定的数 n 整除方面的问题中, 鸽巢原理经常是很有用的. 我们可以利用这样的事实: 某数除以 n 的余数只有 n 种可能, 且只有 $n-1$ 个非零.

例 57 设 n 是正整数, $n \geqslant 1$. 如果 $a_1,a_2,\cdots,a_n$ 是正整数, 证明: 可以对这些数中的某些数涂上绿色, 使这些绿色的数的和能被 n 整除.

证明 定义数 $A_0,A_1,,\cdots,A_n$ 为新的集合, 其中 $A_k=\sum_{i=1}^{k}a_i$ (所以 $A_0=0,A_1=a_1$, $A_2=a_1+a_2,A_3=a_1+a_2+a_3,\cdots$).

考虑 A_k 除以 n 的余数. 对于这 $n+1$ 次除法有 n 个可能的余数, 根据鸽巢原理, 至少

有两次除法的余数相等(比如说,A_j,A_k,$j < k$),作这两数的差,得到

$$A_k - A_j = a_{j+1} + a_{j+2} + \cdots + a_{k-1} + a_k$$

这是原来各数的一个子集中的一些数的和,且能被 n 整除.对 a_{j+1},a_{j+2},$\cdots$,a_k 涂上绿色,证毕.

另一个有趣的情况是有无穷多只"鸽子",但是"巢"却只有有限多个.在这种情况下,有些巢必须容纳无穷多只鸽子(否则每一个巢都容纳有限多只鸽子,有限多个有限数的和是有限的,这就产生了矛盾).下面的例题就用到了这一点.

例 58 证明:存在某个由四个数字组成的数列有无穷多次出现在 2 的幂的前四位数字中.

证明 我们知道有 $9 \cdot 10 \cdot 10 \cdot 10 = 9\,000$ 种可能的四个数字组成的数列(不包括以零开始的数列).假想对每个由四个数字组成的数列构造一个集合.把 2 的幂的前四位分类放入集合内(前九个幂不放入集合内,但仍然有相当多个幂).因为 2 的幂有无穷多个,所以有一些集合必容纳无穷多个 2 的幂.对应于这个集合的由四个数字组成的数列有无穷多次出现在 2 的幂的前四位数字中.

例 59 在数 $1,2,\cdots,2\,010$ 的两个排列 $a_1,a_2,\cdots,a_{2\,010}$ 和 $b_1,b_2,\cdots,b_{2\,010}$ 中,如果对某个 k 的值,有 $a_k = b_k (1 \leqslant k \leqslant 2\,010)$,那么称这两个排列有交集.证明:存在 $1\,006$ 个由数 $1,2,\cdots,2\,010$ 组成的排列,任何其他排列保证至少与这 $1\,006$ 个排列中的一个有交集.

证明 考虑这样定义这 $1\,006$ 个排列:

(1) 对于每一个排列 $a_1,a_2,\cdots,a_{2\,010}$,设 $a_k = k$,其中 $1\,007 \leqslant k \leqslant 2\,010$(每个大于或等于 $1\,007$ 的数的位置固定);

(2) 对于我们定义的这 $1\,006$ 个排列中的第 i 个排列,把 a_1 设为 i.该排列中的每一个后面的元素是前面的元素加 1,但是一旦到达 $1\,006$ 就回到 1.

这样给出的这一组排列是

$$1,2,3,\cdots,1\,006,1\,007,1\,008,\cdots,2\,010$$
$$2,3,4,\cdots,1\,006,1,1\,007,1\,008,\cdots,2\,010$$
$$3,4,5,\cdots,1\,006,1,2,1\,007,1\,008,\cdots,2\,010$$
$$\vdots$$
$$1\,005,1\,006,1,2,\cdots,1\,004,1\,007,1\,008,\cdots,2\,010$$
$$1\,006,1,2,\cdots,1\,004,1\,005,1\,007,1\,008,\cdots,2\,010$$

注意,我们是特别构造这一组排列的,使得在 $1,2,\cdots,1\,006$ 这些数中的每一个数都作为第 k 个数出现,其中 $1 \leqslant k \leqslant 1\,006$.

考虑任何排列 $a_1,a_2,\cdots,a_{2\,010}$.在 $a_1,a_2,\cdots,a_{1\,006}$ 的范围内有 $1\,006$ 个数,但是只有 $1\,004$ 个值超过 $1\,006$.因为没有一个值在一个排列中出现两次,所以这 $1\,006$ 个数中有一个数必取一个不超过 $1\,006$ 的值,比如说 $a_k = j$,其中 $1 \leqslant k \leqslant 1\,006$,$1 \leqslant j \leqslant 1\,006$.但是,

注意到就像上面那样,在这一组排列中,有某个排列 $b_1, b_2, \cdots, b_{2\,010}$ 满足 $a_k = b_k = j$. 于是任何排列相交于上述一组排列中的某个排列,这样就证明了存在 1 006 个排列,使任何其他排列保证至少与这 1 006 个排列中的一个有交集.

我们要记住的最后一个技巧是:我们可以重复使用鸽巢原理得到所求的结果.

例 60 给出一个由 1 985 个不同的正整数组成的集合 M,其中任何一个都没有大于 23 的质约数,证明:M 含有一个由 4 个元素组成的子集,这 4 个元素的积是一个整数的 4 次幂.

证明 因为集合 M 中没有元素大于 23 的质约数,所以每一个元素都可写成以下形式:对于一些整数 $\alpha_i \geqslant 0$,有

$$2^{\alpha_1} 3^{\alpha_2} 5^{\alpha_3} 7^{\alpha_4} 11^{\alpha_5} 13^{\alpha_6} 17^{\alpha_7} 19^{\alpha_8} 23^{\alpha_9}$$

注意,如果两个数的质因数分解式中的每一个质因数的指数的奇偶性都相同,那么它们的积是完全平方数.因为对 9 个指数中的每一个都有奇或偶这两种可能,所以奇偶性共有 $2^9 = 512$ 种不同的分布.

根据鸽巢原理,因为有 1 985 个不同的整数,以及有 512 种奇偶性的分布情况,所以必定至少有两个数的奇偶性的分布相同.除这两个数以外,还有 1 983 个不同的整数.再利用鸽巢原理,找出另一对奇偶性的分布相同的数(不必与第一对数的奇偶性的分布相同).注意到这一过程,我们可以重复 513 次(此时我们已经排除了这 1 985 个数中的 1 026 个数,还多出 959 个数.因为还比 512 多,所以在这种情况下,还可以利用鸽巢原理).

现在有 513 对乘积是完全平方数的数.考虑这 513 个完全平方数,我们将考察这些数的质因数分解式中各指数除以 4 的余数,因为这些数都是完全平方数,所以余数只可能是 0 和 2.注意,与前面的奇偶性情况一样,如果两个完全平方数有同样的余数分布,那么这两个完全平方数的积是一个整数的 4 次方.因为我们有 513 个完全平方数,以及有 $2^9 = 512$ 种余数的分布情况,根据鸽巢原理,必定有两个完全平方数有同样的余数分布.

从原来的集合 M 中取出这两个数,乘以我们乘到完全平方数的两个数,就得到完全 4 次幂,于是我们就有一个含有 4 个元素的子集,它们的积是一个整数的 4 次幂.

第8章 归 纳 法

归纳法是一种数学技巧,用来证明一个命题对于一切大于或等于某一确定的值(通常是对于一切非负整数,或者一切正整数)都成立.当我们考虑到如何用归纳法有效时,想象为推倒一排多米诺骨牌那样是经常有用的.随着我们较为详细地研究证明过程,对这种比喻的基本情况将变得很清楚.

基础情况:对于基础情况,我们要证明命题对于我们所关注的 n 的最小值成立(证明我们能推倒第一块多米诺骨牌).

我们把用作基础情况的 n 值设为一个特定的数.

对于大多数问题,基础情况是 $n=0$ 或 $n=1$.但是,如果你需要证明对 $n \geqslant 6$ 成立的某个命题,那么你的基础情况可能是 $n=6$.

有时候也许会用到,或者甚至是必须要用到多于一个的基础情况.为了确保能有足够的基础情况往后推,但是也要避免多于你所需要的基础情况.做一些额外的事情反而会不符合归纳法的要点.

归纳假定:归纳假定是我们要证明的命题对某个 $n=k$ 成立的假定,这里 k 是大于或等于基础情况值的某个整数(即假定我们知道能推倒第 k 块多米诺骨牌).

为什么不假定我们要证明的东西呢?在我们试图证明的命题和归纳假定(我们要断言的命题对 n 的哪些值成立)之间有一个微妙但关键的区别.归纳假定只是对 n 的一个值断言.这里我们不需要分清这个精确的数值,只是把 k 用作一个位置.另一方面,我们的命题是对提出的命题做一个断言,认为我们的命题对大于或等于基础情况值的每一个 n 值成立.

这一区别就是归纳步骤很重要的原因.如果我们止于归纳假定,那么实际上就不能证明任何东西.

注意不要假定 k 在这里或在归纳步骤中有任何特定的性质.这样的假定导致你仅仅对具有那些特殊性质的 n 值的命题进行了证明,而不是一切可能的值.

归纳步骤:现在我们知道如果归纳假定正确(对于 k 成立),那么命题必须对 $n=k+1$ 也成立(多米诺骨牌是这样排列的:如果第 k 块骨牌被推倒,那么第 $k+1$ 块骨牌也被推倒).

从 $n=k+1$ 开始,把命题分成几个较小的部分,这样你可以用归纳假定证明命题正确.虽然这可能很诱人,避免从 $n=k$ 的情况开始,试图推进到 $n=k+1$ 的情况,对于某些问题,从较小的情况开始推进将是有效的,但是在另一些情况下可能会使你遗漏一些次要的情况. 从 $n=k+1$ 的一般情况开始, 然后归结为一个较小的问题将会确保你涵盖一切情况.

确保你不要假定当 $n=k+1$ 时情况成立. 如果你这样假定的话, 那你就是把要证明的东西做了假定, 并不是实际上在证明它. 如何避免这种情况呢? 举个例子, 如果在处理一个等式, 从等式的一边开始对表达式进行一系列的变形, 得到等式的另一边的表达式, 那么在变形过程的某处将会用到归纳假定.

一旦完成了这三个部分, 我们就大功告成了! 我们证明了命题对某个基础的值成立 (例如, 当 $n=1$ 时, 命题成立), 我们还要证明如果命题对某个一般的值 $n=k$ 成立, 那么命题对 $n=k+1$ 也成立. 这就是说, 因为命题对 $n=1$ 成立, 所以对 $n=1+1=2$ 也成立; 因为命题对 $n=2$ 成立, 所以对 $n=2+1=3$ 也成立; 因为命题对 $n=3$ 成立, 所以对 $n=3+1=4$ 也成立, 等等. 这就是我们在归纳假定或归纳步骤中对 k 的某个特定的值不做任何假定的重要原因. 把 k 留作一个特殊位置的变量可以让我们去确立这个多米诺骨牌的连锁效应.

如果你在处理一个归纳问题时陷入困境的话, 那么可以尝试一下将一个较小的值代替 n, 探求一个进行下去的方式. 这总是解题的一个好的出发点, 而且对归纳证明特别有用.

为了说明证明的每一个步骤在实践中是如何起作用的, 我们考察下面这个熟知的恒等式.

例 61　证明: $\displaystyle\sum_{i=1}^{n} i = 1 + 2 + 3 + \cdots + n = \frac{n(n+1)}{2}$.

证明　有多种方法证明这一结果. 这里我们用对 n 归纳的方法证明.

基础情况: 当 $n=1$ 时, 代入后, 看到 $\displaystyle\sum_{i=1}^{1} i = 1 = \frac{1 \cdot 2}{2}$, 所以基础情况成立.

归纳假定: 假定当 $n=k$ 时命题成立, 即对某个 $k \geqslant 1$, 有

$$\sum_{i=1}^{k} i = 1 + 2 + 3 + \cdots + k = \frac{k(k+1)}{2}$$

归纳步骤: 当 $n=k+1$ 时, 考虑等式的左边, 表达式变为 $\displaystyle\sum_{i=1}^{k+1} i$. 注意

$$\sum_{i=1}^{k+1} i = (k+1) + \sum_{i=1}^{k} i$$

根据归纳假定, 我们知道

$$\sum_{i=1}^{k} i = \frac{k(k+1)}{2}$$

将这一式子代入上面的式子, 有

$$\sum_{i=1}^{k+1} i = k+1 + \frac{k(k+1)}{2} = \frac{2k+2}{2} + \frac{k^2+k}{2}$$

$$= \frac{k^2 + 3k + 2}{2} = \frac{(k+1)(k+2)}{2}$$

$$= \frac{(k+1)\big[(k+1)+1\big]}{2}$$

因为已经证明了 $\sum_{i=1}^{k+1} i = \frac{(k+1)(k+2)}{2}$，所以我们知道，如果恒等式对 $n=k$ 成立，那么对 $n=k+1$ 也成立. 根据数学归纳法原理，这就推得我们的证明.

我们也可以用归纳法证明前面见到过的一个结果：

例 62   利用归纳法证明：对 $n \geqslant 1$，二项式定理

$$(x+y)^n = \sum_{j=0}^{n} \binom{n}{j} x^j y^{n-j}$$

证明   我们对 n 归纳.

基础情况：当 $n=1$ 时，我们有

$$(x+y)^1 = x + y = \binom{1}{0} x^0 y^{1-0} + \binom{1}{1} x^1 y^{1-1}$$

所以基础情况成立.

归纳假定：假定对某个 $k \geqslant 1$，当 $n=k$ 时，结论成立，即

$$(x+y)^k = \sum_{j=0}^{k} \binom{k}{j} x^j y^{k-j}$$

归纳步骤：当 $n=k+1$ 时，考虑等式的左边. 根据归纳假定，我们有

$$(x+y)^{k+1} = (x+y)(x+y)^k = (x+y) \sum_{j=0}^{k} \binom{k}{j} x^j y^{k-j}$$

展开后重新排列，有

$$(x+y)^{k+1} = \sum_{j=0}^{k} \binom{k}{j} x^{j+1} y^{k-j} + \sum_{j=0}^{k} \binom{k}{j} x^j y^{k-j+1}$$

$$= \sum_{j=1}^{k+1} \binom{k}{j-1} x^j y^{k-j+1} + \sum_{j=0}^{k} \binom{k}{j} x^j y^{k-j+1}$$

$$= \binom{k}{0} x^0 y^{k+1} + \binom{k}{k} x^{k+1} y^0 + \sum_{j=1}^{k} \left[\binom{k}{j} + \binom{k}{j-1} \right] x^j y^{k-j+1}$$

利用帕斯卡恒等式以及以下事实

$$\binom{k}{0} = \binom{k+1}{0} = \binom{k}{k} = \binom{k+1}{k+1} = 1$$

化简后得

$$(x+y)^{k+1} = \binom{k+1}{0} x^0 y^{k+1} + \binom{k+1}{k+1} x^{k+1} y^0 + \sum_{j=1}^{k} \binom{k+1}{j} x^j y^{k-j+1}$$

$$= \sum_{j=0}^{k+1} \binom{k+1}{j} x^j y^{k-j+1}$$

这就是要证明的. 根据数学归纳法原理, 这就推得我们的证明.

例 63 对于一切 $n > 1$, 有集合 $B, A_1, A_2, A_3, \cdots, A_n$, 证明

$$(A_1 \cap A_2 \cap \cdots \cap A_n) \cup B = (A_1 \cup B) \cap (A_2 \cup B) \cap (A_3 \cup B) \cap \cdots \cap (A_n \cup B)$$

证明 基础情况: 当 $n = 2$ 时, 我们希望证明

$$(A_1 \cap A_2) \cup B = (A_1 \cup B) \cap (A_2 \cup B)$$

我们可以直接做到这一点, 只要对一个文氏图 (图 11) 中相应的区域涂上阴影, 并注意到这个结果对等式两边是相同的.

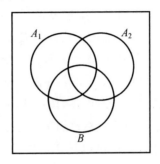

图 11

归纳假定: 假定当 $n = k$ 时, 对某个 $k \geqslant 2$, 结论成立, 即对任何集合 $B, A_1, A_2, A_3, \cdots, A_k$, 有

$$(A_1 \cap A_2 \cap \cdots \cap A_k) \cup B = (A_1 \cup B) \cap (A_2 \cup B) \cap (A_3 \cup B) \cap \cdots \cap (A_k \cup B)$$

归纳步骤: 考虑当 $n = k + 1$ 时, 有

$$(A_1 \cap A_2 \cap \cdots \cap A_{k+1}) \cup B$$

设 $C = A_1 \cap A_2 \cap \cdots \cap A_k$. 于是上述表达式变为 $(C \cap A_{k+1}) \cup B$. 根据基础情况, 上式等于

$$(C \cup B) \cap (A_{k+1} \cup B) = [(A_1 \cap A_2 \cap \cdots \cap A_k) \cup B] \cap (A_{k+1} \cup B)$$

现在对第一项用归纳假定, 得

$$[(A_1 \cup B) \cap (A_2 \cup B) \cap (A_3 \cup B) \cap \cdots \cap (A_k \cup B)] \cap (A_{k+1} \cup B)$$

即

$$(A_1 \cup B) \cap (A_2 \cup B) \cap (A_3 \cup B) \cap \cdots \cap (A_k \cup B) \cap (A_{k+1} \cup B)$$

这就是所要证明的. 因为我们没有对集合做出任何假定, 所以对任何集合 $B, A_1, A_2, \cdots, A_k, A_{k+1}$, 命题都成立, 这就推得我们的证明.

归纳法还能用于要证明的命题不是等式的情况. 看一些例子.

例 64 证明: 对于任何 $n \geqslant 1$, 一个 $2^n \times 2^n$ 的板去掉任何一个单位格子后恰能被形如

L 的三米诺骨牌无重叠地覆盖.

证明 我们对 n 进行归纳.

基础情况：当 $n = 1$ 时，我们有一个去掉一个小正方形的 2×2 的网格. 余下部分恰是排成 L 形的三个正方形，恰好能被一个 L 形三米诺骨牌覆盖.

归纳假定：假定对某个 $k \geq 1$，当 $n = k$ 时命题成立，即一个 $2^k \times 2^k$ 的板去掉一个正方形后能用形如 L 的三米诺骨牌铺砌.

归纳步骤：考虑当 $n = k+1$ 时一个 $2^{k+1} \times 2^{k+1}$ 的板去掉一个正方形的网格. 我们可以将这个网格分成四块大小相等的 $2^k \times 2^k$ 的板，其中有一块去掉一个正方形. 根据归纳假定，这一块能用形如 L 的三米诺骨牌铺砌. 把一块三米诺骨牌放在其余三块板的中间，覆盖每一块板的角上的一个正方形. 我们可以把这三块板中被一块三米诺骨牌覆盖的格子当作这三块板中被去掉的格子，所以剩下的三块都是去掉一个正方形的 $2^k \times 2^k$ 的网格. 根据归纳假定，这三块网格中每一块都能被形如 L 的三米诺骨牌铺砌，所以我们用这些三米诺骨牌覆盖整个网格. 于是，任何 $2^{k+1} \times 2^{k+1}$ 的板去掉一个正方形后能用形如 L 的三米诺骨牌铺砌. 根据数学归纳法原理，就推得我们的证明.

有时候我们可能要证明一个命题只对整数的某个无限子集成立（正奇数，只是除以 4 余 1 的整数，等等）. 在这种情况下，我们可以把所需要的值写成对要归纳变量的一个函数，并从这里进行归纳. 在下面的例子中，我们希望只对奇数大小的范围内证明一个命题.

例 65 有 $n(n \geq 3)$ 名儿童在操场上玩耍. 每个人都拿着一个蛋挞，突然每名儿童都把自己的蛋挞扔在最靠近他（她）的儿童的脸上. 假定所有儿童之间的距离都不相同，用归纳法证明：如果 n 是奇数，那么至少有一名儿童没有被别人扔蛋挞.

证明 为确保 n 是奇数，设 $n = 2k - 1$. 对 k 进行归纳.

基础情况：当 $k = 2$ 时，注意他们之间距离最近的两名儿童将相互扔蛋挞，第三名儿童把自己的蛋挞扔向这两名儿童之一，但是他（她）没有被别人扔蛋挞. 于是命题成立.

归纳假定：假定对于某个 $k \geq 2$，对于一群 $n = 2k - 1$ 名儿童的任意分布至少有一名儿童没有被别人扔蛋挞.

归纳步骤：考虑 $n = 2(k+1) - 1 = 2k + 1$ 名儿童的情况. 设 Alice 和 Bob 是他们之中距离最近的两名儿童. 于是 Alice 把她的蛋挞扔向 Bob，Bob 把他的蛋挞扔向 Alice. 暂不考虑 Alice 和 Bob，根据归纳假定，我们知道在另外 $2k - 1$ 名儿童中必有某一名儿童 Joy 没有被别人扔蛋挞，他也没有被 Alice 和 Bob 扔蛋挞，所以不会引起包括 Alice 和 Bob 在内的另一名儿童把目标转向 Joy（一名儿童只能把自己的目标转向 Alice 或 Bob）. 于是 Joy 没有被别人扔蛋挞. 根据数学归纳法原理，就推得我们的证明.

例 66 有 n 个人参加一次循环赛. 每一场比赛的结局有胜负之分（没有平局）. 有没有可能对这 n 名选手编号为 $P_1, P_2, P_3, \cdots, P_n$，使得 P_1 胜 P_2，P_2 胜 P_3，$\cdots$，P_{n-1} 胜 P_n.

解　对 n 进行归纳.

基础情况:当 $n=2$ 时,有一场两名选手进行的比赛,比赛一胜一负.胜者编号为 P_1,负者编号为 P_2.这样的排序符合要求.

归纳假定:假定对某个 $k \geqslant 2$,当 $n=k$ 时,在一次有 k 个人参加的循环赛中,我们能对这 k 名选手编号为 $P_1, P_2, P_3, \cdots, P_k$,使得 P_1 胜 P_2,P_2 胜 P_3,$\cdots$,P_{k-1} 胜 P_k.

归纳步骤:考虑一次有 $k+1$ 名选手参加的循环赛.挑出一名选手(X),暂时不考虑选手(X).这样就考虑留下的 k 名选手.根据归纳假定,存在某个顺序 $P_1', P_2', \cdots, P_k'$,有 P_1' 胜 P_2',P_2' 胜 P_3',$\cdots$,P_{k-1}' 胜 P_k'.我们需要在这一顺序中找到一个位置插入选手 X;如果我们能够找到这样一个位置,那么就得到对所有 $k+1$ 名选手的一个符合规则的排序.

如果选手 X 没有负过,那么就取顺序为 $X, P_1', P_2', \cdots, P_k'$,对相应的选手编号.如果与其他选手的比赛中至少负过一次.设 $j(1 \leqslant j \leqslant k)$ 是在战胜选手 X 的选手 P_j' 中下标最大的.因为下标 j 最大,所以选手 X 必胜选手 P_{j+1}'(或 $j=k$),于是顺序 $P_1', P_2', \cdots, P_j', X$,$P_{j+1}', \cdots, P_k'$ 是符合规则的一个有效的排序.

根据数学归纳法原理,就推得我们的证明.

例 67　一群鸡有 n 只,进行一对一的锦标赛.每一场对决的结局有胜负之分(没有平局).先啄到对方的鸡为胜者.如果鸡 u 啄到另一只鸡 w,而鸡 w 啄到鸡 v,那么就说,鸡 u 间接啄到另一只鸡 v.在锦标赛结束时,如果有一只鸡啄到或者间接啄到其他所有的鸡,那么就称这只鸡为这次锦标赛的鸡王.证明:每一次锦标赛都有一只鸡王.

证明　对 n 进行归纳.

基础情况:当 $n=2$ 时,范围最小的,且能称得上锦标赛的是有两只鸡的锦标赛.必有一只鸡啄到另一只鸡,这只鸡就是鸡王.于是任何有两只鸡参加的锦标赛有一只鸡王.

归纳假定:假定当 $n=k$ 时,结论成立.也就是说,对某个 $k \geqslant 2$,有 k 只鸡参加的锦标赛有一只鸡王.

归纳步骤:考虑有 $k+1$ 只鸡参加的锦标赛.我们暂时把一只鸡放在一边(比如说,小鸡),然后关注其余 k 只鸡.根据归纳假定,在这 k 只鸡中,必有一只鸡是在 k 只鸡参加的锦标赛中的鸡王.现在考虑小鸡.

如果小鸡被锦标赛的鸡王啄到,那么这只鸡王就是整个锦标赛的鸡王.

如果小鸡被另一只鸡啄到,而这另一只鸡被锦标赛的鸡王啄到,那么这只鸡王间接啄到小鸡,于是这只锦标赛的鸡王就是整个锦标赛的鸡王.

余下的情况是小鸡啄到锦标赛的鸡王,但是没有被任何锦标赛中鸡王啄到的鸡啄到(小鸡啄到所有被锦标赛的鸡王啄到的鸡).在这种情况下,我们就称小鸡为鸡王.注意,任何没有被小鸡啄到的鸡也没有被锦标赛的鸡王啄到.于是这只鸡必定被锦标赛的鸡王啄到的某一只鸡啄到.因为小鸡啄到所有被鸡王啄到的鸡,这就是说,小鸡间接啄到这只鸡,于是小鸡啄到或者间接啄到所有另外的鸡.

根据数学归纳法原理,就推得我们的证明.

强归纳法

归纳法有许多变式.这里我们将讨论一种常用的变式("强归纳法").

强归纳法与"正常的"归纳法有何区别?

唯一的变化是归纳假定.强归纳法不是假定命题,当 $n=k$(k 是某个大于或等于基础情况值的整数)时命题成立,而是假定命题对于每一个大于或等于基础情况的值,但是小于或等于 k 的每一个整数都成立.

例如,如果基础情况是 $n=1$,那么我们的归纳假定是:假定命题对 $n=1,n=2,n=3,\cdots,n=k$ 都成立.

这种方法为什么还是正确的?

初看,似乎我们的假定有一大堆.但是当我们的归纳假定失效时,与正常的归纳法恰有同样的多米诺骨牌效应.我们还是从基础情况开始(比如说,$n=1$).接下来,我们证明如果命题对每一个整数 $n(1 \leqslant n \leqslant k)$ 成立,则命题对 $n=k+1$ 成立.

现在从基础情况开始推进.因为命题对每一个整数 $n(1 \leqslant n \leqslant k)$ 成立,必定对 $n=1+1=2$ 也成立.因为命题对满足 $1 \leqslant n \leqslant 2$ 的每一个整数 n 成立,所以对 $n=3$ 也成立.这一方式可以一直进行下去.

我们怎么知道什么时候用强归纳而不用正常归纳呢?

采用哪一种方法是没有明确规定的,但是一般应该是在正常归纳不能用时才用.如果你要进行归纳步骤($n=k+1$ 的情况),发现你不能想出归结为 $n=k$ 的情况的方法,但是能想出归结为对 n 的一个较小的值的一种(或几种)情况的方法,此时,看来可以加强你的假定,利用强归纳法会有帮助.

强归纳法的一个典型应用是证明由递推关系确定的数列的通项.如果你不熟悉递推关系,那么下一章我们将进行详细的研究.

例 68 证明:比内(Binet)公式给出斐波那契(Fibonacci)数列的通项

$$F_n = \frac{1}{\sqrt{5}}\left[\left(\frac{1+\sqrt{5}}{2}\right)^n - \left(\frac{1-\sqrt{5}}{2}\right)^n\right]$$

回忆一下,斐波那契数定义为 $F_0=0,F_1=1$ 以及当 $n \geqslant 2$ 时,$F_n=F_{n-1}+F_{n-2}$.

证明 基础情况:为了利用递推关系,需要两个基础情况:$n=0$ 和 $n=1$.我们有

$$\frac{1}{\sqrt{5}}\left[\left(\frac{1+\sqrt{5}}{2}\right)^0 - \left(\frac{1-\sqrt{5}}{2}\right)^0\right] = \frac{1}{\sqrt{5}}(1-1) = 0 = F_0$$

和

$$\frac{1}{\sqrt{5}}\left[\left(\frac{1+\sqrt{5}}{2}\right)^1 - \left(\frac{1-\sqrt{5}}{2}\right)^1\right] = \frac{1}{\sqrt{5}}(\sqrt{5}) = 1 = F_1$$

所以基础情况成立.

归纳假定:假定对一切 $n(1 \leqslant n \leqslant k-1)$,比内公式给出第 n 个斐波那契数.

归纳步骤:考虑 F_k. 由递推关系,我们知道

$$F_k = F_{k-1} + F_{k-2}$$

根据强归纳假定可以用比内公式,得

$$
\begin{aligned}
F_k &= F_{k-1} + F_{k-2} \\
&= \frac{1}{\sqrt{5}}\left[\left(\frac{1+\sqrt{5}}{2}\right)^{k-1} - \left(\frac{1-\sqrt{5}}{2}\right)^{k-1}\right] + \\
&\quad \frac{1}{\sqrt{5}}\left[\left(\frac{1+\sqrt{5}}{2}\right)^{k-2} - \left(\frac{1-\sqrt{5}}{2}\right)^{k-2}\right] \\
&= \frac{1}{\sqrt{5}}\left[\left(\frac{1+\sqrt{5}}{2}\right)^{k-2}\left(\frac{3+\sqrt{5}}{2}\right) - \left(\frac{1-\sqrt{5}}{2}\right)^{k-2}\left(\frac{3-\sqrt{5}}{2}\right)\right]
\end{aligned}
$$

注意到

$$\left(\frac{1+\sqrt{5}}{2}\right)^2 = \frac{3+\sqrt{5}}{2} \text{ 和 } \left(\frac{1-\sqrt{5}}{2}\right)^2 = \frac{3-\sqrt{5}}{2}$$

所以化简后得

$$F_k = \frac{1}{\sqrt{5}}\left[\left(\frac{1+\sqrt{5}}{2}\right)^k - \left(\frac{1-\sqrt{5}}{2}\right)^k\right]$$

这就是所要求的.根据数学归纳法原理,就推得我们的证明.

例 69　证明:每一个正整数 n 有一个二进制表示法.也就是说,要证明每一个正整数 n 能表示为

$$n = c_j 2^j + c_{j-1} 2^{j-1} + \cdots + c_2 2^2 + c_1 2^1 + c_0 2^0$$

这里每一个 c_i 都取 0 或 1.

证明　我们对 n 进行强归纳.

基础情况:当 $n=1$ 时,1 就是 $1 \cdot 2^0$,所以它是一个二进制表示法.

归纳假定:假定对一切 $n(1 \leqslant n \leqslant k-1)$,$n$ 有一个二进制表示法.

归纳步骤:对 $n=k$,考虑 k 的奇偶性两种情况.如果 k 是奇数,那么 $k-1$ 是偶数,所以 $\dfrac{k-1}{2}$ 是小于 k 的正整数,根据归纳假定,它必有某个二进制表示法

$$\frac{k-1}{2} = c_j 2^j + c_{j-1} 2^{j-1} + \cdots + c_2 2^2 + c_1 2^1 + c_0 2^0$$

乘以 2 后,得到 $k-1$ 的一个二进制表示法

$$k-1 = c_j 2^{j+1} + c_{j-1} 2^j + \cdots + c_2 2^3 + c_1 2^2 + c_0 2^1$$

两边加 1,得到 k 的一个二进制表示法

$$k = c_j 2^{j+1} + c_{j-1} 2^j + \cdots + c_2 2^3 + c_1 2^2 + c_0 2^1 + 1 \cdot 2^0$$

另一方面，假定 k 是偶数，注意到 $\frac{k}{2}$ 是小于 k 的正整数，根据归纳假定，我们知道它有某个二进制表示法

$$\frac{k}{2} = c_j 2^j + c_{j-1} 2^{j-1} + \cdots + c_2 2^2 + c_1 2^1 + c_0 2^0$$

乘以 2 后，得

$$k = c_j 2^{j+1} + c_{j-1} 2^j + \cdots + c_2 2^3 + c_1 2^2 + c_0 2^1$$

这是 k 的二进制表示法. 因为每一个正整数或者是奇数，或者是偶数，根据数学归纳法原理，就推得我们的证明.

第 9 章　递 推 关 系

虽然加法原理和乘法原理为计数提供了强有力的工具,但是有一些问题并不是只用这两个原理就很容易解决的.有些问题利用比较直接的方法难以解决,而利用递推关系却十分容易解决.在这类问题中,我们要进行的计数是有一个一般方法的,那就是依赖于一个自由参数,比如说 n.例如,回到例 6,我们本来是要计算集合 $\{1,2,\cdots,n\}$ 的子集的个数.解决这个问题的一种方法是当 n 变化时,计算所有这样数列的个数.在例 6 的情况下,我们设 $(a_n)_{n \geqslant 0}$ 是 a_n 的一个数列,它等于 $\{1,2,\cdots,n\}$ 的子集的个数.从例 6 可知 $a_n = 2^n$,但是我们暂时假装不知道,不去寻找 a_n 的一个公式,而是寻找一个用数列 $a_1,a_2,\cdots,a_{n-1}$ 的所有前面的项表示 a_n 的一个公式.在例 6 的情况下,这是非常容易的.$\{1,2,\cdots,n\}$ 的一个子集或者包含 n,或者不包含 n.如果这个子集包含 n,那么在 $\{1,2,\cdots,n-1\}$ 的子集中添加 n;如果这个子集不包含 n,那么已经是 $\{1,2,\cdots,n-1\}$ 的一个子集了.于是,我们看到有 a_{n-1} 个子集包含 n,另外还有 a_{n-1} 个子集不包含 n.于是 $a_n = 2a_{n-1}$.

递推关系和归纳法有类似之处.在一个(强)归纳证明的归纳步骤中,我们让读者看到,如果我们能证明归纳假定的前面所有情况,那么我们就能证明下一种情况.递推关系告诉我们,如果我们知道数列 (a_n) 中的前面所有项,那么我们就能计算出下一项.

如果我们能够找到数列 (a_n) 的一个递推关系,那么就可以合理而有效地计算出 a_n(大致有 n 步).对于有些问题,这是能做的最好方法.但是,对于许多递推关系,我们可以用递推求得一般项 a_n 的一个通项公式.例如,对于递推关系 $a_n = 2a_{n-1}$,容易看出这一递推关系的一般解是 $a_n = C2^n$,这里 C 是某个常数.利用该数列的任意一项(比如说 $a_0 = 1$,因为空集的唯一子集就是空集本身),就能确定 $C = 1$,于是又有 $a_n = 2^n$.在上一章中的例 68 提供了另一个例子,在这个例子中,我们把斐波那契数的递推关系转换为一个具体的公式.我们在附录中为读者提供解递推关系的一些理论成果.

例 70　有足够多的形如一个 2×1 和 1×1 的砖块.设 $n(n > 3)$ 是一个自然数.有多少种方法能用这些砖块铺砌一个 $3 \times n$ 的矩形,使得没有两块 2×1 的矩形有共同的边界(相邻的边界),并且每个矩形的长边平行于大矩形的短边.

解　我们把没有两块 2×1 的矩形有公共点的这种铺砌称为一个"好"铺砌.用 a_n 表示一个 $3 \times n$ 的矩形的好铺砌的个数.我们将从 $n = 1$ 开始,把所有 2×1 矩形的长边竖放.对于 $n > 3$,这才符合题意.画出可能的图之后,就看到有三种方法铺砌一个 3×1 的矩形,所以 $a_1 = 3$.

当 $n = 2$ 时,把 3×2 的矩形分割成两个 3×1 的竖直的矩形条.如果我们把一个 $2 \times$

1 的矩形放入其中一个矩形条中，那么我们就不能把 2×1 这样的矩形放入另一个矩形条中，所以必须用正方形填补其余部分．有四个可能的位置把这个矩形放在这两个矩形条中，于是用一个矩形的铺砌有四种．加上只用 1×1 的正方形的铺砌，得到 $a_2 = 5$．

我们把这种方法推广到一般的情况．对于一个 $3 \times (n+1)$ 的矩形有 $n+1$ 个长为 3 的竖直的矩形条．如果把一个 2×1 的矩形放在第 $n+1$ 个矩形条内，那么就不能再把 2×1 的矩形放在第 n 个矩形条内．于是，第 n 个矩形条只用 1×1 的正方形铺砌．因为有两种方法把这个 2×1 的矩形放在最后一个矩形条内，并且可以把任意一个 $3 \times (n-1)$ 的矩形的"好"铺砌放在前 $n-1$ 个矩形条中，可以看出，这种形式的铺砌有 $2a_{n-1}$ 种．另一方面，如果在最后一个矩形条内不放一个 2×1 的矩形，那么唯一的可能是用 1×1 的正方形铺砌．在其余 n 个矩形条中可以任意放 $3 \times n$ 的矩形的"好"铺砌，这就给出 a_n 种可能的铺砌．把这两种情况相结合，得到递推关系 $a_{n+1} = a_n + 2a_{n-1}(n \geqslant 2)$．

我们可以应用二阶常系数线性递推理论把这个递推关系写出 a_n 的一个一般公式．这个线性递推关系的特征多项式是 $r^2 - r - 2 = 0$，其根为 $r_1 = 2$ 和 $r_2 = -1$．于是我们就得到数列 2^n 和 $(-1)^n$ 满足这一递推关系．因此，这样数列的一般形式是对于某两个常数 C_1 和 C_2，有 $a_n = C_1 2^n + C_2(-1)^n$．将初始值 $a_1 = 3$ 和 $a_2 = 5$ 代入后，就得到线性方程 $2C_1 - C_2 = 3$ 和 $4C_1 + C_2 = 5$．解出 $C_1 = \dfrac{4}{3}, C_2 = -\dfrac{1}{3}$，因此，得

$$a_n = \frac{2^{n+2} + (-1)^{n+1}}{3}$$

（如果我们早就从 $a_0 = 1$ 开始递推，那么原本可以使算术运算稍稍简单一些．）

例 71　求 $\{1, 2, \cdots, n\}$ 的不包含两个连续整数的子集的个数．

解　设这样的子集的个数是 a_n．为了得到一个递推关系，我们看最后一个元素 n．如果 n 属于这个集合，那么 $n-1$ 就不属于这个集合，所以就看 $\{1, 2, \cdots, n-2\}$ 的类似的子集．注意到对每一个这样的子集，我们可以把 n 加进去，得到一个没有连续整数的集合．于是这些包含 n，但没有连续元素的子集与 $\{1, 2, \cdots, n-2\}$ 的没有连续整数的子集形成双射，所以有 a_{n-2} 个这样的子集．

另一种情况是当 n 不属于这个子集时，我们就有一个 $\{1, 2, \cdots, n-1\}$ 的没有连续整数的子集，所以有 a_{n-1} 个这样的子集．

将这两种情况合在一起，得到递推关系 $a_n = a_{n-1} + a_{n-2}$．注意到 $a_1 = 2, a_2 = 3$，所以我们看出 $a_n = F_{n+2}$，这里 F_n 是斐波那契数．

例 72　求由 n 个字母组成的字母串的个数，其中每一个字母是 A，B，C，D 中的一个，并且同一个字母不能连续出现三次．

解　我们称这样的字母串是"好的"．看一看当我们把一个新的字母加到一个长度为 $n-1$ 的字母串的末尾时会发生什么情况．通常有 4 种选择，但是如果字母串的末尾是两

个相同的字母,那么后面不能再放同样的字母,于是只有 3 种选择.

这个想法是要确定两个数列.设 a_n 是长度为 n 的"好"字母串,b_n 是长度为 n,末尾是两个相同字母的"好"字母串.我们将分别寻找关于 a_n 和 b_n 与前面几项的两个递推关系.寻找单个数列的一个递推关系较为有效,而且它使单个递推关系简单一些,使我们能够依次寻找出更为复杂的递推关系.

上面我们几乎已经找到了 a_n 的递推关系.如果一个长度为 $n-1$ 的"好"字母串不是以两个相同的字母结尾(这样的字母串有 $a_{n-1}-b_{n-1}$ 个),那么我们有 4 种方法在末尾加一个字母得到一个长度为 n 的"好"字母串;如果一个长度为 $n-1$ 的"好"字母串以两个相同的字母结尾,那么只有 3 种方法加一个字母.于是得到 $a_n = 4(a_{n-1}-b_{n-1})+3b_{n-1} = 4a_{n-1}-b_{n-1}$.

b_n 的递推关系类似.如果一个长度为 $n-1$ 的"好"字母串不是以两个相同的字母结尾,那么重复最后一个字母得到一个长度为 n,以两个相同的字母结尾的"好"字母串;如果长度为 $n-1$ 的"好"字母串以两个相同的字母结尾,那么无法加一个字母得到一个长度为 n,以两个相同的字母结尾的"好"字母串.因此得到 $b_n = a_{n-1}-b_{n-1}$.

因为我们不需要计算数列 b_n,所以我们可以由这两个递推关系消去 b_n,得到一个只包括 a_n 的递推关系.由第一个递推关系,得 $b_{n-1}=4a_{n-1}-a_n$,因此 $b_n=4a_n-a_{n+1}$.把这个式子代入第二个递推关系,得 $4a_n-a_{n+1}=a_{n-1}-(4a_{n-1}-a_n)$,或者 $a_{n+1}=3a_n+3a_{n-1}$.把下标改动一下,得到 $a_n=3a_{n-1}+3a_{n-2}(n>3)$.计算该数列的前两项是很容易的($a_1=4$,$a_2=16$),于是可以计算出任何 a_n.

为了得到 a_n 的一个通项公式,我们看该递推关系的特征多项式 $r^2-3r-3=0$,这个多项式的根是

$$r_1=\frac{3+\sqrt{21}}{2},r_2=\frac{3-\sqrt{21}}{2}$$

因此,这一递推关系的一般解是对于常数 C_1 和 C_2,有

$$a_n=C_1\left(\frac{3+\sqrt{21}}{2}\right)^n+C_2\left(\frac{3-\sqrt{21}}{2}\right)^n$$

将该数列的前两项代入上式,解所得的关于 C_1 和 C_2 的两个方程,经过一些代数运算后求出

$$a_n=\frac{4}{3\sqrt{21}}\left[\left(\frac{3+\sqrt{21}}{2}\right)^{n+1}+\left(\frac{3-\sqrt{21}}{2}\right)^{n+1}\right]$$

例 73　将一个圆分割成 n 个扇形,用 m 种颜色对这 n 个扇形涂色,使得相邻两个扇形的颜色都不相同,求不同涂色的种数.

解　将这样的涂色称为"好的"涂色.设将一个圆分割成 n 个扇形后"好的"涂色的种数为 c_n.我们用乘法原理进行仔细计算涂色的种数会发现什么情况.选取一种颜色对第

一个扇形涂色有 m 种方法,对第二个扇形涂色有 $m-1$ 种方法,对再下面一个扇形涂色有 $m-1$ 种方法,继续这一过程直到对最后一个扇形涂色有 $m-1$ 种方法.这就给出总共有 $m(m-1)^{n-1}$ 种涂色.

我们马上会注意到这样的计数并不正确.因为我们没有确定第一个扇形和最后一个扇形的颜色应该不同.重要的是,如果我们较为仔细地考虑所进行的计数,那么就会得到一个关于数列 c_n 的递推关系.

如果第一个扇形和最后一个扇形的颜色不同,那么我们就得到一个对 n 个扇形的"好的"涂色.根据定义有 c_n 个这样的涂色.如果得到第一个扇形和最后一个扇形的颜色相同的结果,那么我们就没有得到一个"好的"涂色.但是在这种情况下,我们可以把第一个扇形和最后一个扇形合并,就得到将一个圆分割成 $n-1$ 个扇形的"好的"涂色.于是这类涂色有 c_{n-1} 种,因此得到递推关系 $c_n+c_{n-1}=m(m-1)^{n-1}$.我们可要小心,这只是对 $n \geqslant 3$ 时成立.如果写下对 $n=2$ 时的递推关系,我们就得到 $c_1+c_2=m(m-1)$.容易计算 $c_2=m(m-1)$,$c_1=m$,所以这是一个问题.我们可以对 c_1 取一个不正确的值,就假想为 0,于是实际上比较容易用算术法解出该递推关系.为了求 c_n 的通项,我们来看和式

$$\sum_{j=2}^{n} (-1)^{n-j}(c_j+c_{j-1})$$

一方面,如果逐项写出这个和式,那么可以看出连续两项可以抵消,结果这个和式等于 $c_n+(-1)^{n-2}c_1=c_n$.另一方面,由上面的递推关系,它等于 $m\sum_{j=2}^{n}(-1)^{n-j}(m-1)^{j-1}$.这个和式是一个几何级数,于是得

$$c_n=m\frac{(m-1)^n+(-1)^n(m-1)}{m-1+1}=(m-1)^n+(-1)^n(m-1)$$

例 74 已知函数 $f:\{1,2,\cdots,n\} \rightarrow \{1,2,3,4,5\}$,且对一切 $k=1,2,\cdots,n-1$,有 $|f(k+1)-f(k)| \geqslant 3$,求函数 f 的个数.

解 思想方法直截了当,我们必须根据 $f(n)$ 的值把问题分开考虑,然后得到递推关系.必须注意有一个小小的陷阱,如果 $n=1$,那么容易看出有 5 个这样的函数,因为 $f(1)$ 可取任何值.但是如果 $n \geqslant 2$,那么函数 f 永远不能取 3 这个值,因为这将与不等式矛盾.这样一来,将使我们比预期的要晚一些开始递推.

所以设 a_n,b_n,c_n 和 d_n 分别是当 $f(n)=1,f(n)=2,f(n)=4$ 和 $f(n)=5$ 时,这样的函数的个数.我们所关注的是当 $n \geqslant 2$ 时,函数的总数 $S_n=a_n+b_n+c_n+d_n$(对于 $n=1$,函数的总个数是 $S_1=5$,但是 $a_1+b_1+c_1+d_1=4$).

对于 $f(n)=1$,$f(n-1)$ 的可能性是 4 和 5,所以 $a_n=c_{n-1}+d_{n-1}$;

对于 $f(n)=2$,唯一的可能是 $f(n-1)=5$,所以 $b_n=d_{n-1}$;

对于 $f(n)=4$,又只能有 $f(n-1)=1$,所以 $c_n=a_{n-1}$;

最后，如果 $f(n)=5$，那么 $f(n-1)$ 有两个值，即 1 和 2，于是 $d_n=a_{n-1}+b_{n-1}$.

现在将第一个等式和最后一个等式相加，得

$$a_n+d_n=a_{n-1}+b_{n-1}+c_{n-1}+d_{n-1}=S_{n-1}$$

将中间两个等式相加，得

$$b_n+c_n=a_{n-1}+d_{n-1}=S_{n-2}$$

最后，全部相加，当 $n\geqslant 4$（为保证 $n-2\geqslant 2$）时，有 $S_n=S_{n-1}+S_{n-2}$. 注意到 $S_2=6$，$S_3=10$，看出这是斐波那契递推关系，对 $n\geqslant 2$，有 $S_n=2F_{n+2}$.

例 75　如果对 $\{1,2,\cdots,n\}$ 的子集 X，有 $|X|\in X$（对于集合 A，$|A|$ 表示集合 A 的元素的个数），那么称 X 是"利己"集，求没有利己真子集这一性质的利己集的个数.

解　如果要求递推关系，那就看最后一个元素 n，这又是一个好主意. n 可能属于一个最小的利己集，也可能不属于. 设 a_n 是包含 n 的最小利己集，b_n 是不包含 n 的最小利己集.

容易看出，不包含 n 的那些集合就是 $\{1,2,\cdots,n-1\}$ 的最小利己集，所以 $b_n=a_{n-1}+b_{n-1}$.

现在考虑包含 n 的最小利己集. 如果 $n>1$，那么这样的集合不能包含 1（因为如果包含 1 的话，那么 $\{1\}$ 就是一个利己真子集），于是基数不等于 n. 因此这样的一个集合必定至少有两个不同的元素，即 n 和它的基数.

现在我们可以实施以下技巧，把 n 从该集合中除去，并将集合中余下的数都减少 1. 注意，这样不会得到一个 0，因为 1 不能属于这个集合. 这个集合的基数也比原来的基数小 1. 因此，得到集合 $\{1,2,\cdots,n-2\}$ 的利己子集. 我们断言它是最小的.

这是正确的，因为我们可以把这个过程倒过来. 也就是说，如果 Y 是去掉 n 后的集合的一个利己真子集，那么我们把 Y 的每一个元素都加上 1，再补上 n. 这样又给出原集合的一个利己真子集.

于是有 $a_n=a_{n-2}+b_{n-2}$. 我们关注的是最小利己集的总个数 $c_n=a_n+b_n$. 将这两个关系式合起来，得到 $c_n=c_{n-1}+c_{n-2}$.

我们看出这就是斐波那契递推关系. 因为 $c_1=1$，$c_2=1$，所以可推得 $c_n=F_n$，即第 n 个斐波那契数.

例 76　求由数字 $\{0,1,2\}$ 组成的长度为 n 的数字串的个数，但不包含数字串 100，101，200 或 201.

解　我们从一个长度为 $n-1$ 的数字串引申出去看看会发生什么情况，这又是一个好主意. 像往常一样，如果一个数字串不包含本命题所排除的任何子数字串，那么就称这个数字串为"好"数字串. 设 s_n 是长度为 n 的数字串的个数，a_n 是长度为 n 且末尾是 1 或 2 的"好"数字串的个数，b_n 是长度为 n 且末尾是 10 或 20 的"好"数字串的个数（为方便起见，这里设 $a_0=b_0=b_1=0$）.

如果长度至少是 2 的数字串的末尾不是 1,2,10 或 20,那么其末尾必是 00.因为数字串 100,200 已经排除,这就是说,其末尾必是 000(或 $n=2$).继续这一个过程,我们看到这个数字串必定全部是零.也容易看出对 $n=0$ 或 1,由 s_n 算出,而不是由 a_n 或 b_n 算出的仅有的数字串只有 0 的数字串.因此,可以得到对一切 n,有 $s_n=a_n+b_n+1$.

我们总是可以把一个 2 放到任何一个长度为 $n-1$ 的"好"数字串的后面,得到一个长度为 n 且末尾是 2 的"好"数字串.但是要得到一个长度为 n 且末尾是 1 的"好"数字串,我们只能把一个 1 放到一个长度为 $n-1$ 且末尾是 1 或 2 的"好"数字串的后面,或者放在全部是 0 的数字串的后面.于是得到 $a_n=s_{n-1}+a_{n-1}+1$.

最后,一个长度为 n 且末尾是 10 或 20 的数字串显然可以由一个长度为 $n-1$ 且末尾是 1 或 2 的"好"数字串的后面补一个 0 得到.于是 $b_n=a_{n-1}$.

容易看出这三个递推关系(以及上面的初始值)让我们可以对一切 $n \geqslant 0$,计算 a_n,b_n 和 s_n.为了得到 s_n 的一个通项公式,我们首先由这些递推关系消去 a_n 和 b_n.消去 b_n 很容易,为了消去 a_n,将前两个递推关系相加和相减,得到 $s_n-s_{n-1}=2a_{n-1}+2$,$s_n+s_{n-1}=2a_n$.将第二个递推关系的下标稍作改动,用来消去 a_{n-1},得到

$$s_n-s_{n-1}=s_{n-1}+s_{n-2}+2$$

即

$$s_n=2s_{n-1}+s_{n-2}+2$$

这类递推关系称为非齐次递推关系,因为它多一个不依赖于数列 s_n 的项.为了解这类递推关系,注意到 $t_n=s_n+1$ 满足齐次递推关系 $t_n=2t_{n-1}+t_{n-2}$.(求得这个递推关系的一个方法是猜想对于某个常数 $c,t_n=s_n+c$ 应该满足一个齐次递推关系.用 $s_n=t_n-c$ 代入后,进行一些代数运算,就得到 $t_n=2t_{n-1}+t_{n-2}+(2-2c)$,因此,如果 $c=1$,那么得到这个等式是齐次的.)

为了解这个递推关系,注意到特征多项式

$$r^2-2r-1=0$$

有根 $r_1=1+\sqrt{2},r_2=1-\sqrt{2}$.因此

$$t_n=C_1(1+\sqrt{2})^n+C_2(1-\sqrt{2})^n$$

由初始条件 $t_0=s_0+1=2$ 和 $t_1=s_1+1=4$,得到

$$C_1+C_2=2,(1+\sqrt{2})C_1+(1-\sqrt{2})C_2=4$$

解这两个线性方程,得到 $C_1=1+\dfrac{1}{\sqrt{2}},C_2=1-\dfrac{1}{\sqrt{2}}$.所以经过一些变形后,得

$$s_n=\frac{1}{\sqrt{2}}\big[(1+\sqrt{2})^{n+1}-(1-\sqrt{2})^{n+1}\big]-1$$

例 77 如图 12 所示,设 A 和 E 是一个正八边形的两个相对的顶点.一只青蛙从顶点

A 起跳,从 E 以外的任何顶点跳到任意两个相邻的顶点之一,跳到 E 就停止跳跃.设 a_n 是恰好跳 n 次跳到 E 的不同的路径数.证明

$$a_{2n-1}=0,a_{2n}=\frac{1}{\sqrt{2}}\big[(2+\sqrt{2})^{n-1}-(2-\sqrt{2})^{n-1}\big]$$

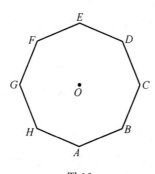

图 12

证明　想法又是求得递推关系.设 $a_n,b_n,c_n,d_n,e_n,f_n,g_n$ 和 h_n 是长度为 n,分别结束于 A,B,C,D,E,F,G,H 的不同路径数,我们需要得到 e_n.

由图像的对称性可知,$b_n=h_n,c_n=g_n,d_n=f_n$.两个相对的顶点到出发点 A 的距离相等.现在容易看出

$$e_n=d_{n-1}+f_{n-1}=2d_{n-1}$$
$$d_n=c_{n-1}$$
$$a_n=2b_{n-1}$$
$$c_n=b_{n-1}+d_{n-1}$$
$$b_n=a_{n-1}+c_{n-1}$$

从前两个等式得到 $d_n=\dfrac{e_{n+1}}{2},c_n=\dfrac{e_{n+2}}{2}$.代入第四个等式,得到 $b_{n-1}=\dfrac{e_{n+2}-e_n}{2}$.从第三个等式得到 $a_n=e_{n+2}-e_n$.

一起代入第五个等式,得到递推关系

$$e_{n+3}-4e_{n+1}+2e_{n-1}=0$$

于是得到特征方程 $x^4-4x^2+2=0$,其根是 $x=\pm\sqrt{2\pm\sqrt{2}}$.所以有

$$e_n=[A+(-1)^nB](\sqrt{2+\sqrt{2}})^n+[C+(-1)^nD](\sqrt{2-\sqrt{2}})^n$$

最后注意到 $e_1=e_2=e_3=0,e_4=2$.由 $e_1=0=e_3=0$,得到 $A=B,C=D$.

因此,得

$$A(2+\sqrt{2})+C(2-\sqrt{2})=0$$

和

$$A(2+\sqrt{2})^2+C(2-\sqrt{2})^2=1$$

第一式乘以 $2+\sqrt{2}$，然后相减得

$$C=-\frac{2+\sqrt{2}}{4\sqrt{2}},A=\frac{2-\sqrt{2}}{4\sqrt{2}}$$

代入后就得到所求的结果.

例 78 设 $n\geqslant 1$ 是一个整数. 如果一个集合 $S\subset\{0,1,\cdots,4n-1\}$ 对于任何 $k\in\{0,1,\cdots,n-1\}$，满足以下条件：

(i) 集合 $S\bigcap\{4k-2,4k-1,4k,4k+1,4k+2\}$ 至多有两个元素；

(ii) 集合 $S\bigcap\{4k+1,4k+2,4k+3\}$ 至多有一个元素.

那么称集合 S 是"罕见的".

证明：集合 $\{0,1,\cdots,4n-1\}$ 恰有 $8\cdot 7^{n-1}$ 个"罕见的"子集.

证法 1 设 a_n 是 $\{0,1,\cdots,4n-1\}$ 的"罕见"的子集个数，b_n 是 $\{0,1,\cdots,4n-1\}$ 的不包含 $4n-1$ 或 $4n-2$ 的"罕见"的子集个数. 下面设法求递推关系.

注意到因为对 $k=n-1$ 应用第二个条件，所以差 a_n-b_n 是只包含 $4n-1$ 和 $4n-2$ 之一的"罕见"的子集个数.

如果该集合包含 $4n-1$，那么由第一个条件中的 $k=n-1$ 得到 $S\bigcap\{4n-6,4n-5,4n-4\}$ 至多有两个元素，因为第二个条件迫使 $4n-3$ 不属于该集合，可以推得 $4n-4$ 属于该集合与否，与其他选择无关，所以得到 $2a_{n-1}$ 个这类"罕见"子集.

如果该集合包含 $4n-2$，那么又由第一个条件知，$S\bigcap\{4n-6,4n-5,4n-4\}$ 至多有一个元素. 如果 $4n-4$ 属于该集合，那么该集合必不包含 $4n-6=4(n-1)-2$ 或 $4n-5=4(n-1)-1$，所以得到 b_{n-1} 个这样的集合. 如果 $4n-4$ 不属于该集合，那么恰好得到 $\{1,2,\cdots,4(n-1)-1\}$ 的一个"罕见"子集，于是共有 a_{n-1} 个.

这样就得到 $b_{n-1}+a_{n-1}$ 个集合.

总的说来，得到

$$3a_{n-1}+b_{n-1}=a_n-b_n \tag{1}$$

下面需要得到一个关于 b_n 的递推关系. b_n 是不包含 $4n-1$ 或 $4n-2$ 的"罕见"子集. 于是，第一个条件告诉我们，$S\bigcap\{4n-6,4n-5,4n-4,4n-3\}$ 至多有两个元素. 如果 $4n-4$ 或 $4n-3$ 中恰有一个属于该集合，或者两者都不属于该集合，那么再将其除去，最后得到 $\{1,2,\cdots,4(n-1)-1\}$ 的一个"罕见"子集，所以有 $3a_{n-1}$ 个"罕见"子集. 如果 $4n-1,4n-3$ 都属于该集合，那么除去后又得到一个不含有 $4(n-1)-2$ 或 $4(n-1)-1$ 的 $\{1,2,\cdots,4(n-1)-1\}$ 的一个"罕见"子集，于是得到 b_{n-1} 个这样的集合.

我们得到

$$b_n=3a_{n-1}+b_{n-1} \tag{2}$$

比较式(1)和式(2)，得到 $b_n=3a_{n-1}+b_{n-1}=a_n-b_n$. 因此 $a_n=2b_n$，将其代回式(2)，得

到 $a_n = 7a_{n-1}$. 因为 $a_1 = 8$,所以 $a_n = 8 \cdot 7^{n-1}$.

证法 2　可对加强的命题 $P(n)$ 进行归纳得到:$\{1,2,\cdots,n\}$ 的"罕见"子集的个数恰好是 $8 \cdot 7^{n-1}$,且恰好是不包含 $4n-1$ 或 $4n-2$ 的集合的一半. 利用这一点,关于 a_n 的递推关系恰好变为 $\frac{1}{2}a_{n-1} \cdot 6 + \frac{1}{2}a_{n-1} \cdot 8$,其中第一项来自于既包含 $4n-6$,又包含 $4n-5$,或者包含两者之一的集合,第二项来自于两者都不包含的集合.

例 79　证明:有超过 8^n 个 n 位数不含有任何一个(任何长度的)数字串连续出现两次.

证明　我们称具有这一性质的数为"好"数. 设 a_n 是 n 位"好"数的个数. 我们将证明的是 $a_n \geqslant 8a_{n-1}$. 因为 $a_1 = 9$,所以如果得到 $a_n \geqslant 8^{n-1}a_1 > 8^n$,那么就将得证.

像前面的一些例子一样,关键是要弄清楚在构成 $n-1$ 位"好"数字串时会发生什么情况. 我们可以在末位添加任何数字,只要不得到一个有重复的数字串.

显然,有重复的数字串只能发生在这个数的末尾,因为我们是从"好"数字串开始的. 显然,有重复的数字串的长度 k 可以是 1 到 $\left[\frac{n}{2}\right]$ 的任何数. 最后,我们注意到,如果缩减掉这个在末尾重复的数字串,那么我们将得到一个长度为 $n-k$ 的"好"数字串. 于是得到构成长度为 $n-1$,末尾为有重复数字的"好"数字串的方法种数等于 $\sum\limits_{k=1}^{\left[\frac{n}{2}\right]} a_{n-k}$.

于是 $a_n = 10a_{n-1} - \sum\limits_{k=1}^{\left[\frac{n}{2}\right]} a_{n-k}$. 我们可以用强归纳法证明所求的不等式完成证明.

因为 $a_2 = 81 \geqslant 8 \cdot 9 = 8a_1$,第一步完成.

现在,利用归纳假定,对每一个 $j=1,2,\cdots,n-1$,有 $a_{n-j} \leqslant \frac{1}{8^{j-1}} \cdot a_{n-1}$. 用递推关系,于是得

$$a_n \geqslant a_{n-1}\left(10 - \sum_{j=0}^{\left[\frac{n}{2}\right]-1} \frac{1}{8^j}\right) > a_{n-1}\left(10 - \sum_{j=0}^{\infty} \frac{1}{8^j}\right)$$
$$= a_{n-1}\left(10 - \frac{8}{7}\right) > 8a_{n-1}$$

归纳步骤完成,不等式证毕.

例 80　象棋比赛中自避车在棋盘(单位正方形的矩形网格)上的走法是从一个小方格平行于棋盘边缘走到另一个小方格,每一步从上一步结束的小方格开始,但是不能越过前面走过的小方格,即"车"的路径没有自交.

设 $R(m,n)$ 是自避车在一个 $m \times n$(m 行,n 列)的棋盘上从左下角开始到左上角结束的走法种数. 例如,对所有自然数 m,有 $R(m,1) = 1, R(2,2) = 2, R(3,2) = 4$,

$R(3,3)=11$. 对每一个自然数 n，求 $R(3,n)$.

解 用 r_n 表示所求的 $R(3,n)$. 初始值是 $r_1=1,r_2=4$. 现在假定 $n\geqslant 3$，我们要寻求一个递推关系.

注意到自避车在 $3\times n$ 的棋盘上行走的路径归结为以下类型之一：

向上的行棋路线为 $(1,1)\rightarrow(2,1)\rightarrow(3,1)$.

不进入 $(2,1)$ 的行棋路线. 任何这样的行棋路线每一步必须以 $(1,1)\rightarrow(1,2)$ 开始，以 $(3,2)\rightarrow(3,1)$ 结束. 于是除去第一列，就有一个与自我避让"車"在 $3\times(n-1)$ 的棋盘上的行棋路线的双射. 我们有 r_{n-1} 种这样的行棋路线.

以 $(1,1)\rightarrow(2,1)\rightarrow(2,2)$ 开始，不回到第一行的行棋路线. 这些行棋路线必须从某个 $(2,k)$ 进入第三行 $(2\leqslant k\leqslant n)$，向左到达 $(3,1)$，于是有 $n-1$ 种这样的行棋路线.

对某个 $2\leqslant k\leqslant n-1$，开始的行棋路线是 $(1,1)\rightarrow(1,2)\rightarrow(2,2)\rightarrow\cdots\rightarrow(2,k)\rightarrow(1,k)\rightarrow(1,k+1)$，结束的行棋路线是 $(3,k+1)\rightarrow(3,k)\rightarrow(3,k-1)\rightarrow\cdots\rightarrow(3,1)$. 在除去前 k 列后，这些行棋路线对应于一个 $3\times(n-k)$ 的棋盘. 于是加起来就得到 $r_{n-2}+r_{n-3}+\cdots+r_1$ 种这样的行棋路线.

与第三类的行棋路线成水平反射的行棋路线. 这种行棋路线以 $(1,1)\rightarrow(1,2)$ 开始，从不进入第三行直到最后一格. 同样的理由又得到 $n-1$ 种这样的行棋路线.

最后，与第四类的行棋路线成水平反射的行棋路线. 又得到 $r_{n-2}+r_{n-3}+\cdots+r_1$ 种这样的行棋路线.

将所有这些行棋路线相加，得

$$r_n=1+r_{n-1}+2(n-1)+2(r_{n-2}+\cdots+r_1)$$

这一递推关系式是有技巧的，因为右边的项数随着 n 的增加而增多. 这个技巧是把 n 换成 $n+1$，重写这个等式，有

$$r_{n+1}=1+r_n+2n+2(r_{n-1}+\cdots+r_1)$$
$$=r_n+2+r_{n-1}+1+r_{n-1}+2(n-1)+2(r_{n-2}+\cdots+r_1)$$
$$=2r_n+r_{n-1}+2$$

这类递推关系不是齐次多项式，我们必须寻找一个常数 c，将其变为齐次多项式. 设 $x_n=r_n+c$，要有 $x_{n+1}=2x_n+x_{n-1}$.

于是 $-c=-2c-c+2$，或 $c=1$. 现在我们必须解递推关系 $x_{n+1}=2x_n+x_{n-1}$，$x_1=2$，$x_2=5$. 特征方程是 $r^2-2r-1=0$，特征根是 $r_1=1+\sqrt{2}$，$r_2=1-\sqrt{2}$. 于是

$$x_n=C_1(1+\sqrt{2})^n+C_2(1-\sqrt{2})^n$$

由初始条件解出 C_1 和 C_2，然后得到

$$r_n=\frac{1}{2\sqrt{2}}(1+\sqrt{2})^{n+1}-\frac{1}{2\sqrt{2}}(1-\sqrt{2})^{n+1}-1$$

第10章 图 论

图论与组合数学有关,也是数学有魅力的一个分支,仅是图论一个内容就能够写出整整一本教材和教程.无须多说,在本书中我们只能选出很一小部分篇幅接触一下图论.实际上,我们将引进一些基本术语以及关于图的一些事实,看一看称为"树"的这类图,接触一下着色图的概念.除了构建一些新的技巧以外,在前几章使用过的如基本的计数原理、归纳法和鸽巢原理这样一些技巧,我们将能在整章的讨论中使用.

一、基本术语

按照正规的说法,一张图 $G(V,E)$ 就是一对元素,其中 V 是顶点(我们称其为点)的一个有限集,E 是棱的集合(即 V 的二元子集).图 G 中的顶点 u 和 v 之间的一条棱用 uv 或 vu 表示.对于我们的课题,我们关注的是"简单图":不包含环路(从一个顶点出发回到本身的棱),或者是多重棱(两个特定的点之间有多条棱),并且棱没有方向(如果 u 和 v 是图 G 中的顶点,那么 uv 和 vu 是同一条棱)的图.

直观上,我们用点表示顶点,画一条联结相应两点的线表示棱.有许多不同的方法画一张图,但是只要顶点和棱的集合相同,就是同一张图.例如,下面就是两种不同的方法画的同一张图(图 13,图 14).

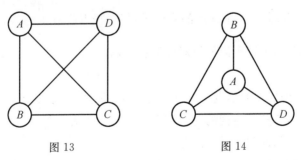

图 13   图 14

图 13 和图 14 都是 K_4,即是 4 个顶点的完全图.一般来说,n 个顶点的完全图 K_n 指的是 n 个顶点具有一切可能的棱的图.

如果在两个顶点 $u,v(u,v \in V)$ 之间有一条棱,那么就说 u 和 v 相邻.顶点 $v \in V$ 的度数是以 v 为一个端点的棱的条数,记作 $d(v)$.

例 81(握手引理) G 中所有顶点的度数之和是 G 中棱数的两倍,即

$$\sum_{v \in V(G)} d(v) = 2 \mid E \mid$$

证明   我们对形如 (v,e) 的二元对的个数证明这一事实．这里 v 是 G 的一个顶点，e 是附属于 v 的一条棱．

首先，我们对每一个顶点计数．有多少个二元对包含一个特定的顶点 v？v 恰好出现在每一条所附属的棱一次，于是 v 出现在恰好 $d(v)$ 个二元对中．对一切可能的 v 相加，得到 $\sum_{v \in V(G)} d(v)$ 个二元对．

现在我们对每一条棱计数．一条特定的棱恰好附属两个顶点，所以每一条棱出现在恰好两个二元对中．于是共有 $2|E|$ 个二元对．

因为这两个表达式计算出同一件事，所以它们必相等．于是有 $\sum_{v \in V(G)} d(v) = 2|E|$，这就是所求的．

例 82   完全图 K_n 有多少条棱？K_n 的每一个顶点的度数是多少？

解法 1   完全图 K_n 是 n 个顶点都含有所有可能的棱的图．这就是说，每一对顶点都存在一条棱，所以一个 K_n 恰好有 $\binom{n}{2}$ 条棱．

解法 2   因为图中的每一个顶点与图 K_n 中的另一个顶点都相邻，所以每一个顶点的度数都是 $n-1$．于是握手引理告诉我们

$$|E| = \frac{1}{2} \sum_{v \in K_n} d(v) = \frac{1}{2} \sum_{v \in K_n} (n-1) = \frac{n(n-1)}{2} = \binom{n}{2}$$

这与解法 1 相同．

图 G 的子图 H 是满足 $V(H) \subseteq V(G)$ 和 $E(H) \subseteq E(G)$ 的图．

例 83   考虑图 K_6 是有 6 个顶点的完全图，每个顶点都有 $\binom{6}{2} = 15$ 条棱．对这 15 条棱涂上红色或蓝色．证明：不管我们如何对棱涂色，必有一个同色的子图 K_3，并证明这对 K_5 未必正确．

证明   考虑一个特定的顶点 v．因为我们的图是 K_6，每个顶点的度数都是 5，所以根据鸽巢原理，v 是至少 3 条同色棱的一个端点．比如说，不失一般性，设至少有 3 条红色棱，把与这 3 条棱并与 v 相连的 3 个顶点称作 u_1，u_2 和 u_3．

如果 u_i 之间有一条棱是红色的，那么这两个 u_i 和 v 是一个红色的 K_3 的顶点．否则 $u_1 u_2$，$u_1 u_3$，$u_2 u_3$ 都是蓝色的，此时 u_1，u_2 和 u_3 是一个蓝色的 K_3 的顶点．因此，不管如何对棱涂色，K_6 必定包含一个红色 K_3，或蓝色 K_3．这样就推出了我们的证明．

最后一步，我们要证明存在一个既无红色 K_3，又无蓝色 K_3 的 K_5 的涂色．如果我们用"常用"的方法画一个 K_5（其顶点形成一个正五边形的顶点），我们可以对外面的正五边形涂上一种颜色，在内部的正五角星涂上另一种颜色（图 15）．

图 15 中的一个步子是相邻顶点的一个序列．路径是所有顶点都不相同的步子；环路

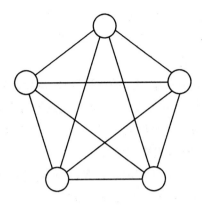

图 15

是除了最后一个顶点与第一个顶点相同以外,其余的顶点都不相同的步子. 如果对于所有的顶点对 $(u,v) \in V(G)$,存在一条从 u 到 v 的路径,那么我们就说图是连通的. G 的成分是 G 的最大(不能再添加任何东西)的连通子图.

树的定义:

连通的,且没有环路的图式称为树. 树中度数为 1 的顶点称为叶. 树是特别有用的一类图,在计算机科学(作为数据结构和算法的学科)中经常使用. 下面来看树的一些有趣的性质.

例 84 设 T 是至少有两个顶点的树,证明:T 必定至少有两个叶.

证明 在证明中我们关注极端情况,并推出矛盾. 设 $P = (v_1, v_2, \cdots, v_{k-1}, v_k)$ 是 T 中最长的路径. 我们断言 v_1 和 v_k 是叶.

用反证法,假定 v_1 不是叶. 那么 v_1 在 T 中有一个相邻的顶点 w,但不是 v_2. 因为 T 没有环路,所以 $w \notin P$. 但这意味着 $(w, v_1, v_2, \cdots, v_{k-1}, v_k)$ 是 T 中比 P 更长的路径. 于是,这必定是使我们的假定出现问题的情况,所以 v_1 事实上是叶. 用类似的逻辑,可推得 v_k 必定是叶.

例 85 证明:如果 T 是树,l 是 T 的叶,那么图 $T - l$ 也是树(除去 l 和它在 T 中所附属的一条棱以后形成的图).

证明 为了证明图 $T - l$ 是树,必须证明它是连通的,且没有环路. 注意到,如果 $T - l$ 中有一个环路,那么我们把 l 和所附属的棱放回 T 中后,这个环路也存在于 T 中,所以 $T - l$ 是无环路的. 现在考虑任何两个顶点 $u, v \in V(T-l)$. 我们知道 T 中存在某个 (u,v) 路径,这条路径仍然存在于 $T - l$. 除非路径中这两个顶点中有一个是 l.

因为 l 是叶,我们知道它在 T 中恰好有一个相邻的顶点,比如说是 w. 那么经过 l 的任何步子 (u,v) 必定形如 $(u, \cdots, w, l, w, \cdots, v)$. 但是 w 在这个序列中出现两次,所以这就不是路径了. 于是,我们推得必定存在某个不经过 l 的 (u,v) 路径,这条路径存在于 $T - l$ 中. 因为这对任何 $u, v \in V(T-l)$ 成立,所以就可推出 $T - l$ 是连通的.

因为 $T-l$ 是连通的,且没有环路,所以它必定是树.

例86 证明:有 n 个顶点的树恰好有 $n-1$ 条棱.

证明 我们对 n 进行归纳.

基础情况:当 $n=1$ 时,只有一个顶点的树没有棱,所以基础情况成立.

归纳假定:假定对某个 $k\geqslant1$,一切有 $n=k$ 个顶点的树都恰有 $k-1$ 条棱.

归纳步骤:考虑有 $n=k+1$ 个顶点的树.因为 $k+1\geqslant2$,由例84知,T 有叶 l.由例85 我们知,$T-l$ 是有 k 个顶点的树,根据归纳假定,$T-l$ 恰有 $k-1$ 条棱.T 比 $T-l$ 恰多 1 条棱,即这条棱有一个端点是 l.于是 T 必有 k 条棱,这就是所求的.

根据数学归纳法原理,我们这就推出要求的证明.

二、染色图

对于 $k\geqslant1$,如果存在一个映射 $f:V\to\{1,2,\cdots,k\}$,使得由 $uv\in E$,推得 $f(u)\neq f(v)$(我们可以用 k 种颜色中的一种给每一个顶点涂色,使相邻的顶点不同色),那么我们就说 $G=(V,E)$ 有一个正规的 $k-$ 可着色.如果 G 有一个正规的 $k-$ 可着色,那么就说 G 是 $k-$ 可着色的.使得 G 是 $k-$ 可着色的最小的 k 称为 G 的色数,用 $\chi(G)$ 表示.

例87 $\overline{K_n}$ 是没有棱的 n 个顶点的图,确定 $\chi(K_n)$ 和 $\chi(\overline{K_n})$.

解 因为 $\overline{K_n}$ 没有棱,我们可以对所有的顶点涂同样的颜色,于是没有两个相邻的顶点同色.于是 $\chi(\overline{K_n})=1$.

显然 K_n 是 $n-$ 可着色的,因为我们可以用 n 种颜色对每一个顶点涂一种不同的颜色.于是 $\chi(K_n)\leqslant n$.假定我们要用少于 n 种颜色对 K_n 涂色.根据鸽巢原理,必有两个顶点同色.但是,因为 K_n 的每一对顶点都是相邻的,所以这就不是正规涂色.于是 n 就是我们用来得到一个正规涂色的颜色的最小数.因此 $\chi(K_n)=n$.

对于所有的正整数 k,图 $G=(V,E)$ 的"涂色多项式"(用 $\chi(G;k)$ 表示)是这样的函数:用 k 种或更少种颜色得到 G 的不同的涂色数.对于一切 $k<\chi(G)$,我们知道 $\chi(G;k)=0$.

例88 P_n 是有 n 个顶点的一个路径,求 $\chi(P_n;k)$ 的公式.

解 假定 P_n 的顶点是 $v_1,v_2,\cdots,v_n$,并且 v_i 和 $v_{i+1}(1\leqslant i\leqslant n-1)$ 相邻.我们顺次对这些顶点涂色.涂 v_1 的颜色有 k 种选择,因为 v_2 与 v_1 的颜色必须不同,所以 v_2 只有 $k-1$ 种选择.类似地,对每一个 $v_i(i>2)$,因为 v_i 与 v_{i-1} 有不能同色的限制,所以有 $k-1$ 种选择.根据乘法原理,我们有 $\chi(P_n;k)=k(k-1)^{n-1}$.

如果 $G=(V,E)$ 是有棱 $e=uv\in E$ 的图,那么 $G\cdot e$(读作 G 缩减 e)是用单个顶点 w 替换 u 和 v 得到的图.w 是 G 中所有与 u 或 v 相邻(或与 u 或 v 都相邻)的顶点(我们除去任何一条多重棱或环路).

例89 设 e 是图 G 的一条棱,证明

$$\chi(G;k) = \chi(G-e;k) - \chi(G \cdot e;k)$$

证明　我们将用两种不同的方法计算 $G-e$ 的正规涂色的个数来证明

$$\chi(G-e;k) = \chi(G;k) + \chi(G \cdot e;k)$$

（a）根据涂色多项式的定义，$G-e$ 有 $\chi(G-e;k)$ 种正规的 $k-$ 着色.

（b）假定 e 的两个端点是 u 和 v. 考虑两种情况：①u 和 v 不同色的涂色；②u 和 v 同色的涂色. 如果 u 和 v 不同色，那么 $G-e$ 的涂色必定也是 G 的正规涂色. 我们知道这样的涂色种数是 $\chi(G;k)$.

另外，如果 u 和 v 同色，那么实质上我们把 u 和 v 当作这种颜色的一个单个顶点处理，所以这个涂色必定是 $G \cdot e$ 的一个正规涂色. 于是 $G-e$ 的正规 $k-$ 着色有 $\chi(G;k) + \chi(G \cdot e;k)$ 个.

因为这两个回答是对同一个量进行计数，所以它们必相等. 这就证明了我们的断言.

应用上面的例子可以帮助我们推导有环路的图的涂色多项式. 注意，事实上这与例 73 中的公式相同. 但是这里采用不同的方法描述并证明这个结果.

例 90　证明：$\chi(C_n;k) = (k-1)^n + (-1)^n(k-1)$，这里 C_n 是有 n 个顶点的环路.

证明　我们对环路的顶点数 n 进行归纳.

基础情况：当 $n=3$ 时，我们对 C_3 的第一个顶点涂色有 k 种选择. 因为下一个顶点与第一个顶点相邻，所以只有 $k-1$ 种颜色的选择. 最后一个顶点与前面两个顶点都相邻，所以有 $k-2$ 种选择. 根据乘法原理，得

$$\chi(C_3;k) = k(k-1)(k-2) = k^3 - 3k^2 + 2k$$
$$= (k-1)^3 + (-1)^3(k-1)$$

所以基础情况成立.

归纳假定：假定对某个 $l \geqslant 3$，结果对 $n=l$ 成立，即有

$$\chi(C_l;k) = (k-1)^l + (-1)^l(k-1)$$

归纳步骤：考虑图 C_{l+1}. 由例 89 我们知道，对于图 G 中的棱 e，有

$$\chi(G;k) = \chi(G-e;k) - \chi(G \cdot e;k)$$

设 G 就是 C_{l+1}，于是有

$$V(C_{l+1}) = \{v_1, v_2, \cdots, v_l, v_{l+1}\}$$

和

$$E(C_{l+1}) = \{v_i v_{i+1}(1 \leqslant i \leqslant l)\} \bigcup \{v_{l+1} v_1\}$$

设 $e = v_{l+1} v_1$. 应用上述公式.

首先，$C_{l+1}-e$ 就是有 $l+1$ 个顶点的路径 P_{l+1}. 我们知道

$$\chi(P_{l+1};k) = k(k-1)^l$$

还有，$C_{l+1} \cdot e$ 就是图 C_l. 由归纳假定，知

$$\chi(C_l;k) = (k-1)^l + (-1)^l(k-1)$$

代入例 89 的公式后，得

$$\begin{aligned}
\chi(C_{l+1};k) &= \chi(P_{l+1};k) - \chi(C_l;k)\\
&= k(k-1)^l - \left[(k-1)^l + (-1)^l(k-1)\right]\\
&= k(k-1)^{l+1} + (-1)^{l+1}(k-1)
\end{aligned}$$

这就是所求的. 根据数学归纳法原理，我们就推出对于所有的 $n \geqslant 3$ 和所有的 k，有

$$\chi(C_n;k) = (k-1)^n + (-1)^n(k-1)$$

第 11 章 不 变 量

不变量问题包括某种类型的过程.我们可以把这种问题与在这一过程中所进行的变换下保持不变的数和量相联系.通常,一旦找到了合适的不变量以后,不变量的问题就变得十分容易了.但是要找到这个合适的不变量却不容易! 实际上,寻找一个合适的不变量是一种艺术,这些问题难就难在这里,只有通过实践才能较好地把握如何去假想或者构造不变量.我们经常可以留意的几类不变量是:

涂色:用两种或两种以上的颜色对网格中的方格涂色.对棋盘这种模式,这通常是一种不错的选择,但是有时候也可以用于其他模式,分别考虑每一种颜色的方格.

代数式:给出一组值,看它们的差、和、平方和或积.如果你要处理的是整数,那么可以尝试把这些值去模(某个数 n),通常挑选模质数或质数的幂.

角和棱:对于由网格构成的问题,考虑所形成的任何形状.它们的边界有多少条棱? 有多少个角?

倒置:如果你要排列一个数组,可以考虑颠倒这些数,也就是说,将数对 (i,j) 中的 i,j 颠倒一下.颠倒的总次数和它的奇偶性都是有用的.

整数和有理数:你是否能从问题中编造出一个保持递减的正整数? 或者使有理数的分母保持递减?

对称性:你能否保证每一步以后,一个图形还是某种形式的对称?

也许你可以根据类似的性质把对象分成几类;也许该问题能分成两个本质相同的子问题? 这对于像博弈论那样的问题特别有用.

让我们通过一些例子,随着我们的进程,读者将会对所涉及的这类问题有一个较好的认识.

例 91 在黑板上写着若干个 1 和 −1.Alice 随机选择两个数,比如说 x,y.如果这两个数相等,那么擦去后换成 1,否则就换成 −1.重复这个过程,直到黑板上只剩一个数.证明:结果与 Alice 的操作顺序无关.

证明 我们先试验一下.取 4 个数 $(1,1,-1,-1)$ 为例.可能的变动顺序是 $(1,1,-1,-1) \rightarrow (1,-1,-1) \rightarrow (1,1) \rightarrow 1$.另一种可能是 $(1,1,-1,-1) \rightarrow (1,1,1) \rightarrow (1,1) \rightarrow 1$.

仔细观察我们会发现在每一阶段中,各数的积保持不变.我们来切实地证明发生的这种现象.如果我们有两个数相等,或者都是 1,或者都是 −1,那么它们的积是 1,积确实保持不变.如果两个数不同,那么它们的积是 −1,擦去后换成 −1,积也保持不变.

这的确与 Alice 的操作顺序无关，黑板上最后留下的就是原来写在黑板上的各数的积.

例 92 把 8×8 的国际象棋盘上相对的两个角除去，是否能用 2×1 的骨牌不重叠地铺砌？

解 这是一个用标准方法，即黑白相间对棋盘涂色的经典问题. 原来有 32 个白格，32 个黑格，把两个角上的方格除去，也就是把两个同色的方格除去. 比如说，把两个黑色的方格除去. 于是 $W - B = 2$.

现在注意到我们放置的任何 2×1 的骨牌都覆盖一白一黑的方格. 于是，如果要覆盖每一个方格，那么必须黑白的方格数相同，即 $W = B$.

这就产生了矛盾，于是证毕.

例 93 将 $1, 2, \cdots, 2\,014$ 依次写在一张纸上，Bob 随机选择两个数交换位置，经过 $2\,013$ 次交换后是否可能使这些数达到原来的顺序？

解 这是一个典型计算倒置的问题，也就是说，当 $x > y$ 时，x 在 y 后面的一个位置时的量 I. 对相差 k 个位置的两数的任何交换都可以看作对相邻两数的 $2k - 1$ 次交换. Bob 无论在何时交换相邻两数，如果这两数按递增的方向，那么 I 就增加 1；如果这两数按递减的方向，那么 I 就减少 1.

现在回到两数相差 k 个距离的情况. 如果用 a 表示计算中 1 的增量值的个数，用 b 表示计算中 -1 的增量值的个数，那么 I 就变动了 $a - b$. 因为 $a + b$ 就是连续交换的次数 $2k - 1$，于是 I 的奇偶性改变.

因此在经过 $2\,013$ 次交换后 I 是一个奇数. 但是如果这些数按顺序排列，不存在反序排列，所以这表示我们不能到达原来的顺序.

例 94 是否有可能将 L 形（图 16）的四米诺骨牌铺砌 $2\,014 \times 2\,014$ 的板？四米诺骨牌可以翻转或旋转.

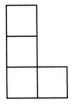

图 16

解 这次的关键是对各行依次一黑一白涂色，注意黑白方格的个数都是 $2 \cdot 1\,007^2$ 个.

现在把一块 L 形的四米诺骨牌放在板上，看看会发生什么情况. 如果它不旋转 $90°$，那么它或者覆盖到两个白行和一个黑行，于是有 3 个白方格和 1 个黑方格；或者覆盖到两个黑行和一个白行，于是有 3 个黑方格和 1 个白方格. 另一方面，它确实旋转 $90°$，那么它在同一行占 3 个方格,于是它覆盖了 3 个白方格和 1 个黑方格,或者覆盖了 3 个黑方格和 1 个白方格.

我们按照四米诺骨牌覆盖较多的颜色称这个四米诺骨牌是黑的或白的.因为板上的黑白方格数相同,如果用四米诺骨牌铺砌这块板,那么黑白四米诺骨牌的块数应该相同,于是四米诺骨牌的总块数是偶数.

但是这意味着这块板的面积应该能被 8 整除,可是板的面积等于 $4 \cdot 1\,007^2$,却不是这种情况.

例 95 把两个不同的正整数 a,b 写在黑板上,擦去较小的数,然后换成 $\dfrac{ab}{|a-b|}$. 只要写在黑板上的数不同,就重复这一过程.证明:这样的过程必然会结束.

证明　我们先做一些试验.对于 $(3,5) \to (5,\frac{15}{2}) \to (\frac{15}{2},15) \to (15,15)$;对于 $(4,5) \to (5,20) \to (\frac{20}{3},20) \to (10,20) \to (20,20)$;对于 $(3,6) \to (6,6)$;对于 $(2,8) \to (\frac{8}{3},8) \to (4,8) \to (8,8)$.

经过一些计算,我们可以发现这种模式似乎是以我们选取的两个数的最小公倍数结束的,下面我们来证明这一点.

首先,注意到我们可以在黑板上写的两个数形如 $(\frac{ab}{x},\frac{ab}{y})$,用第二块黑板以保留对 x,y 这两个数进行操作的痕迹,我们永远考虑 $x > y$ 的情况(否则就换个位).我们断言,每一次擦去后在第二块黑板上的效果就是根据顺序用 $(x-y,y)$ 或 $(y,x-y)$ 代替 (x,y).

为了看清这一点,注意到

$$\frac{\dfrac{ab}{x} \cdot \dfrac{ab}{y}}{\left|\dfrac{ab}{x}-\dfrac{ab}{y}\right|} = \frac{ab}{|x-y|}$$

这就证明我们的断言.

熟悉的读者现在将看出对 (x,y) 实施的操作过程就是欧几里得除法.我们来证明这种操作实际上就变为 (x,y) 的最大公约数.因为我们从 (a,b) 开始,这将结束这一问题.

于是设 $a < b$,根据剩余定理,$b = ac_1 + b_1 (0 \leqslant b_1 < a)$. 如果 $b_1 = 0$,那么经过 $c_1 - 1$ 步,就以 (a,a) 结束,操作完成.否则经过 c_1 步后,就得到数组 (b_1,a),这里 $b_1 < a$. 现在对 $a = b_1 c_2 + a_1$ 重复一下,得到数组 (a_1,b_1). 显然在每一步中,数组中较大的数递减,所以这一过程必定结束.显然也是以 $(m,0)$ 告终,所以在这一步时,两个数才相等.

最后,注意这样的操作留下的是这两个数的最大公约数,这是一个不变量,所以我们得到的两个数实际上就是 (a,b) 的最大公约数,证毕.

例 96 把一些糖果放在(两个方向上)无限长的方格长条上.只要一个方块上至少有四颗糖果,那么就把其中的四颗糖果中的两颗放到前一个方格中,两颗放到后一个方格中.经过有限次搬动,是否有可能将这些糖果还原成原来的位置?

解 如果你对这个问题做试验,那么一眼就会注意到这样的现象:或者一大堆糖果出现在一个方格上,或者有些糖果被放到离开始时的方格越来越远的地方.为了证明我们不能还原到原来的样子,很自然地去寻找每一次搬动时增加的某个量.注意到这个量不能回到出发时的状况.注意到搬动基本的趋势是迫使糖果越来越远,因此我们需要寻找一个量去探索这一问题.

我们用连续的整数对长条上的方块做标记,设 c_i 是放第 i 颗糖果的方格.考虑量 $C = \sum c_i^2$.当我们进行一次搬动,从编号为 a 的方格取出四颗糖果时,量 C 就减少 $4a^2$.当我们放置这四颗糖果时,观察到新的量 C 增加 $2(a-1)^2 + 2(a+1)^2 = 4a^2 + 4$,这是因为把两颗糖果放到方格 a 的左边,两颗糖果放到方格 a 的右边.

因此,对于一次搬动,量 C 就增加 4,所以经过有限次搬动,不可能将这些糖果还原到原来的位置.

例 97 我们把 2 014 只泰迪熊随机地放入 127 个盒子里.只要不是所有的泰迪熊都在同一个盒子里,就把一只泰迪熊从一个盒子取出后放入另一个盒子里,但这另一个盒子至少有我们选取的盒子里那么多只泰迪熊.证明:最终所有的泰迪熊都放入一个盒子里.

证明 首先,我们注意到结果似乎是合理的.有许多泰迪熊的盒子将有越来越多的泰迪熊,而泰迪熊少的盒子里的泰迪熊将越来越少.所以结果应该是最终所有的泰迪熊都放入一个盒子里.问题是如何使这个理由变得很严格.

我们需要构建一个像例 96 那样的一个不变量.因为泰迪熊的总数不变,所以考虑和式 $T = \sum_{i=1}^{127} t_i^2$,其中 t_i 是第 i 个盒子中泰迪熊的只数.我们的断言是每一次搬动,T 都增加.

为此,假定从有 n 只泰迪熊的盒子中取出一只泰迪熊放到一个有 $m (m \geqslant n)$ 只泰迪熊的盒子中.对 T 的纯粹的效果是加了一个 $(m+1)^2 + (n-1)^2$ 和 $m^2 + n^2$ 的差.注意到 $(m+1)^2 + (n-1)^2 - m^2 - n^2 = 2m - 2n + 2 \geqslant 2$,所以 T 至少增加 2.

把 2 014 只泰迪熊放入 127 个盒子的分布总数是有限的,所以 T 只有有限多种可能性.这就是说,不可能永远增加.只要有两个装有泰迪熊的盒子,我们就能重复这一过程,并增加 T,于是这个过程必将以所有的泰迪熊在同一个盒子里告终.

例 98 有 n 个标识牌,每个标识牌都是一面白,另一面黑,排成一行使白面朝上.如果有可能,那么选择一张白面朝上的标识牌(但不是最旁边的)取走,并将其两边的标识牌翻个面.证明:当且仅当 $3 \nmid (n-1)$ 时,才能达到只有两张标识牌的情形.

证明 用一串字母 W, B, x 表示标识牌的情形,这里一个 W 表示一张白面朝上的标识牌,一个 B 表示一张黑面朝上的标识牌,一个 x 表示一张被取走的标识牌.用 x 是为了保持被取走的标识牌的张数的痕迹.如果不考虑被取走的标识牌,那么这些 x 就没有实际必要了.

首先,对我们能达到目标的一系列动作做一个试验

$$WWWWWW\cdots\Rightarrow BxBWWW\cdots\Rightarrow BxWxBW\cdots\Rightarrow Wxxx WW\cdots$$

这表明如果我们有 $n(n\geqslant 5)$ 张白牌,那么总能达到有 $n-3$ 张白牌的情形.因此,如果 $n=3m$,我们就能重复这一动作,达到 3 张白牌的一种情形,然后再操作一次,就留下 2 张黑牌.如果 $n=3m+2$,那么重复这一动作,我们就能达到 2 张白牌的情形.

为了完善这一问题,我们还需要证明当 $n=3m+1$ 时不能达到只有 2 张标识牌的情形.虽然上面的动作不能达到只有 2 张标识牌的情形,但是这并不能证明什么,因为还有许多与我们使用不同的动作.问题的这一部分我们将需要一个不变量.

人们可能注意到第一个不变量是黑牌的张数永远是偶数.这是容易证明的.一次动作取走 1 张白牌(不改变黑牌张数的奇偶性),把 2 张标识牌翻个面.任何翻转 1 张牌都改变黑牌张数的奇偶性,所以翻转 2 张牌奇偶性不变.这证明了(上面我们已经看到),如果最终以 2 张牌告终,那么这 2 张牌必定同色.

遗憾的是,仅有这个不变量是不解决问题的.我们需要如下一个改良的不变量.给每一张标识牌一个重量,所有黑牌的重量都是 0.如果一张白牌的左边有偶数张黑牌,那么给这张白牌的重量 $+1$;如果一张白牌的左边有奇数张黑牌,那么给这张白牌的重量 -1.设 S 是所有标识牌的重量和.

现在来看,我们如果做一个动作,和 S 是如何变化的.假定对一张重量是 w 的白牌做一个动作.要注意,第一个是一张标识牌在这个动作后不变,那么它的重量也不变.从奇偶性相同可以推出上面的命题,并且不再重复.因此我们只要分析这一动作所牵涉的三张牌.对中间一张牌的效果很容易:从提供 w 到被取走,于是就变为 0.对于左边的牌有两种情况:如果在动作前左边的牌是白牌,那么它在这个动作前的重量是 w,动作后变为黑牌,于是重量为 0;如果在动作前左边的牌是黑牌,那么它在这个动作前的重量是 0,动作后变为 $-w$(因为它左边的黑牌比中间牌左边的黑牌少一张).从这两种情况可以看出,左边的牌所提供的重量要减少 w,右边牌的情况类似,也可得到减少 w.如果右边的牌原来是白牌,那么它的重量从 w 变为 0.如果右边的牌原来是黑牌,那么它的重量从 0 变为 $-w$(因为翻转左边的牌意味着右边的牌在动作后奇偶性与中间的牌在动作前的奇偶性相反).于是我们看到 S 减少 $3w$.因此 S 模 3 不变.

这就是我们所需要的不变量.如果 $n=3m+1$,那么我们从所有的白牌的重量为 1 开始,因此 $S=3m+1\equiv 1(\bmod 3)$.但是如果以 2 张牌结束,那么我们或者有 2 张白牌 $S=2$,或者有 2 张黑牌 $S=0$.于是不能达到有 2 张标识牌的情形.

例 99　给出一个 $n\times n$ 的网格,有 n 个方格包含一个 1,其余的方格都包含一个 0.可

以选择一个方格,把这个方格中的数减去 1,这个方格所在的同一行同一列中所有的数都加上 1.是否可能得到方格中所有数都相等的一个网格?

解 不可能.首先,注意到原来的网格中必有一个 2×2 的网格,其中 3 个方格是 0,一个方格是 1.从这个事实可以推出有一行只包含 0,因此与只包含一个 1 的相邻的行中有一行只包含 0.把这样的方格称为特殊方格.

现在考虑网格中的任何一个 2×2 的正方形,称其为 K.设沿着行从左上角到右下角的数依次是 a,b,c,d.考虑 $S = (a+d) - (b+c)$.我们将证明:S 模 3 不变.

我们来看进行一次操作会发生什么情况.如果我们减去数所在的方格不是 K 的一部分,那么容易看出 $S = S'$,因为它或者没有改变 K 中的数,或者恰好改变两个值,都增加 1,这两个值都不在 K 的对角线上.

如果我们减去数所在的方格是 K 的一部分,因为这种情况是对称的,所以我们可以假定它在左上角,于是 $a' = a-1, b' = b+1, c' = c+1, d' = d$.于是有 $S' = S - 3$.我们的断言得证.

现在我们看到在特殊的方格中永远不会使这些数相等,因为 S 应该保持模 3 余 1,所以得证.

例 100 一些排成 5×5 的正方形的这些灯不正常.拨动一盏灯的开关会引起与它同一行同一列中相邻的每一盏灯同时改变状况,即从开到关,从关到开.原来所有的灯都关着.在几次拨动开关后恰有一盏灯开着.求这盏灯的所有可能的位置.

解 这又是一个典型的不变量问题.这一次我们要画一张图表示不变的量,并限定开着的灯的可能.

考虑图 17 的情况.

1	1	0	1	1
0	0	0	0	0
1	1	0	1	1
0	0	0	0	0
1	1	0	1	1

图 17

我们要寻求的不变量是开着灯的标号数的和的奇偶性.关键在于观察到每一个 1 恰好有一个 1 相邻,每一个 0 都有偶数个 1 与其相邻.

现在可以确定关于对角线对称,或者旋转 $90°$ 后的新的标号(图 18).

一个类似的命题表明,灯处于开的状况时标号的和的奇偶性是一个不变量.

因为原来的和是 0,所以我们需要弄清楚两次标号都是 0 的情况,显然在方格 $(2,2)$,$(2,4)$,$(3,3)$,$(4,4)$ 中的标号就是这种情况.

1	0	1	0	1
1	0	1	0	1
0	0	0	0	0
1	0	1	0	1
1	0	1	0	1

图 18

留下的唯一的事情是构造一个使这些方格能达到所需情况拨动开关的序列. 只要对中心和(2,4)的方格进行即可,因为其余的方格都可以由对称性推出.

对于(3,3),我们应该做以下动作(图 19):

			t	t
		t		
	t	t		t
t				t
t		t	t	

图 19

最后,对于(2,4),我们应该做以下一系列动作(图 20):

	t		t	
t	t		t	t
	t			
			t	t	t
				t

图 20

例 101 对正五边形的每一个顶点填一个整数,使得所有五个数的和是正的. 如果三个连续顶点的数分别是 x,y,z,且 $y<0$,那么下面的操作是允许的:分别用 $x+y$,$-y$,$z+y$ 代替 x,y,z. 只要这五个数中至少有一个是负数,就重复进行这样的操作. 确定经过有限次这样的操作,这一过程是否能够结束.

解 考虑一些较小的数的例子,应该很快地猜出经过有限步这一过程是能够结束的. 为了证明这一点,我们要寻求不变量. 有许多这样的选择.

因为和保持不变,所以我们想尝试寻求这些顶点上的数的平方和. 对一些例子进行试验很快证明这并不是我们所要求的做法. 另一个错误的猜测,是取这些数的最小值. 如果 x,y,z 都是负的,那么这个最小值减少,于是并不是不变量.

因此,我们看到一个不变量应该考虑到每个顶点的两个相邻顶点. 于是我们考虑

$$I(a_1,a_2,a_3,a_4,a_5) = \sum_{i=1}^{5} a_i^2 + \sum_{i=1}^{5} (a_i + a_{i+1})^2$$

假定我们进行中心在 $a_2 < 0$ 的操作, 那么 I 的新的值是

$$I(a_1 + a_2, -a_2, a_3 + a_2, a_4, a_5) = I(a_1,a_2,a_3,a_4,a_5) + 2a_2(a_1 + a_2 + a_3 + a_4 + a_5)$$

I 的值显然是正整数, 因为 $a_2 < 0$, 所以每一次操作都单调递减, 于是我们知道这些顶点处的值的和是正的. 因此, 可能只有有限多步.

第 12 章　组合几何

这一领域的问题是几何学与组合学的混合体,论证中常用的思想方法是:

极端元素法. 也就是说,取一个最大值和最小值都是一个确定量的形态. 必须考虑到要证明这种极端情况的存在,但是通常这一事实的结果是只存在有限多种可能的形态,例如:射影、凸性、鸽巢原理.

随着我们的进程,我们将证明某些经典的结果,这些结果将有证明,但不是解,可以作为在任何问题或数学内容中的结果.

例 102　(Sylvester-Gallai)考虑平面内的有限多个点,经过其中给定的点中的两点的任何直线包含更多给定的点. 证明:这些点都在同一直线上.

证明　用反证法. 考虑形如(P,l)的二元对,其中l是一条经过给定两点的直线,P是集合中的一点,$P \notin l$.

因为这些点不都在一条直线上,所以存在这样的二元对. 这样的二元对有有限多个,所以可以选择距离(P,l)最小的一个二元对. 设C是P到l的垂线的垂足. 注意到直线l必包含集合中的至少三点,比如说A,B,D. 不失一般性,可设D和A在C关于l的同侧,A在C与D之间. 于是,容易看出距离$(A,PD) < PC = $距离$(P,l)$,这与原来对二元对$(P,l)$的选取矛盾.

在多于一种方法的情况下重新叙述 Sylvester-Gallai 定理通常是方便的:如果平面内有一个不全共线的n个点的集合,那么存在一条直线恰好经其中两点.

例 103　证明:不全在同一直线上的$n(n \geqslant 3)$个点,至少确定n条直线.

证明　对n进行归纳. 对于$n=3$,这是显然的.

假定命题对n成立,接下来,对于点$\{P_1, \cdots, P_{n+1}\}$,存在一条只经过其中两点的直线,不失一般性,设该直线过P_{n+1}和P_n两点. 注意如果所有的$P_1, \cdots, P_n$共线,那么可以容易得到过P_{n+1}和$P_1, P_2, \cdots, P_n$中的每一点的直线,共$n+1$条,命题得证.

否则就除去点P_{n+1},得到一个不全共线的n个点的集合. 于是可用归纳步骤,至少得到n条直线,再把点P_{n+1}放回,至少得到一条新的直线,即联结P_n和P_{n+1}的直线. 因此,至少有$n+1$条直线.

例 104　考虑平面内的有限多条直线,其中任意两条直线都不平行,并且对于其中任何两条直线的交点,在给定的直线中至少一条以上的直线也经过它. 那么所有这些直线共点.

解　用反证法. 假定不是所有的直线共点. 考虑二元对(P,l),其中P是一个交点,l

是给定集合中的直线之一，$P \notin l$.

因为这样的二元对 (P, l) 有有限多个，所以可以选择距离 (P, l) 最小的一个二元对. 设 C 是 P 到 l 的垂线的垂足. 在给定的直线集合中至少有三条直线经过点 P，比如说 l_1，l_2，l_3 经过点 P. 设这三条直线分别与 l 交于 A，B，D 三点. 不失一般性，可设对于 l，A 和 D 在 C 的同一侧，且 A 在 C 与 D 之间. 注意到像例 102 中同样的不等式距离 $(A, PD) <$ $PC =$ 距离 (P, l)，于是得到矛盾.

例 105 证明：任何面积为 1 的凸多边形 G 能包含于一个面积为 2 的矩形内.

证明 设点 A，B 是凸多边形 G 的顶点中距离最大的两个顶点. 把直线 AB 看作水平放置的，并使用相应的术语. 过点 A 和点 B 各画一条竖直的直线. 首先，肯定该多边形的任何顶点都必定在这两条直线之间的带状区域内，如果顶点 X 在这个带状区域外，那么容易看出 AX 或 BX 大于 AB，这与点 A 与点 B 的选择矛盾.

其次，设点 C 是凸多边形 G 中在直线 AB 的上方距离 AB 最远的顶点，点 D 是 G 中在直线 AB 的下方距离 AB 最远的顶点（如果凸多边形 G 整个位于直线 AB 的一侧，那么点 C 或点 D 也在这一侧）. 过点 C 和点 D 各画一条水平方向的直线，得到包含 G 的矩形 $MNPQ$（图 21）.

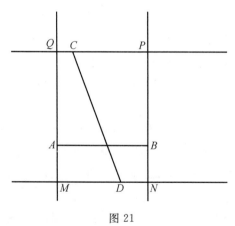

图 21

设 $[\cdot]$ 表示一个图形的面积. $\triangle ABC$ 和矩形 $ABPQ$ 的高相等（把 AB 看作这两个图形的底）. 于是 $[ABPQ] = 2[ABC]$. 类似地，$[MNBA] = 2[ADB]$. 还注意到 A，B，C 和 D 是凸多边形 G 的顶点，所以以凸多边形 G 包含四边形 $ADBC$，因此 $[MNPQ] = 2[ADBC] \leqslant 2[G] = 2$.

例 106 求平面内所有具有以下性质的有限点集 S：对于 S 中任意不同的三点 A，B，C，在 S 中存在第四点 D，使得点 A，B，C，D（以某种顺序）是一个平行四边形的顶点.

解 我们说的是对于三点或更多点的集合，只有一个平行四边形的四个顶点是满足条件的. 少于三点的集合谈不上满足这一条件.

假定存在三点或更多点的集合 S 满足条件. 注意因为共线的三点不能扩展为平行四

边形,所以 S 中没有三点共线.从 S 中取出三点为顶点,使这三点组成的 $\triangle ABC$ 的面积最大.过 $\triangle ABC$ 的每一个顶点画平行于对边的直线.这三条直线形成 $\triangle DEF$,其中 A 是 EF 的中点,B 是 DF 的中点,C 是 DE 的中点.

要注意的第一件事是:$\triangle ABC$ 是面积最大的,意味着 S 完全包含在 $\triangle DEF$ 中.为了证明这件事,假定 $X \in S$ 在 $\triangle DEF$ 外.不失一般性,设 X 与 F 在直线 DE 的两侧.因为 C 在直线 DE 上,且 $AB \parallel DE$,所以 X 距离 AB 比 C 距离 AB 远.于是 $[ABX] > [ABC]$,这与 $\triangle ABC$ 的选择矛盾.

要注意的第二件事是:D,E,F 是能与 A,B,C 形成平行四边形的顶点的三个点.根据 S 的性质,其中有一点属于 S.不失一般性,假定这一点是 D.因为 $[ABC]=[BCD]$,所以 $\triangle BCD$ 的面积也最大.于是可以重复使用上面两章的结论,找到第二个包含 S 的三角形.这个三角形与 $\triangle DEF$ 相交,可以推出 S 完全包含在 $\square ABDC$ 内.

如果 S 不恰好是一个平行四边形的顶点,那么它必定包含第五点 X.根据对称性,可以假定 X 在 $\triangle BCD$ 的内部.S 中必存在一点 Y,使得 B,D,X,Y(以某种顺序)是一个平行四边形的顶点.如果该平行四边形是 $BXDY$,那么 XY 的中点也是 BD 的中点,其在直线 DF 上.因此 Y 与 X 在直线 DF 的两侧,于是在 $\triangle DEF$ 的外部,这与上面的结果矛盾.如果平行四边形是 $BDXY$ 或 $BDYX$,那么 $XY \parallel BD$,$XY \parallel AC$,于是与 BD 重合.因此 Y 不能在 $\square ABDC$ 的内部,这是一个矛盾.

利用射影是另一个重要的工具,请看下面的例子.

例 107　在一个单位正方形内放若干个圆,这些圆的周长的和等于 10.证明:存在一条直线至少与其中四个圆相交.

证明　设 O_1,O_2,$\cdots$,O_n 是这些圆的圆心.考虑每一个圆在该正方形的边 AB 上的射影(图 22).

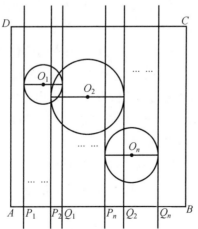

图 22

容易看出每一个射影是圆的平行于 AB 的直径给出的. 设 P_iQ_i 是边 AB 上的线段. 于是，根据已知条件，我们知道 $\sum_{i=1}^{n} l(P_iQ_i) = \dfrac{10}{\pi}$.

如果假定不存在四条线段的交，这意味着 AB 上的每一点至多被三条线段覆盖，于是 $\sum_{i=1}^{n} l(P_iQ_i) \leqslant 3AB = 3$. 这就是说，$\dfrac{10}{\pi} \leqslant 3$，这是一个矛盾.

因此必有四条线段的交，过交点作垂直于 AB 的直线与四个圆相交，这四个圆的射影就包含这个交点.

下面我们转向组合几何中的另一个基本概念，即凸包的概念.

例 108　如果 $A_1, A_2, \cdots, A_n (n \geqslant 3)$ 是平面内的点，其中没有三点共线，那么存在一个凸多边形 P，它的顶点是点 A_i 中的某些点，其余的点都在 P 的内部. 这个凸多边形 P 称为点 $A_1, A_2, \cdots, A_n$ 的凸包.

解　对 n 进行归纳. 对于 $n = 3$，因为三点形成一个三角形的顶点，结论显然成立. 假定结论对 n 个点的集合成立，考虑加上第 $n+1$ 个点 A_{n+1}. 设 P 是这 n 个点的凸包. 如果第 $n+1$ 个点在 P 的内部，那就证得结果，所以假定它在 P 的外部. 那么在 P 的边界上有一个最接近 A_{n+1} 的点 X（这并不是完全明显的，但 X 必定或者是 P 的一个顶点，或者是点 A_{n+1} 到 P 的一边的垂足，因为这只有有限多种可能，因此它必定是最接近的）. 考虑过 A_{n+1} 且垂直于 XA_{n+1} 的直线 l. 凸多边形 P 不能与 l 相交. 如果 P 交 l 于 Y，那么线段 XY 将在 P 的内部，A_{n+1} 到 XY 的垂线上的某处将是 P 的边界上距离 A_{n+1} 比 X 距离 A_{n+1} 更近的一个点，这是一个矛盾. 因此 P 完全落在由 l 确定的半平面内.

现在来看，从 A_{n+1} 出发经过 P 的顶点的射线与射线 $A_{n+1}X$ 形成带有正负号的角. 存在 P 的某个顶点 B，构成最小的带有正负号的角；存在 P 的某个顶点 C，构成最大的带有正负号的角. 于是 P 全部落入 $\angle BA_{n+1}C$ 内. 直线 BC 将 P 分割成两个凸多边形（因为分割只会使内角减小）. 设 $B = B_1, B_2, \cdots, B_k = C$ 是一个多边形的顶点，该多边形与 A_{n+1} 在直线 BC 的两侧. 于是多边形 $Q = A_{n+1}B_1B_2\cdots B_k$ 是所求的凸包. 因为 B 与 C 在 l 的同侧，所以顶点在 A_{n+1} 处的内角小于 $180°$，因为 B_2 和 B_{k-1} 在 $\angle BA_{n+1}C$ 内，所以顶点在 B 和 C 处的角小于 $180°$. 其他所有顶点处的内角都没有变，所以由归纳假定，它们都小于 $180°$. Q 的内部包含 $\triangle A_{n+1}BC$ 的内部，$\triangle A_{n+1}BC$ 依次包含 P 的一部分，这部分与 A_{n+1} 在 BC 的同一侧. 因此，Q 包含 P 以及所有的点 $A_1, A_2, \cdots, A_n$，这些点不在 Q 的边界上，而在 Q 的内部.

还可以相当容易地说凸包是唯一的. 当且仅当存在一条经过 A_k 的直线，使得 P 的所有其余顶点 $A_1, A_2, \cdots, A_{k-1}, A_{k+1}, \cdots, A_n$ 都在该直线的同一侧，那么点 A_k 是凸包 P 的一个顶点.

例 109　平面内有五个点，没有三点共线. 证明：可以取出四个点，使这四个点是一个凸四边形的顶点.

解 考虑这五个点的凸包,有两种情况.如果该凸包是一个五边形或凸四边形的顶点,那么已证毕.于是可以假定该凸包是一个三角形.设这个三角形是 $\triangle ABC$,D,E 是其内部的点.$\triangle ABC$ 的顶点中有两个在 DE 的同一侧.不失一般性,设这两点是 B,C.因为线段 DE 位于 $\triangle ABC$ 的内部,所以它不能与 BC 相交,因此 D 和 E 在 BC 的同一侧.不失一般性,进一步假定 D 距离 AC 比 E 距离 AC 近.因此,四边形 $BCDE$ 是一个凸四边形.

例 110 求所有的整数 $n(n>3)$,平面内存在没有三点共线的 n 个不同的点,还存在实数 r_1,r_2,$\cdots$,r_n,对于不同的 i,j,k,$\triangle A_iA_jA_k$ 的面积是 $r_i+r_j+r_k$.

解 注意,如果命题对某 k 个点不成立,那么对任何点数大于 k 的数也不成立.容易证明当 $n=3$ 或 $n=4$ 时,命题成立.对于 $n=4$,画两张图.如果四边形 $A_1A_2A_3A_4$ 是一个凸四边形,那么沿对角线分割表示面积,我们有

$$r_1+r_2+r_3+r_1+r_4+r_3=r_2+r_1+r_4+r_2+r_3+r_4$$

或

$$r_1+r_3=r_2+r_4$$

否则,假定 A_4 在 $\triangle A_1A_2A_3$ 内.那么用两种方法表示 $\triangle A_1A_2A_3$ 的面积,即用 A_4 分割或用已知条件得到

$$r_4=-\frac{r_1+r_2+r_3}{3}$$

考虑 $n=5$,我们分析凸包的各种可能性:

如果凸包是一个三角形,不失一般性,设这个三角形是 $\triangle A_1A_2A_3$,那么 A_4,A_5 两点在内部,由上面的结论可知

$$r_4=r_5=-\frac{r_1+r_2+r_3}{3}$$

但是现在要把 A_5 放到 $\triangle A_1A_2A_4$,$\triangle A_1A_3A_4$ 或 $\triangle A_2A_3A_4$ 的一个中去.用三角形的边和这两点,我们看到 $r_5<r_4$,除非这两点重合,否则这两种情况都产生矛盾.

如果凸包是一个凸四边形,比如说四边形 $A_1A_2A_3A_4$,那么看由对角线相交形成的四个三角形,我们知道 A_5 必不在其中的两个之中.于是 A_5 必在该四边形的同一边所对的两个三角形中,假定这两个三角形是 $\triangle A_1A_2A_3$ 和 $\triangle A_1A_2A_4$,那么再用这两个三角形的分割,得

$$r_5=-\frac{r_1+r_2+r_3}{3}=-\frac{r_1+r_2+r_4}{3}$$

所以 $r_3=r_4$.

利用 $r_1+r_3=r_2+r_4$ 得到 $r_2=r_1$.最后可以用 A_5 分割四边形,所以

$$4r_5+2(r_1+r_2+r_3+r_4)=r_1+r_3+2(r_2+r_4)$$

于是 $4r_5+r_1+r_3=0$,再看 $3r_5+2r_1+r_3=0$,得到 $r_5=r_1$.

因此,我们明白了 $(A_3A_4A_1)=(A_3A_4A_2)=(A_3A_4A_5)$,这里 (X) 表示图形 X 的面积. 一个基本事实是:如果 A_1,A_2,A_5 在 A_3A_4 的同一侧,那么 $A_1A_5 \parallel A_3A_4$ 以及 $A_3A_4 \parallel A_2A_5$,我们就得到这个所求的矛盾,因为我们不能过 A_5 画两条直线平行于 A_3A_4,除非这一点是共线的,但这又是已知条件所不允许的.

如果是凸五边形 $A_1A_2A_3A_4A_5$,那么用一个顶点和从该顶点出发的对角线可以用五种不同的方法表示五边形的面积,即

$$3r_1 + 2(r_3+r_4) + r_2 + r_5$$
$$3r_2 + 2(r_4+r_5) + r_1 + r_3$$
$$3r_3 + 2(r_1+r_5) + r_2 + r_4$$
$$3r_4 + 2(r_1+r_2) + r_3 + r_5$$

和

$$3r_5 + 2(r_2+r_3) + r_1 + r_4$$

所有这些都必须相等,进行一些代数运算后,必有 $r_1 = r_2 = r_3 = r_4 = r_5$.

于是又像上面那样得到矛盾,因此

$$(A_1A_2A_3) = (A_1A_2A_4) = (A_1A_2A_5)$$

关于凸集的另一个有用的结果是赫尔利(Helly)定理.

定义 6 如果对于在图形 F 中的任意两点 A,B,线段 AB 也包含于 F 中,则称图形 F 是凸图形.

例 111(赫尔利定理) 假定平面内有 $n(n \geqslant 4)$ 个凸图形 $F_1,\cdots,F_n$. 如果对于任何 $1 \leqslant i < j < k \leqslant n$,有 $F_i \bigcap F_j \bigcap F_k \neq \varnothing$,那么

$$\bigcap_{i=1}^{n} F_i \neq \varnothing$$

证明 对 n 进行归纳. 基础情况是 $n=4$. 设 $A_4 \in F_1 \bigcap F_2 \bigcap F_3, A_3 \in F_1 \bigcap F_2 \bigcap F_4, A_2 \in F_1 \bigcap F_3 \bigcap F_4, A_1 \in F_2 \bigcap F_3 \bigcap F_4$ 是交集中的四点. 我们分析以下几种情况:

如果这四点共线. 那么不失一般性,我们可以假定这四点在直线上的顺序是 A_1, A_2, A_3, A_4. 于是注意 A_1 和 A_3 是 F_2 中的点,而 F_2 是凸图形,所以 $A_1A_3 \in F_2$. 因为 A_2 在线段 A_1A_3 上,所以 $A_2 \in F_2$. 于是 A_2 属于所有这些图形的交.

如果凸包是一个三角形,假定 A_4 在 $\triangle A_1A_2A_3$ 的内部. 因为 A_1,A_2,A_3 这三个顶点属于 F_4,容易看出整个三角形包括边界和内部都属于 F_4. 于是,此时 A_4 属于所有这些图形的交.

最后,如果凸包是一个凸四边形,不失一般性,设该凸四边形是 $A_1A_2A_3A_4$. 考虑对角线 A_1A_3 和 A_2A_4,其交点 P 就是所有这些凸图形的交.

这就证明 $n=4$ 的情况. 假定命题对 $n>4$ 成立,那么考虑 $n+1$ 个集合,且任意三个集合的交非空. 设 $J_i = F_i \bigcap F_{n+1}(1 \leqslant i \leqslant n)$. 因为 $n=4$ 的情况,所以任意三个 J_i 的交非

空. 于是所有 J_i 的交非空, 但是这个交就等于所有 $J_i(1 \leqslant i \leqslant n+1)$ 的交.

现在来看这一定理的一个应用.

例 112　平面内给定 n 个点, 其中任意三点都能被一个单位圆盘覆盖, 证明: 所有这 n 个点被一个单位圆盘覆盖.

证明　设这 n 个点是 $P_1, P_2, \cdots, P_n$, 以每一个 P_i 为圆心, 1 为半径画圆 C_i. 我们的目标是证明 $\bigcap\limits_{i=1}^{n} C_i \neq \varnothing$; 如果考虑交集中的点 O, 那么以 O 为圆心, 1 为半径画圆将覆盖所有这些点.

由于这些圆盘是凸图形, 因此, 根据前面的定理只要证明任意三个圆盘相交. 因为命题对于所有每一对点都相同, 所以不失一般性, 假定看前三个点. 我们知道存在一个半径为 1 的圆盘覆盖这三个点, 称这个圆的圆心为 S. 因为 $P_1 S \leqslant 1, P_2 S \leqslant 1, P_3 S \leqslant 1$, 于是推得 $S \in C_1 \bigcap C_2 \bigcap C_3$, 证毕.

最后我们以一些不同的问题结束, 在这些问题的解中包含一些有用的很好的思想方法.

例 113　设 $n(n \geqslant 3)$ 是一个确定的自然数, 求所有的函数 $f: \mathbf{R}^2 \to \mathbf{R}$, 对于正 n 边形的任何顶点 $A_1, A_2, \cdots, A_n$, 有

$$f(A_1) + f(A_2) + \cdots + f(A_n) = 0$$

解　我们将证明仅有的可能是 $f = 0$. 设 A 是任意一点. 考虑正 n 边形 $A A_1 A_2 \cdots A_{n-1}$. 设 k 是一个整数 $(0 \leqslant k \leqslant n-1)$, 以 A 为中心, 旋转角是 $\dfrac{2k\pi}{n}$ 的旋转将多边形 $A A_1 A_2 \cdots A_{n-1}$ 变为 $A_{k0} A_{k1} A_{k2} \cdots A_{k,n-1}$, 其中 $A_{k0} = A$, 对一切 $i = 1, 2, \cdots, n-1$, A_{ki} 是 A_i 的像.

由命题的条件, 有

$$\sum_{k=0}^{n-1} \sum_{i=0}^{n-1} f(A_{ki}) = 0$$

观察到 $f(A)$ 在和式中出现 n 次, 于是

$$nf(A) + \sum_{k=0}^{n-1} \sum_{i=1}^{n-1} f(A_{ki}) = 0$$

另一方面, 因为多边形 $A_{0i} A_{1i} A_{2i} \cdots A_{n-1,i}$ 都是正 n 边形 (它们的中心都是 A, 绕 A 旋转得到点 A_{0i}), 所以

$$\sum_{k=0}^{n-1} \sum_{i=1}^{n-1} f(A_{ki}) = \sum_{i=1}^{n-1} \sum_{k=1}^{n-1} f(A_{ki}) = 0$$

从上面两个等式推得 $f(A) = 0$, 因此 f 是零函数.

例 114(Erdos-Anning)　对于任何自然数 n, 存在不共线的 n 个点的集合, 使得任何两点之间的距离是整数. 再证明: 具有这样性质的集合不是无限集.

解法 1　为了构造这样的 n 个点的集合，我们在一个圆上取间隔相等的点. 这要利用给出的较小的不同的距离. 实际上，我们要在圆心在原点的单位圆上找一些所有的相互之间的距离都是有理数的点. 利用一个足够高的幂仍是有理数，然后去分母就可以找到所求的这些点.

我们知道存在一个角 θ，使 $\sin(\theta)=\dfrac{3}{5}, \cos(\theta)=\dfrac{4}{5}$. 从 x 轴的正半轴开始，在单位圆上取点 P_k，使中心角与 $2k\theta$ 对于模 2π 同余（当 k 较大时，意味着必须绕着圆走）. 现在 P_i 与 P_j 之间的距离是

$$P_iP_j = 2\mid \sin[(i-j)\theta]\mid$$

证明对于任何整数 k，$\sin(k\theta)$ 是有理数很容易. 一种方法是由棣莫弗（de Moivre）公式，得

$$\cos(k\theta) + \mathrm{i}\sin(k\theta) = \left(\frac{4+3\mathrm{i}}{5}\right)^k$$

解法 2　用以下公式推导

$$\sin[(k+1)\theta] = 2\cos(\theta)\sin(k\theta) - \sin[(k-1)\theta]$$

因为点是绕着圆走的，可能重叠，所以唯一微妙之处在于取点. 这将会使有些距离为零，所以只有对某个 k 有 $\sin(k\theta)=0$ 时，才可能发生这种情况. 但是，在证明 $\sin(k\theta)$ 是有理数时，如果稍微小心一点，就能证明更多的东西，即 $\sin(k\theta)=\dfrac{m^k}{5^k}$，其中 m^k 是一个不能被 5 整除的整数. 于是，实际上有 $\sin(k\theta) \neq 0$.

对于后一个命题，假定这样的无限集存在，那么取 A 和 B 两点. 对于另一点 P，由三角形不等式，得到 $\mid PA - PB\mid \leqslant AB$. 由鸽巢原理，对一个确定的整数 k，存在无穷多个 P，使 $PA - PB = k$. 考虑所有这样的点 P 的轨迹，这是一条双曲线，称其为 H_1. 现在把注意力集中于 H_1 上的点. 这又是一个无限集. 于是，在 H_1 上取 C 和 D 两点，再利用同样的方法找到一条不同的双曲线 H_2，它包含无穷多个 H_1 上的点. 但一个熟知的几何事实是：不同的双曲线至多有四个交点，但我们找到的交集是无限的，这就给出了我们所求的矛盾.

例 115　证明：对于某个常数 $c(c > 0)$，平面内 n 个点至多确定 $cn^2\sqrt{n}$ 个直角三角形.

证明　用 $f(n)$ 表示平面内 n 个点的任何分布时直角三角形的最大个数. 我们的目标是证明 $f(n) \leqslant n^2\sqrt{n}$. 对于 $n=1,2,3,4,5$，命题无须研究. 假定不是这样，那么存在一个最小的 n，有 $f(n) > n^2\sqrt{n}$.

设平面内的点 $P_1, P_2, \cdots, P_n$ 给出 $f(n)$ 这个数. 我们断言，必定存在一条直线包含这 n 个点中的 $2\sqrt{n}$ 个.

考虑所有可能的有序点组 (P_i, P_j)，并给直角顶点为 P_i 的每一个直角 $\triangle P_iP_jP_k$ 的一个数. 这个数就是经过 P_i 且垂直于 P_iP_j 的直线上的点的个数. 这些数的和是直角三角形

的个数的两倍,即比 $2n^2\sqrt{n}$ 大.

另一方面,因为和中的项数至多是 $n(n-1)$ 这个数,有一个加数必包含至少 $2\sqrt{n}$ 项,这部分完成了.

现在除去这条直线上的点,并分析有多少直角三角形不出现了.我们分成两组:

直角三角形的直角顶点没有了.对于这样一个直角三角形的斜边,我们有 $\dfrac{n(n-1)}{2}$ 种选择,一长条线段最多作为两个这类直角三角形的斜边,所以三角形的个数至多去掉 $n(n-1) < n^2$.

直角顶点不在该直线上,但有一个顶点在该直线上的直角三角形.在这种情况下,对于不要求在这条直线上的那些顶点有 $\dfrac{n(n-1)}{2}$ 种选择,于是在这条关键的直线上至多选两点使它与确定的一对点 P_i,P_j 一起构成一个三角形,所以直角顶点是 P_i 或 P_j.因此,对于这一种情况至多有 $n(n-1) < n^2$ 个三角形.

于是,除去该直线上的点至多减少 $2n^2$ 个直角三角形,留下的 $n-2\sqrt{n}$ 个点至少包括 $n^2\sqrt{n} - 2n^2$ 个直角三角形.但是根据 n 的选择,我们必须有

$$n^2\sqrt{n} - 2n^2 < (n-\sqrt{n})^2\sqrt{n-2\sqrt{n}}$$

解这个不等式,得到 $n \leqslant 4$,这是一个矛盾.

第13章 母 函 数

在第 10 章中,我们已经看到在解一个含有自由变量 n 的计数问题时,考虑到所有这些答案组成的数列 (a_n) 经常是很有帮助的. 母函数就是用构造一个函数 $f(X) = \sum_n a_n X^n$,同时求出这些数的另一种方法. 母函数也可以用于记录集合. 例如,如果 A 是非负整数的一个子集,那么就可以构造母函数 $f(X) = \sum_{a \in A} X^a$.

初看这些也许并不很有帮助,我们只不过以一种不同的方法改写这个数列. 但是在学习数学的进程中,你马上就会了解到,以一种不同的方法改写许多东西经常是十分有帮助的. 在这种情况下,实际上我们对函数了解得很少(如果你没有见过这些函数,那么微积分和微分方程将会教你关于这些函数的内容). 下面我们把一个也许你已经知道的公式写成无穷集合级数

$$\frac{1}{1 - qX} = \sum_{n=0}^{\infty} q^n X^n \tag{1}$$

我们也可以将两个函数相乘. 如果 $f(X) = \sum_n a_n X^n, g(X) = \sum_n b_n X^n$,那么

$$f(X) \cdot g(X) = \sum_n \left(\sum_k a_k b_{n-k} \right) X^n$$

两个母函数积的公式却有难以置信的力量. 假定 a_n 是在 A 类中选取 n 个(无序的)对象的种数,b_n 是在 B 类中选取 n 个(无序的)对象的种数. 那么乘积的系数 $c_n = \sum_k a_k b_{n-k}$ 就是从 A 类或 B 类中选取 n 个无序对象的种数. 利用这一点,一个母函数领域的专家有时可以几乎立刻就能写出所要求的复杂问题的母函数. 这实际上包括对 n 这个数进行分割的问题也成立.

我们要对函数做的另一件事情就是取导数. 如果 $f(X) = \sum_n a_n X^n$ 是一个函数,那么它的导数 $f'(X) = \sum_n n a_n X^{n-1}$. 导数充分发挥力量之处是微积分,我们只满足于一个基本的恒等式,即乘法法则. 如果 f 和 g 是函数,那么

$$(f \cdot g)' = f' \cdot g + f \cdot g' \tag{2}$$

把式(2)和归纳法相结合,可得到类似多个因式乘积的乘法法则.

有一个微妙的细节还没有讨论过,应该如何解释母函数中的 X 呢? 实际上,我们总是可以把 X 当作充分小的数处理. 例如,在上面的几何级数中,如果 $|X| < \dfrac{1}{q}$,那么一切

都成立.因此,左边的函数存在,右边的级数收敛,于是两边的数值相等.但是,应该注意存在一些不够好的例子.阶乘数列的母函数 $f(X) = \sum_{n=0}^{\infty} n! \, X^n$ 并不是对所有非零的 X 都是有意义的.在某种意义上,我们应该把 X 当作无穷小量处理.

但是在解释 X 时,最重要的事实是:如果两个母函数相等,即 $\sum_{n} a_n X^n = \sum_{n} b_n X^n$,那么它们的所有系数都相等,即对一切 n,有 $a_n = b_n$.我们经常用这一事实从母函数中取出 a_n 的一个公式,偶尔,我们将利用它证明两个计数给出同一个答案,即使我们不必给出一个共同答案的公式.

最后,要注意到我们所展现的只是冰山一角.我们有时候也称母函数为普通母函数.母函数另外还有许多形式,每一种形式都有自己的应用范围.

例 116　求数列
$$a_{n+3} = -4a_{n+2} - a_{n+1} + 6a_n \quad (n \geqslant 0)$$
的通项,其中 $a_0 = 1, a_1 = a_2 = 2$.

解　我们考虑母函数 $f(X) = \sum_{n \geqslant 0} a_n X^n$,有
$$f(X) = a_0 + a_1 X + a_2 X^2 + \sum_{n \geqslant 0} a_{n+3} X^{n+3}$$
$$= a_0 + a_1 X + a_2 X^2 + X^3 \sum_{n \geqslant 0} (-4a_{n+2} - a_{n+1} + 6a_n) X^n$$
于是,我们仔细地重组各项,得到恒等式
$$f(X) = a_0 + a_1 X + a_2 X^2 - 4Xf(X) - X^2 f(X) + 6X^3 f(X) +$$
$$4X(a_0 + a_1 X) + a_0 X^2$$
合并同类项,得
$$f(X) = \frac{1 + 6X + 11X^2}{1 + 4X + X^2 - 6X^3} = \frac{1 + 6X + 11X^2}{(1-X)(1+2X)(1+3X)}$$
为了结束最后的部分,我们使用所谓分割成部分分式的技巧,这一技巧告诉我们,应该存在某几个数 A, B, C,使
$$\frac{1 + 6X + 11X^2}{(1-X)(1+2X)(1+3X)} = \frac{A}{1-X} + \frac{B}{1+2X} + \frac{C}{1+3X}$$

容易看出 A, B, C 应该存在,也就是说,例如,如果我们要求 A,则两边乘以 $1-X$,然后取 $X = 1$,进行一些计算后得到 $A = \dfrac{3}{2}, B = -1, C = \dfrac{1}{2}$.利用式(1),得
$$f(X) = \sum_{n \geqslant 0} \left[\frac{3}{2} - (-2)^n + \frac{(-3)^n}{2} \right] X^n$$
最后我们如果利用同一函数有两个表达式,那么它们的系数应该相等这一原理.

于是通项是

$$a_n = \frac{3}{2} - (-2)^n + \frac{(-3)^n}{2}$$

计数问题也可以利用母函数得到十分优美的解.

例 117 如果受到以下条件的限制,那么有多少种方法把 n 个水果放满一个篮子？

橘子的个数是偶数；

最多只能有三个香蕉；

菠萝的个数能被 4 整除；

最多只能有一个西瓜；

所有的水果是香蕉、橘子、菠萝和西瓜.

解 设 f_n 是把 n 个水果放满一个篮子的方法种数,观察母函数 $F(X) = \sum_{n \geqslant 0} f_n X^n$,因为篮子是由水果组合而成,所以可以说这是选择香蕉、橘子、菠萝和西瓜的母函数之积.

由已知条件,对橘子的选择个数是偶数,所以该函数是

$$O(X) = 1 + X^2 + \cdots + X^{2n} + \cdots = \frac{1}{1 - X^2}$$

对香蕉很容易,有

$$B(X) = 1 + X + X^2 + X^3 = \frac{1 - X^4}{1 - X}$$

对菠萝,因为菠萝的个数能被 4 整除,所以母函数是

$$P(X) = 1 + X^4 + \cdots + X^{4n} + \cdots = \frac{1}{1 - X^4}$$

最后对西瓜,有

$$W(X) = 1 + X$$

于是

$$F(X) = \frac{1}{1 - X^2} \cdot \frac{1 - X^4}{1 - X} \cdot \frac{1}{1 - X^4} \cdot (1 + X) = \frac{1}{(1 - X)^2}$$

现在只需要知道幂级数 $\dfrac{1}{(1 - X)^2}$ 的展开式是什么. 为此我们引进推广形式的二项式系数,即对任何 α,有

$$\binom{\alpha}{n} = \frac{\alpha(\alpha - 1) \cdots (\alpha - n + 1)}{n!}$$

于是有推广形式的二项式恒等式

$$(1 + X)^\alpha = \sum_{n \geqslant 0} \binom{\alpha}{n} X^n \tag{3}$$

用 $\alpha = -2$ 代入式(3),再把 X 换成 $-X$,得

$$\frac{1}{(1 - X)^2} = \sum_{n \geqslant 0} (n + 1) X^n$$

于是 $f_n = n+1$, 所以有 $n+1$ 种方法放满篮子.

母函数在证明组合恒等式和计算和式时是非常有用的. 首先, 我们从一个计算的定理开始, 在一些问题中要用到这一定理.

定理 7 $\sum_{n \geqslant 0} \begin{bmatrix} n \\ k \end{bmatrix} X^n = \dfrac{X^k}{(1-X)^{k+1}}.$ (4)

证明 我们有

$$\sum_{n \geqslant 0} \begin{bmatrix} n \\ k \end{bmatrix} X^n = \sum_{n \geqslant 0} \begin{bmatrix} n+k \\ k \end{bmatrix} X^{n+k} = X^k \sum_{n \geqslant 0} \begin{bmatrix} n+k \\ k \end{bmatrix} X^n$$

下面我们证明

$$\begin{bmatrix} n+k \\ k \end{bmatrix} = \frac{(k+1)(k+2)\cdots(k+n)}{n!}$$

$$= (-1)^n \frac{[-(k+1)][-(k+1)-1]\cdots[-(k+1)-n+1]}{n!}$$

$$= (-1)^n \begin{bmatrix} -(k+1) \\ n \end{bmatrix}$$

于是

$$\sum_{n \geqslant 0} \begin{bmatrix} n \\ k \end{bmatrix} X^n = X^k \sum_{n \geqslant 0} \begin{bmatrix} -(k+1) \\ n \end{bmatrix} (-X)^n = \frac{X^k}{(1-X)^{k+1}}$$

例 118 设 $n \in \mathbf{N}$, 考虑系数为 $\{0,1,2,3\}$ 的所有多项式, 其中有多少个满足 $P(2) = n$?

解 设 a_n 是这样的多项式的个数, 我们将设法写下 $f(X) = \sum_{n \geqslant 0} a_n X^n$ 的一个公式.

首先, 假定限制多项式的最高次数是 d, 然后对应的母函数将是

$$f_d(X) = \sum_P X^{P(2)}$$

这里和式走遍每一个 $c_k \in \{0,1,2,3\}$ 的所有多项式 $P(X) = c_0 + c_1 x + c_2 x^2 + \cdots + c_d x^d$. 我们把它看作所有单个系数的可能的 $d+1$ 重和, 然后把这个和看作 $d+1$ 个因数的积. 这就给出

$$f_d(X) = \sum_{c_0=0}^3 \sum_{c_1=0}^3 \cdots \sum_{c_d=0}^3 X^{c_0+2c_1+\cdots+2^d c_d} = \prod_{k=0}^d (1 + X^{2^k} + X^{2 \cdot 2^k} + X^{3 \cdot 2^k})$$

利用恒等式 $\dfrac{1-a^4}{1-a} = 1 + a + a^2 + a^3$, 得

$$f_d(X) = \prod_{k=0}^d \frac{1 - X^{2^{k+2}}}{1 - X^{2^k}} = \frac{(1 - X^{2^{d+1}})(1 - X^{2^{d+2}})}{(1-X)(1-X^2)}$$

现在, $f_d(X)$ 中指数小于 $X^{2^{d+1}}$ 的每项系数都等于 $f(X)$ 中相应的系数. 因此, 随着 d 的增大, 左边就变为 $f(X)$. 对于右边, 如果 X 足够小 ($|X| < 1$ 即可), 那么分子就趋近于

1.因此

$$f(X) = \frac{1}{(1-X)(1-X^2)} = \frac{1}{(1-X)^2(1+X)}$$

再一次分割成部分分式,所以必须找出 A,B,C,使

$$\frac{1}{(1-X)^2(1+X)} = \frac{A}{1-X} + \frac{B}{(1-X)^2} + \frac{C}{1+X}$$

解出后,得到 $A = \frac{1}{4}, B = \frac{1}{2}, C = \frac{1}{4}$.

由前面的问题,知 $\frac{1}{(1-X)^2}$ 的展开式.

全部代入后,对本题,有

$$f(X) = \sum_{n \geqslant 0} \left[\frac{1}{4} + \frac{(-1)^n}{4} + \frac{n+1}{2} \right] X^n$$

于是得到

$$a_n = \left[\frac{n}{2}\right] + 1$$

例 119 我们掷一个正规的骰子(它给出的是 $\{1,2,\cdots,6\}$ 中的数)n 次,掷出所有结果的和能被 5 整除的情况是可能掷出的情况的几分之几?

解 对于任意正整数 k,设 p_k 为掷出所有结果的和是 k 的概率.考虑母函数 $f(X) = \sum_{k \geqslant 1} p_k X^k$.

我们断言以下恒等式成立

$$\sum_{k \geqslant 1} p_k X^k = \left(\frac{X + X^2 + X^3 + X^4 + X^5 + X^6}{6} \right)^n$$

这可以用归纳法证明,也可以用以下方法推出:把掷出的结果序列记作数串$(c_1, c_2, \cdots, c_n)$,这里 $1 \leqslant c_i \leqslant 6$.于是 $k = c_1 + \cdots + c_n$, X^k 的分布是 $\frac{1}{6^n}$,并注意到 $\frac{X^k}{6^n} = \prod_{i=1}^{n} \frac{X^{c_i}}{6}$,所以把掷出的所有可能的结果的和看作 n 个相同项的乘积

$$f(X) = \sum_{c_1=1}^{6} \sum_{c_2=1}^{6} \cdots \sum_{c_n=1}^{6} \frac{1}{6^n} X^{c_1+c_2+\cdots+c_n} = \left(\sum_{c=1}^{6} \frac{1}{6} X^c \right)^n$$

我们关注的是要寻找 $\sum_k p_{5k}$.下面的技巧就起作用了,设 ω 是 1 的 5 次单位根.将 $X = \omega^j (j = 0,1,2,3,4)$ 代入母函数 $f(X) = \sum_{k \geqslant 1} p_k X^k$ 后相加,得到

$$f(1) + f(\omega) + f(\omega^2) + f(\omega^3) + f(\omega^4)$$
$$= \sum_n (1 + \omega^n + \omega^{2n} + \omega^{3n} + \omega^{4n}) p_n = 5 \sum_k p_{5k}$$

这是因为,当 $n = 5k$ 是 5 的倍数时,$1 + \omega^n + \omega^{2n} + \omega^{3n} + \omega^{4n}$ 是 5,否则就是 0.因此,计算

$f(\omega^j)$ 是很容易的. 对于 $j \in \{1,2,3,4\}$, 我们有 $\omega^j + \omega^{2j} + \omega^{3j} + \omega^{4j} + \omega^{5j} = 0$. 由 $f(X) = \left(\sum\limits_{c=1}^{6} \dfrac{1}{6} X^c \right)^n$ 得

$$f(\omega^j) = \left(\frac{\omega^{6j}}{6} \right)^n = \frac{\omega^{jn}}{6^n}$$

于是

$$5 \sum_k p_{5k} = 1 + \frac{1}{6^n} (\omega^n + \omega^{2n} + \omega^{3n} + \omega^{4n})$$

因为当 $n = 5k$ 是 5 的倍数时, $1 + \omega^n + \omega^{2n} + \omega^{3n} + \omega^{4n}$ 是 5, 否则就是 0.

于是得到: 对不能被 5 整除的 n, 概率是 $\dfrac{1}{5} - \dfrac{1}{6^n \times 5}$, 否则就是 $\dfrac{1}{5} + \dfrac{4}{6^n \times 5}$.

下面我们来看母函数用于处理自然数的分割问题.

例 120　对于非负整数集 S, 设 $r_S(n)$ 表示有序数对 (s_1, s_2) 的个数, 这里 $s_1, s_2 \in S$, $s_1 \neq s_2$, $n = s_1 + s_2$. 是否能将自然数分成两个集合 A 和 B, 使得对一切 n, 有 $r_A(n) = r_B(n)$?

解　回答是"肯定的". 聪明的人可以猜出正确的分割, 并证明它成立. 但是, 我们将证明如何使用母函数寻求分割. 不失一般性, 设 $0 \in A$, 并考虑集合 A 的母函数 $f(X) = \sum\limits_{a \in A} X^a$, 集合 B 的母函数 $g(X) = \sum\limits_{b \in B} X^b$.

现在问题可以叙述为我们应该考虑当 $a_i \neq a_j$ 时, $a_i + a_j$ 这类和. 如果取 $f^2(X)$, 那么这类和自然就出现了. 更明确地说, 我们有

$$f^2(X) = \sum_{a \in A} X^{2a} + 2 \sum_{n \in \mathbf{N}} r_A(n) X^n = f(X^2) + 2 \sum_{n \in \mathbf{N}} r_A(n) X^n$$

类似地, 有

$$g^2(X) = \sum_{b \in B} X^{2b} + 2 \sum_{n \in \mathbf{N}} r_B(n) X^n = g(X^2) + 2 \sum_{n \in \mathbf{N}} r_B(n) X^n$$

于是, 问题可叙述为应该有

$$f^2(X) - f(X^2) = g^2(X) - g(X^2)$$

可改写为

$$f^2(X) - g^2(X) = f(X^2) - g(X^2)$$

或

$$[f(X) - g(X)][f(X) + g(X)] = f(X^2) - g(X^2)$$

因为 A 和 B 构成自然数的一个分割, 所以

$$f(X) + g(X) = \sum_{n \in \mathbf{N}} X^n = \frac{1}{1 - X}$$

于是, 如果设 $h(X) = f(X) - g(X)$, 那么有

$$h(X) = (1 - X) h(X^2)$$

不断迭代这一过程，求出

$$h(X) = \prod_{i=1}^{n}(1 - X^{2^i})h(X^{2^n})$$

如果 $|X|$ 很小（通常只要 $|X| < 1$ 即可），然后让 n 变大，于是 $h(X^{2^n})$ 将趋近于 $h(0) = f(0) - g(0) = 1 - 0 = 1$（因为 $0 \in A$）. 因此

$$h(X) = \prod_{i=1}^{\infty}(1 - X^{2^i})$$

于是这是 h 的唯一可能. 如果将其展开，我们的确将看到每一个系数或者是 1 或者是 -1. 如果 n 的二项式展开中有偶数个 1，那么 X^n 的系数是 1（于是这些数形成 A）；如果 n 的二项式展开中有奇数个 1，那么 X^n 的系数是 -1（于是这些数就形成 B）.

换一种说法，如果设 $h = \sum_{n \in \mathbb{N}} c_i X^i$，那么关系式

$$h(X) = (1 - X)h(X^2)$$

可以重写为 $c_{2i} = c_i$ 和 $c_{2i+1} = -c_i$. 所以如果从 $c_0 = 1$ 开始，那么容易看出，由这一递推关系确定了系数，我们就得到数列值为 -1 或 1 的一个数列.

例 121 设 n 是正整数，$d(n)$ 表示把 n 分割成各个不同的部分的种数. $o(n)$ 表示把 n 分割成奇数个部分的种数. 证明：$d(n) = o(n)$.

证明 我们要证明这样一个等式，只要证明两个数列具有同一个母函数即可，这是又一个箴言.

设 $D(X) = \sum_{n \geqslant 1} d(n)X^n$，$O(X) = \sum_{n \geqslant 1} o(n)X^n$. 我们看到

$$D(X) = \prod_{j=1}^{\infty}(1 + X^j)$$

和

$$O(X) = \prod_{k=1}^{\infty}(1 + X^{2k+1} + X^{2(2k+1)} + \cdots + X^{n(2k+1)} + \cdots) = \prod_{k=1}^{\infty}\frac{1}{1 - X^{2k+1}}$$

可以重新安排 $D(X)$ 的项如下

$$D(X) = \prod_{k=1}^{\infty}\prod_{i=1}^{\infty}[1 + X^{2^i(2k+1)}]$$

注意到

$$\prod_{i=1}^{\infty}[1 + X^{2^i(2k+1)}] = \frac{1}{1 - X^{2k+1}}$$

这是因为对于任何 l，有

$$(1 - X^{2k+1})\prod_{i=1}^{l}[1 + X^{2^i(2k+1)}] = 1 - X^{2^{l+1}(2k+1)}$$

并设 l 趋向无穷，利用 $|X| < 1$ 这一事实，得 $1 - X^{2^{l+1}(2k+1)}$ 收敛于 1，证毕.

确立组合恒等式的一般原理是证明所给问题中叙述的两个量具有同一个母函数.

例 122   用二项式恒等式(3)证明：$\displaystyle\sum_{k=0}^{m}\begin{bmatrix}m\\k\end{bmatrix}\begin{bmatrix}n+k\\m\end{bmatrix}=\sum_{k=0}^{m}\begin{bmatrix}m\\k\end{bmatrix}\begin{bmatrix}n\\k\end{bmatrix}2^{k}.$

证明   我们必须证明

$$\sum_{n=0}^{\infty}\sum_{k=0}^{m}\begin{bmatrix}m\\k\end{bmatrix}\begin{bmatrix}n+k\\m\end{bmatrix}X^{n}=\sum_{n=0}^{\infty}\sum_{k=0}^{m}\begin{bmatrix}m\\k\end{bmatrix}\begin{bmatrix}n\\k\end{bmatrix}2^{k}X^{n}$$

对于左边,我们有

$$\sum_{n=0}^{\infty}\sum_{k=0}^{m}\begin{bmatrix}m\\k\end{bmatrix}\begin{bmatrix}n+k\\m\end{bmatrix}X^{n}=\sum_{k=0}^{m}\begin{bmatrix}m\\k\end{bmatrix}\frac{1}{X^{k}}\sum_{n=0}^{\infty}\begin{bmatrix}n+k\\m\end{bmatrix}X^{n+k}$$

$$\overset{(4)}{=}\sum_{k=0}^{m}\begin{bmatrix}m\\k\end{bmatrix}\frac{1}{X^{k}}\frac{X^{m}}{(1-X)^{m+1}}$$

$$=\frac{X^{m}}{(1-X)^{m+1}}\sum_{k=0}^{m}\begin{bmatrix}m\\k\end{bmatrix}\frac{1}{X^{k}}$$

$$=\frac{X^{m}}{(1-X)^{m+1}}\left(1+\frac{1}{X}\right)^{m}$$

$$=\frac{(X+1)^{m}}{(1-X)^{m+1}}$$

对于右边,我们有

$$\sum_{n=0}^{\infty}\sum_{k=0}^{m}\begin{bmatrix}m\\k\end{bmatrix}\begin{bmatrix}n\\k\end{bmatrix}2^{k}X^{n}=\sum_{k=0}^{m}\begin{bmatrix}m\\k\end{bmatrix}2^{k}\sum_{n=0}^{\infty}\begin{bmatrix}n\\k\end{bmatrix}X^{n}$$

$$=\sum_{k=0}^{m}\begin{bmatrix}m\\k\end{bmatrix}2^{k}\frac{X^{k}}{(1-X)^{k+1}}$$

$$=\frac{1}{1-X}\sum_{k=0}^{m}\begin{bmatrix}m\\k\end{bmatrix}\left(\frac{2X}{1-X}\right)^{k}$$

$$=\frac{1}{1-X}\left(1+\frac{2X}{1-X}\right)^{m}$$

$$=\frac{(X+1)^{m}}{(1-X)^{m+1}}$$

因为两边是用一个母函数,所以证明结束.

例 123 n 是自然数,和式是取 n 的所有分割,求 $\displaystyle\sum_{\substack{a_1+a_2+\cdots+a_k=n\\a_1,a_2,\cdots,a_k>0}}a_1a_2\cdots a_k.$

解   设 s_n 是本题中的和.我们要确定数列的母函数,即 $f(X)=\sum_{n}s_nX^n$.我们发现可以重写 f 为

$$f(X) = \sum_{k \geqslant 0} \sum_{n \geqslant 0} \sum_{\substack{a_1 + a_2 + \cdots + a_k = n \\ a_1, a_2, \cdots, a_k > 0}} a_1 a_2 \cdots a_k X^{a_1 + a_2 + \cdots + a_k}$$

$$= \sum_{k \geqslant 0} \sum_{a_1 > 0} \sum_{a_2 > 0} \cdots \sum_{a_k > 0} a_1 a_2 \cdots a_k X^{a_1 + a_2 + \cdots + a_k}$$

$$= \sum_{k \geqslant 0} \left(\sum_a a X^a \right)^k$$

如果我们对 $k = 1$ 用定理 7，那么得到

$$\sum_{i \geqslant 0} i X^i = \frac{X}{(1 - X)^2}$$

所以母函数是

$$f(X) = \sum_{k \geqslant 0} \frac{X^k}{(1 - X)^{2k}} = \sum_{k \geqslant 0} \left[X(1 - X)^{-2} \right]^k$$

$$= \frac{1}{1 - X(1 - X)^{-2}} = \frac{(1 - X)^2}{(1 - X)^2 - X}$$

$$= 1 + \frac{X}{X^2 - 3X + 1}$$

可以用部分分式求 s_n 的通项. 因为我们要用到无穷几何级数，所以将分母分解为 $(X - r_1)(X - r_2)$，其中 r_1 和 r_2 是方程 $X^2 - 3X + 1 = 0$ 的根. 解出

$$r_1 = \frac{3 + \sqrt{5}}{2}, r_2 = \frac{3 - \sqrt{5}}{2}$$

因为 $r_1 r_2 = 1$，所以

$$(X - r_1)(X - r_2) = r_1(X - r_2) r_2 (X - r_1)$$

$$= (r_1 X - 1)(r_2 X - 1)$$

$$= (1 - r_1 X)(1 - r_2 X)$$

同时将分子改写为

$$X = \frac{(1 - r_2 X) - (1 - r_1 X)}{r_1 - r_2}$$

得到

$$\frac{X}{X^2 - 3X + 1} = \frac{X}{(1 - r_1 X)(1 - r_2 X)}$$

$$= \frac{1}{r_1 - r_2} \cdot \frac{1}{1 - r_1 X} - \frac{1}{r_1 - r_2} \cdot \frac{1}{1 - r_2 X}$$

于是 $f(X) = 1 + \sum_{k=0}^{\infty} \frac{r_1^k - r_2^k}{r_1 - r_2} \cdot X^k$，得到 $s_n = \frac{r_1^n - r_2^n}{r_1 - r_2}$.

如果注意到

$$r_1 = \left(\frac{1 + \sqrt{5}}{2} \right)^2, r_2 = \left(\frac{1 - \sqrt{5}}{2} \right)^2$$

是斐波那契递推关系的特征多项式 t^2-t-1 的根的平方,那么可以得到一个更好的公式.因此,求出

$$s_n = \frac{1}{\sqrt{5}}\left[\left(\frac{1+\sqrt{5}}{2}\right)^{2n}-\left(\frac{1-\sqrt{5}}{2}\right)^{2n}\right]=F_{2n}$$

我们鼓励读者用斐波那契数的母函数 $\dfrac{X}{1-X-X^2}$ 重新证明最后一个公式.

例 124　设 $n(n>3)$ 是正整数.如果子集 $A\subset\{1,2,\cdots,n\}$ 的元素的和是偶数,那么称子集 A 是偶子集,否则就称其为奇子集.为方便起见,设空集的和是 0,所以空集是偶子集.

(a)$\{1,2,\cdots,n\}$ 有多少个偶子集? 有多少个奇子集?

(b) 分别求 $\{1,2,\cdots,n\}$ 偶子集的元素的和,奇子集的元素的和.

解　考虑母函数

$$f(X)=\prod_{k=1}^{n}(1+X^k)$$

如果将它展开,那么可写为

$$f(X)=\sum_{A\subset\{1,2,\cdots,n\}}X^{\sigma(A)}$$

这里 $\sigma(A)$ 表示 $\{1,2,\cdots,n\}$ 的子集 A 的元素的和.

下面我们来看如何求偶和与奇和. 想法是取 $X=-1$,于是如果 A 是偶子集,那么 $(-1)^{\sigma(A)}=1$;如果 A 是奇子集,那么 $(-1)^{\sigma(A)}=-1$. $f(-1)$ 给出一个偶子集的个数与奇子集的个数的差. 因为 $f(-1)=0$,所以这两个数相等,即 2^{n-1}.

现在看(b)部分,我们需要寻找元素的和,做此事的方法就是注意到,如果有了 $X^{\sigma(A)}$,那么就存在一种容易的方法得到 $\sigma(A)$,即求导.利用这一点,有

$$f'(X)=\sum_{A\subset\{1,2,\cdots,n\}}\sigma(A)X^{\sigma(A)-1}$$

另一方面,因为 f 是 n 个因子的积,所以可以从乘积公式得到其导数.从对于两个因子的积的乘积公式开始进行归纳,我们看到 n 项因子的积的导数是 n 项的和,和中的每一项都取一个因子的导数.在这种情况下,可以写出

$$f'(X)=\prod_{k=1}^{n}(1+X^k)\cdot\sum_{k=1}^{n}\frac{kX^{k-1}}{1+X^k}$$

用 E 表示偶子集的元素和,O 表示奇子集的元素和,我们有 $f'(1)=O+E$ 和 $f'(-1)=O-E$. 容易计算 $f'(1)=2^{n-1}(1+2+\cdots+n)=n(n+1)2^{n-2}$. 为计算 $f'(-1)$,注意到对于 $n\geqslant3$,至少 f 有两个因子.当 $X=-1$ 时为零,于是在用乘法法则以后,每个加数至少有一项;当 $X=-1$ 时为零,于是 $f'(-1)=0$.于是我们得到 $E=O=n(n+1)2^{n-3}$.

例 125　在由 $\{1,2,\cdots,2\,014\}$ 中 90 个元素组成的子集中,元素的和是偶数的子集多,还是元素的和是奇数的子集多? 并计算一个准确的结果.

解　我们应考虑母函数的原型是 $\prod\limits_{j=1}^{2\,014}(1+y^j X)$. 我们将 y 设为 1 或 -1，把和的奇偶性分开. 关键是要注意，在这个乘积中 X^{90} 的系数等于

$$\sum_{1\leqslant j_1<j_2<\cdots<j_{90}\leqslant 2\,014} y^{j_1+j_2+\cdots+j_{90}}$$

设 A 是和为偶数的子集的个数，B 是和为奇数的子集的个数. 如果用 $y=1$ 代入，那么 X^{90} 的系数是 $A+B$；如果用 $y=-1$ 代入，那么 X^{90} 的系数是 $A-B$. 我们只需要计算这两个系数.

如果用 $y=1$ 代入，那么乘积就变为 $(1+X)^{2\,014}$，看出 X^{90} 的系数是 $A+B=\begin{pmatrix}2\,014\\90\end{pmatrix}$；

如果用 $y=-1$ 代入，因为在 1 到 2 014 中，有 1 007 个奇数和 1 007 个偶数，那么乘积就变为

$$\prod_{j=1}^{2\,014}\big[1+(-1)^j X\big]=(1+X)^{1\,007}(1-X)^{1\,007}=(1-X^2)^{1\,007}$$

于是 X^{90} 在这个多项式中的系数是

$$A-B=\begin{pmatrix}1\,007\\45\end{pmatrix}(-X^2)^{45}=-\begin{pmatrix}1\,007\\45\end{pmatrix}X^{90}$$

于是 $B-A=\begin{pmatrix}1\,007\\45\end{pmatrix}>0$，所以元素的和是奇数的子集多. 将这两个公式相加和相减，得

$$B=\frac{1}{2}\left[\begin{pmatrix}2\,014\\90\end{pmatrix}+\begin{pmatrix}1\,007\\45\end{pmatrix}\right],A=\frac{1}{2}\left[\begin{pmatrix}2\,014\\90\end{pmatrix}-\begin{pmatrix}1\,007\\45\end{pmatrix}\right]$$

最后是做一道难题的时候了. 这是当年 IMO 竞赛题中的第六题，这个解是由 Nikolai Nikolov 给出的，他获得了特别奖. 用单位根代入的常用技巧，并且用一个巧妙的方法化简命题.

例 126　$p>2$ 是一个确定的质数，求 $\{1,2,\cdots,2p\}$ 中有 p 个元素，且这 p 个元素的和能被 p 整除的子集的个数.

解　我们再来看母函数 $\prod\limits_{j=1}^{2p}(X-y^j)$. 如果看 X^p 的系数，那么它等于

$$-\sum_{1\leqslant j_1<j_2<\cdots<j_p\leqslant 2p} y^{j_1+j_2+\cdots+j_p}$$

我们发现需要一些东西去探求指数模 p 后的和. 做这件事的简单方法是取 1 的 p 次单位根，设它为 ε.

用 $a_i(0\leqslant i\leqslant p-1)$ 表示在有 p 个元素的子集中元素的和模 p 余 i 的子集的个数，于是得到 X^p 在 $\prod\limits_{j=1}^{2p}(X-\varepsilon^j)$ 中的系数等于

$$-(a_0 + a_1\varepsilon + \cdots + a_i\varepsilon^i + \cdots + a_{p-1}\varepsilon^{p-1})$$

另一方面,我们有

$$\prod_{j=1}^{2p}(X - \varepsilon^j) = [(X-1)(X-\varepsilon)\cdots(X-\varepsilon^{p-1})]^2 = (X^p - 1)^2 = X^{2p} - 2X^p + 1$$

于是

$$a_0 + a_1\varepsilon + \cdots + a_i\varepsilon^i + \cdots + a_{p-1}\varepsilon^{p-1} = 2$$

这意味着 ε 是

$$a_0 - 2 + a_1 X + \cdots + a_{p-1}X^{p-1} = 0$$

的根. ε 的最小多项式是 $X^{p-1} + X^{p-2} + \cdots + X + 1$,这意味着

$$(X^{p-1} + X^{p-2} + \cdots + X + 1) \mid (a_0 - 2 + a_1 X + \cdots + a_{p-1}X^{p-1})$$

因为这两个多项式的次数相同,所以这就推得存在一个 λ,使

$$\lambda(X^{p-1} + X^{p-2} + \cdots + X + 1) = a_0 - 2 + a_1 X + \cdots + a_{p-1}X^{p-1}$$

得到 $a_0 - 2 = \lambda$,且对于所有 $i \geqslant 1$,有 $a_i = \lambda$. 最后注意到,对于 $\{1, 2, \cdots, 2p\}$ 的每一个有 p 个元素的子集,我们对元素的和模 p 有某个余数,所以

$$a_0 + a_1 + \cdots + a_p = \binom{2p}{p}$$

综上所述,得到

$$a_0 = \frac{\binom{2p}{p} - 2}{p} + 2$$

第 14 章　　概率和概率法

概率提供了在改编组合问题时的另一种强有力的方法. 概率对计数提供了一种不同的语言. 但之所以兴起概率对组合数学最迷人的一些应用, 是因为它对鸽巢原理提供了一个有力的推广.

我们将只关注有限集 S 的概率, 这个 S 称为样本空间. 在这种情况下, 我们可以如下定义概率:

概率是一个函数 $P:S \rightarrow [0,1]$, 使得 $\sum_{s \in S} P(s) = 1$.

在概率中, S 的一个子集 A 看作一个事件, 一个事件的概率由 $P(A) = \sum_{s \in A} P(s)$ 给出. 注意根据定义有 $P(S) = 1$. 在我们列举的大部分例子中, 所有的 $s \in A$ 都有同样的概率. 在这种情况下, $P(A) = \left| \dfrac{A}{S} \right|$. 于是计算 A 的概率实质上与计算 A 的元素的个数是同一回事.

例如, 如果掷出一颗标准的骰子, 那么样本空间自然是 $\{1,2,3,4,5,6\}$, 这里我们把 $s \in S$ 解释为掷出骰子后看到上面有 s 个点. 如果骰子均匀, 那么 S 中的每一个元素的概率都是 $\dfrac{1}{6}$. 如果设 $A = \{1,3,5\}$, 那么我们就认为是看到骰子上面是奇数个点的事件, 并且 $P(A) = \dfrac{1}{2}$.

源于计数的所有方法都推广到概率中去. 如果 A 是一个事件, 那么补事件用 A' 表示, 即 A 在 S 中的补. 于是, 有 $P(A') = 1 - P(A)$. 如果 A 和 B 是两个事件, 容斥原理的最简单的情况变为公式 $P(A \bigcap B) + P(A \bigcup B) = P(A) + P(B)$.

概率中最重要的概念之一是独立.

如果 $P(A \bigcap B) = P(A)P(B)$, 那么我们就说 A 和 B 两个事件是独立的.

为了理解这个定义, 假定你被告知 A 发生, B 在 $P(A \bigcap B)$ 中也发生的概率. 所以当 A 发生时, B 发生的概率是 $\dfrac{P(A \bigcap B)}{P(A)} = P(B)$. 因此告诉你 A 发生, B 是否发生毫不知情.

独立的最重要的应用是它让我们能够很快地建立一个大的样本空间, 以及这个样本空间上的概率. 我们可以说这样的事: 掷一颗均匀的骰子 7 次, 每掷一次骰子都是独立的. 这就是说, 样本空间是 $\{1,2,3,4,5,6\}^7$, 每一个因子都相当于掷一次骰子. 如果 A 是由固定的某些同等对象定义的任何集合, B 是由一个固定的不相交的同等对象定义的任何集合,那么 A 和 B 是独立的. 在这种简单的情况下,这就意味着每个元素的概率是 $\dfrac{1}{6^7}$.

定义在 S 上的一个函数称为随机变量. 对我们来说,所有的随机变量都有真实的值. 在概率中,随机变量用大写字母表示,常用 X,Y 或 Z. 这些随机变量可以取的特殊值常用相应的小写字母表示. 这一记号的产生是因为我们可以在进行某一件复杂的试验(掷一颗均匀的骰子 7 次)时,读出某个数(掷 7 次骰子的总和). 我们用 X 表示抽象的量,但是用 x 表示在试验的真实情况下 X 取的值.

如果 X 是样本空间 S 上的一个随机变量,那么我们就可以说 X 的概率 $P(X=x)=\sum_{s\in S:X(s)=x}P(s)$,其中和式是随机变量 X 对所有的元素 $s\in S$ 取 x 的值. 当且仅当对于所有的 x 和 y,我们有

$$P(X=x,Y=y)=P(X=x)P(Y=y)$$

那么我们也可以说两个随机变量 X 和 Y 是独立的.

随机变量最重要的定义是它的期望值.

随机变量 X 的期望值由

$$E[X]=\sum_{s\in S}X(s)P(s)=\sum_{x}xP(X=x)$$

给出,在第二个和式中 x 跑遍 X 的一切可能的值.

在专业意义上,如果我们重复试验多次,并且对每一次试验记录随机变量的值,那么所观察到的这些值的平均数将接近于期望值. 期望值最重要的性质是线性的. 如果 X 和 Y 是随机变量,那么 $E[X+Y]=E[X]+E[Y]$. 读者将会把这一点看作用两种方法进行计数,只要翻译成概率语言即可.

虽然通过一些例子作为开场白,但随着我们的进展,我们将指出一些有用的例子.

例 127　班级里有 30 名学生,有 2 名学生生日相同的概率是多少? 假定 365 天的每一天都是同等的,不同的生日是独立的.

解　用补事件,即对所有学生的生日都不同的情况计数较为容易. 随机考虑学生的顺序. 选取第一名学生,标出他的生日. 再转向第二名学生,与第一名学生有不同生日的概率是 $1-\dfrac{1}{365}$,已做标记. 再看第三名学生,在日历上已做了 2 个标记,因此新标记的概率是 $1-\dfrac{2}{365}$. 于是,在一般情况下,第 $k+1$ 名学生的生日与已经做的标记不同的概率是 $1-\dfrac{k}{365}$.

因为不同的生日是独立的,所以所有学生的生日都不相同的概率是各个概率的积. 于是就得到这个概率等于 $\prod_{k=1}^{29}(1-\dfrac{k}{365})$. 如果把这个值计算出来,就得到这个概率小于

0.3，因此有 2 名学生生日相同的概率至少是 0.7.

例 128 假定有一枚均匀的硬币，需要抛这枚硬币 n 次，直到正面向上的概率是多少？假想你要付 n 美元，恰好抛出 n 枚硬币后才得到一个正面向上的情况，求得期望是多少？

解 注意，因为硬币是均匀的，所以得到正面和背面的概率都是 $\frac{1}{2}$，并且每次抛硬币都是独立的. 需要抛 n 次直到正面向上，那么抛前 $n-1$ 次都是背面向上，然后才是正面向上. 利用独立性，得到这个概率是 $\frac{1}{2^n}$.

第二部分可以翻译成"抛硬币的期望数". 由上面的概率，我们必须计算

$$E[F] = \sum_{n=1}^{\infty} \frac{n}{2^n}$$

从母函数这一章知道

$$\sum_{n=1}^{\infty} nX^n = \frac{X}{(1-X)^2}$$

用 $X = \frac{1}{2}$ 代入，得到 $E[F] = 2$.

例 129 Shaquille O'Keal 在篮球场自由投篮. 她第一次投中，第二次没投中，后来她下一次投中的概率等于当时已投中所占的比例. 在她前 100 次投篮中恰有 50 次投中的概率是多少？

解 对投篮 n 次后的 n 进行归纳证明. 我们断言所求的概率是 $\frac{1}{n-1}$. 当 $n=2$ 时，结论显然成立. 从 1 到 $n-1$ 次中投中任何次数的概率是 $\frac{i}{n-1}$. 给出 n 的结果后，对 $n+1$ 我们看到投中 i 次的概率分成两部分：

她在前 n 次投篮中前 $i-1$ 次投中，第 $n+1$ 次投中，概率是 $\frac{i-1}{n} \cdot \frac{1}{n-1}$.

她在前 n 次投篮中 i 次投中，第 $n+1$ 次没投中，概率是 $(1-\frac{i}{n}) \cdot \frac{1}{n-1}$.

相加后，得到 $(1-\frac{1}{n}) \cdot \frac{1}{n-1} = \frac{1}{n}$，归纳完成.

于是，所求的概率等于 $\frac{1}{99}$.

例 130 证明：在 2^{100} 个人中，不一定存在 200 个人互相认识，或者 200 个人中没有两个人认识.

证明 这是一个用概率证明像鸽巢原理那样的结果. 这里第一个技巧是构建一个正确的概率空间.

如果有 $n=2^{100}$ 个人,那么我们可以在一张图上记录互相认识的两个人,用 n 个顶点表示相应的人,如果他们认识,那么在两个人之间画一条棱表示.因此,我们必须构建随机图描述一个概率空间.

有一个容易的方法,此方法对这个问题很有效.画 n 个顶点,对于每一条棱用 $\frac{1}{2}$ 的概率确定是否包括这条棱,独立处理不同的棱(你可以想象走遍该图,一次通过一条棱.每通过一条棱,你就抛一个均匀的硬币,如果是正面向上,就画一条棱;如果是背面向上,就不考虑了).

设 X 是随机变量,取的值是 $k=200$ 个元素的这样子集的个数.对于这个子集,所有 k 个顶点都两两相邻(对应的 k 个人都两两认识)或都两两不相邻(对应的 k 个人都两两不认识).对于一个特定的 k 个元素的子集 A,设 X_A 是随机变量,当 k 个元素都相邻或两两不相邻时,A 的值是 1.于是 $X = \sum_A X_A$,因此 $E[X] = \sum_A E[X_A]$.这个和有 $\begin{bmatrix} n \\ k \end{bmatrix}$ 项.A 的 k 个顶点中两两相邻的概率是 $\dfrac{1}{2^{\binom{k}{2}}}$.因为我们是对 $\begin{bmatrix} k \\ 2 \end{bmatrix}$ 次抛硬币结果的指定.它与两两不相邻的概率相同.因此 $E[X_A] = 2^{1-\binom{k}{2}}$,于是 $E[X] = \begin{bmatrix} n \\ k \end{bmatrix} 2^{1-\binom{k}{2}}$.

最后一步是注意到,如果这个期望值小于 1,那么必定存在使 $X < 1$ 的某种安排.但 X 的这个值是非负整数,所以 $X = 0$.但是,对 $X = 0$ 这种安排恰好是我们要证明存在的东西.所需的计算很容易,我们需要证明

$$\begin{bmatrix} 2^{100} \\ 200 \end{bmatrix} < \frac{(2^{100})^{200}}{200!}$$

小于 $2^{100 \cdot 199 - 1}$.于是只需要证明 $200! > 2^{99}$,这显然是成立的.

例 131 在飞机场,机票标明乘客应坐的座位号等内容.机舱有 100 个座位,第一位进入机舱的乘客 Alice 把机票弄丢了,于是她就随机在一个空座位上坐下.后来,对于其余 99 位乘客中的每一人,如果自己的座位空着,那么就坐在自己的座位上;如果自己的座位有人了,那么他就随机在一个空座位上坐下.

设 $P(k)$ 是第 k 位乘客进入机舱后坐自己座位的概率.当 $2 \leqslant k \leqslant 100$ 时,求 $P(k)$ 的一个表达式.

解 我们对有 n 位乘客的一般情况解题,并对 n 进行归纳.

我们断言,当 $2 \leqslant k \leqslant n$ 时,$P(k) = \dfrac{n+1-k}{n+2-k}$.对于这个假定,不失一般性,设第 i 位乘客的座位标是 i.

对 $n = 2$,因为 $P(2) = \dfrac{1}{2}$,结论显然成立;只有当 Alice 选对自己的座位时,他才坐在自

己的座位上.

对于归纳步骤，取 $n+1$ 个人，Alice 第一个进入机舱. 设 $2 \leqslant k \leqslant n+1$，$a$ 是被 Alice 选中的座位号.

显然，$P(a=i)=\dfrac{1}{n+1}$. 我们有以下的条件概率：$P(k \mid a=k)=0$.

因为如果 Alice 取了第 k 个座位，那么第 k 位乘客就无法坐在自己的座位上；

如果 $a=i>k$ 或 $a=1$，那么第 $2,\cdots,k-1$ 位乘客中的每一个人坐自己的座位，第 k 个人也是如此；

如果 $a=i,2 \leqslant i<k-1$，那么第 $2,\cdots,i-1$ 位乘客仍能坐在自己的座位上，但是第 i 位乘客就必须在 $n+1-(i-1)=n-i+2$ 个人的座位中随机选一个座位. 这些人至少有两个，第 k 位乘客现在变为第 $k-(i-1)=k-i+1(>1)$ 位乘客. 于是根据归纳假定，得

$$P(k \mid a=i)=\frac{n+2-i+1-(k-i+1)}{n+2-i+2-(k-i+1)}=\frac{n+2-k}{n+3-k}$$

将上面的情况相加，得

$$
\begin{aligned}
P(k) &= \sum_{i \geqslant 1} P(a=i) \cdot P(k \mid a=i) \\
&= \frac{1}{n+1}\Big[(n+2-k)+\frac{n+2-k}{n+3-k}(k-2)\Big] \\
&= \frac{n+2-k}{n+3-k}
\end{aligned}
$$

例 132 有 n 枚硬币 $C_1,C_2,\cdots,C_n$. 第 i 枚硬币共有 $\dfrac{1}{2i+1}$ 次机会正面向上，其余都是背面向上. 把所有这些硬币抛出，其中奇数个硬币正面向上的概率是多少？

解 如果选择 $\{k_1,k_2,\cdots,k_{2r+1}\}$ 是抛出后正面向上的硬币，则其余的硬币都必定是背面向上. 于是，必须对 r 和 $\{1,2,\cdots,n\}$ 的子集的一切可能的选择计算和 $\sum \prod\limits_{i=1}^{2r+1} \dfrac{1}{2k_i+1} \prod\limits_{k \neq k_i} \dfrac{2j}{2j+1}$，再利用独立抛硬币的事实.

思想方法是再回到母函数，即

$$f(X)=\prod_{i=1}^{n}\Big(\frac{2i}{2i+1}+\frac{X}{2i+1}\Big)=\sum_{k=0}^{n} A_k X^k$$

这个和只是下标为奇数的系数. 设这个和为 A，下标为偶数的系数的和为 B. 于是

$$f(1)=1=A+B, \quad f(-1)=B-A$$

因此

$$A=\frac{f(1)-f(-1)}{2}$$

看到 $f(1) = 1$ 和 $f(-1) = \prod_{k=1}^{n} \dfrac{2k-1}{2k+1} = \dfrac{1}{2n+1}$ 就容易计算了.

于是,所求的概率是 $\dfrac{n}{2n+1}$.

例 133 杜马议会中有 1 600 名议员,他们组成 16 000 个委员会,每个委员会有 80 人.证明:可以找到有四名共同成员的两个委员会.

证明 这是使用期望值的典型情况.我们要寻找两个委员会和共同的成员.如果我们设法证明这些期望值大于 3,那么我们就成功了,应该存在至少有四名共同成员的两个委员会.

所以现在开始寻找.我们随机而均等地选择两个委员会.设 X 是一个随机变量,它给出有共同成员的委员会中共同成员的人数,X_i 是给出的随机变量:表示第 i 个人是这两个委员会的一个公共成员.

注意,显然有 $X = \sum_{i=1}^{1\,600} X_i$. 因为 X_i 线性独立,所以 $E[X] = \sum_{i=1}^{1\,600} E[X_i]$.

现在 $E[X_i]$ 是容易计算的.设 n_i 表示第 i 个人是其成员的委员会的个数.于是

$$E[X_i] = \frac{\dbinom{n_i}{2}}{\dbinom{16\,000}{2}}$$

和式 $\sum_{i=1}^{1\,600} n_i = 16\,000 \cdot 80$,每一个委员会对每一个成员计算了 80 次,于是 n_i 的平均值是 $n = 800$.

余下来要做的事情只是利用二项函数的凸性,我们有

$$\sum_{i=1}^{1\,600} E[X_i] \geqslant 1\,600 \cdot \frac{\dbinom{n}{2}}{\dbinom{16\,000}{2}} = \frac{80 \cdot 799}{15\,999} > 3.9$$

因为我们得到 $E[X] > 3.9$,所以问题结束.

例 134 设 S 是平面内无三点共线的有限点集.对于顶点都属于 S 的凸多边形 P,设 $a(P)$ 是 P 的顶点的个数,$b(P)$ 是 S 中在 P 的外部的点的个数.把线段、点和空集看作顶点个数分别是 $2,1,0$ 的凸多边形.证明:对于每一个实数 x,有

$$\sum_P x^{a(P)} (1-x)^{b(P)} = 1$$

其中和式取遍顶点在 S 中的所有凸多边形.

证明 因为我们处理的是一个多项式,所以只要对 $0 < x < 1$ 时,证明这个恒等式成立.

用黑白两种颜色对 S 的点涂色. 对一点涂黑色的概率等于 x, 对不同的点涂色是独立的. 如果一个多边形 P, 所有的顶点都涂黑色, 在其外面的所有点都涂白色, 那么概率等于 $x^{a(P)}(1-x)^{b(P)}$.

于是, 所给的这个和是所有的顶点都涂黑色, 外面只涂白色的多边形的个数的期望值. 因为对于所有黑顶点的任何集合都存在一个这样的多边形, 即凸包, 所以期望值等于 1. 于是, 推得该恒等式.

例 135 在单位圆上选若干条弦, 长度的和是 13. 证明: 存在一条与这些弦中至少 5 条相交的直径.

证明 这又是一个使用概率的典型例子, 这一次是在几何环境下. 这需要在一个无限样本空间上求概率, 但是我们相信大家会适应这种概率, 这是不成问题的.

设 C 是弦的集合, 对 $c \in C$, 设 $l(c)$ 是弦的长度.

我们的样本空间是该圆的直径的集合, 显然其概率分布在旋转时是不变量. 设 X 是给出被一条直径所截的弦的个数的随机变量, 对 $c \in C$, 设 X_c 是一个随机变量, 当直径与弦 c 相交时取 1, 否则就取 0. 于是

$$X = \sum_{c \in C} X_c, E[X] = \sum_{c \in C} E[X_c]$$

$E[X_c]$ 恰是直径截弦 c 的概率. 弦 c 所对的圆心角的大小是 $2\arcsin\left(\dfrac{l(c)}{2}\right)$. 所有直径的集合覆盖的圆心角都是 π 的范围, 所以得到截弦 c 的概率等于 $\dfrac{2}{\pi} \cdot \arcsin\left(\dfrac{l(c)}{2}\right)$. 于是利用 $\arcsin(x) \geqslant x$, 有

$$E[X_c] = \sum_{c \in C} \frac{2}{\pi} \cdot \arcsin\left(\frac{l(c)}{2}\right) \geqslant \sum_{c \in C} \frac{2}{\pi} \cdot \frac{l(c)}{2} = \frac{1}{\pi} \sum_{c \in C} l(c) > \frac{13}{\pi} \approx 4.2$$

因此, 必有某个点使 $X > 4.2$, 因为 X 是整数值, 所以必有一点使 X 至少是 5.

第 15 章 入 门 题

1. 设 k 是正整数, 有多少种方法从集合 $\{1, 2, \cdots, 3k\}$ 中取出有三个不同数的子集, 使它们的和能被 3 整除?

2. 有多少个各位数字的顺序是不减的 n 位数 (每个数字都大于或等于其左边的数字)? 例如, 122 379 999 的各个数字的顺序是不减的, 但是 12 330 和 13 572 468 就不是这样的数.

3. 有多少条从 $(0, 0)$ 到 $(8, 8)$ 的东北格子路径不经过点 $(4, 6)$ 或点 $(2, 3)$?

4. 在 10 个人中选出 5 个人组成一个委员会, 可以有多少种方法使 David 和 Richard 必须同时进入委员会或同时不进委员会, 但 Tina 和 Val 都不愿意同时进入?

5. 一个不能被 2, 3, 5 整除的合数称为像质数. 三个最小的像质数是 49, 77 和 91. 小于 1 000 的质数有 168 个, 小于 1 000 的像质数有多少个?

6. 1, 2, 3, $\cdots$, 9 有多少种排列, 使其中恰有 5 个数在原来的位置上?

7. 由 n 张不同的牌组成一副牌, 其中 n 是正整数, $n \geqslant 6$. 从这副牌中取出 6 张牌可能的集合的种数是取出 3 张牌的集合的可能种数的 6 倍, 求 n 的值.

8. 圆上有 10 个点, 用这 10 个点中的一些点 (或所有的点) 为顶点的三边或三边以上的不同的凸多边形有多少个?

9. 确定以下函数的个数

$$f : \{1, 2, \cdots, 2\ 014\} \rightarrow \{2\ 015, 2\ 016, 2\ 017, 2\ 018\}$$

满足条件 $f(1) + f(2) + \cdots + f(2\ 014)$ 是偶数.

10. 计算有序整数对 (x, y) 的个数, 其中 $1 \leqslant x < y \leqslant 100$, $\mathrm{i}^x + \mathrm{i}^y$ 是实数, $\mathrm{i}^2 = -1$.

11. 给定正整数 k 和集合 S, $|S| = n$, 问 S 有多少个子集 T_k 组成的序列 $(T_1, T_2, \cdots, T_k)$, 满足 $T_1 \subseteq T_2 \subseteq \cdots \subseteq T_k$?

12. 掷出 5 个正六面体骰子, 有多少种掷骰子方法使 5 个骰子上的数的和是 14?

13. 有一个 Awesome 国, 牌照由三个字母以及后面 3 个数字组成, 有多少种字母和数字都是回文形的牌照①.

14. 10 个孩子坐成一排, 每人得到 1 颗、2 颗或 3 颗糖果 (所有糖果都相同). 如果没有 2 个相邻的孩子共有 4 颗糖果, 那么有多少种方法分配糖果?

---

① 回文形的排列是从后到前和从前到后相同的排列. —— 原作者注

15. 6只小狗、4只小猫和3只小灰鼠排成一列. 如果每只小狗都在所有比它小的小狗的后面，每只小猫都在所有比它小的小猫的后面，每只小灰鼠都在所有比它小的小灰鼠的后面，那么有多少种这样的排列？

16. 设 $(a_1, a_2, \cdots, a_{10})$ 是前 10 个正整数的一个排列，对于每一个 $2 \leqslant i \leqslant 10$，或者 $a_i - 1$ 或者 $a_i + 1$ 或者 $a_i - 1$ 和 $a_i + 1$ 都出现在该排列中 a_i 前面的某个位置，有多少种这样的排列？

17. 设 $S = \{1, 2, 3, 4, 5\}$，有多少个函数 $f : S \to S$，对一切 $x \in S$，满足

$$f[(x)] = f(x)$$

18. 在 $(2x - 3y)^7$ 的展开式中，$x^4 y^3$ 的系数是多少？

19. 证明：组合恒等式 $k \begin{bmatrix} n \\ k \end{bmatrix} = n \begin{bmatrix} n-1 \\ k-1 \end{bmatrix}$.

20. 班级里的每一名学生都在白板上写一个不同的两位数. 老师断言说，不管你们写什么数，白板上至少有三个数的各位数字的和相等. 这个班级里的学生人数最少是多少才能使老师的说法是正确的？

21. (a) 证明：对于在直线上任取的 3 个整数点，其中某一对数的平均数等于另一个数；

(b) 证明：对于 $\mathbf{R}^2$ 内坐标为整数的任意 5 个点，其中存在一对数，联结这两点的线段的中点也是坐标为整数的点；

(c) 在 $\mathbf{R}^n$ 中对于相应的结果需要多少个坐标为整数的点？

22. 假定 A 是 $\{1, 2, \cdots, n\}$ 的子集的总体，具有以下性质：A 中的任何两个子集的交为非空. 证明：A 至多有 2^{n-1} 个元素.

23. 用二项式定理证明：对于 $n \geqslant 1$，有

$$\begin{bmatrix} n \\ 0 \end{bmatrix} - \begin{bmatrix} n \\ 1 \end{bmatrix} + \begin{bmatrix} n \\ 2 \end{bmatrix} - \begin{bmatrix} n \\ 3 \end{bmatrix} + \cdots + (-1)^n \begin{bmatrix} n \\ n \end{bmatrix} = 0$$

24. 证明：任何 $n \geqslant 2$ 有一个质因数分解式.

25. 我们已经用计数和二项式定理这两种方法证明了恒等式

$$2^n = \sum_{k=0}^n \begin{bmatrix} n \\ k \end{bmatrix} = \begin{bmatrix} n \\ 0 \end{bmatrix} + \begin{bmatrix} n \\ 1 \end{bmatrix} + \cdots + \begin{bmatrix} n \\ n \end{bmatrix}$$

现在对 n 进行归纳来证明这个恒等式.

26. 考虑初始条件为 $a_0 = 2, a_1 = 19$，递推关系为 $a_n = 28a_{n-2} - 3a_{n-1}$ 的数列 a_n，求 a_n 的一个通项.

27. 对于 $k \geqslant 1$，定义图 Q_k 为 "k - 立方图". Q_k 的每一个顶点相应于某个长度为 k 的二进制数串. 当且仅当两个数串恰相差 1 个位置时，这两个顶点是相邻的. 图 Q_k 有多少个

顶点？图 Q_k 有多少条棱？①

28. 证明：一个图中度数为奇数的顶点个数必是偶数.

29. $\overline{K_n}$ 表示没有棱的 n 个顶点的图，可以假设 $k \geqslant \chi(K_n)$，试对 $\chi(\overline{K_n}; k)$ 和 $\chi(K_n; k)$ 给出一个公式.

30. 如果对于图 $G(V,E)$ 的顶点 V 存在某个分割 $X, Y(X \bigcup Y = V, X \bigcap Y = \varnothing)$，使得 G 的每一条棱都有一个端点属于 X，有一个端点属于 Y，那么称图 $G(V,E)$ 是二分割图. 解释为什么每一个二分割图是 $2-$ 着色图.

31. 设 b_n 是把一个正整数 n 写成若干个 2 的非负整数次幂的和的种数，为方便起见，设 $b_0 = 1$，求该数列的母函数，并用它证明 $b_n = \sum_{k=0}^{[\frac{n}{2}]} b_k$.

32. 设 n 是正整数，证明：将 n 分割成每个部分至少出现两次的分割数等于将 n 分割成各部分能被 2 或 3 整除的分割数.

33. 设 $f(n,k)$ 是将 k 颗糖果分给 n 个儿童的分法数，但每个儿童至多分到 2 颗糖果. 例如，$f(3,7) = 0, f(3,6) = 1, f(3,4) = 6.$ 确定
$$f(2\,006, 1) + f(2\,006, 4) + \cdots + f(2\,006, 1\,000) +$$
$$f(2\,006, 1\,003) + \cdots + f(2\,006, 4\,012)$$
的值.

34. 由 2,3,7,9 组成的能被 3 整除的 n 位数有多少个？

35. 考虑一直线上的 n 个点 $P_1, P_2, \cdots, P_n$. 用白色、红色、绿色、蓝色和紫色五种颜色中的一种颜色对每一点涂色. 如果连续两点 $P_i, P_{i+1}(i = 1, 2, \cdots, n-1)$ 或者同色，或者至少有一点是白色，这样的涂色是允许的，那么允许的涂色有多少种？

36. 夏令营中有 n 个女孩 $G_1, G_2, \cdots, G_n$ 和 $2n-1$ 个男孩 $B_1, B_2, \cdots, B_{2n-1}$. 女孩 G_i 认识男孩 $B_1, B_2, \cdots, B_{2i-1}$，但不认识其他的人. 取一男一女作为"对子"，"对子"中的每一个女孩认识"对子"中的男孩. 证明：选取 r 个这样的"对子"的方法有 $\begin{bmatrix} n \\ r \end{bmatrix} \dfrac{n!}{(n-r)!}$ 种.

37. 设 p 是正整数，$p > 1$. 由集合 $\{1, 2, \cdots, p\}$ 中的元素组成 $m \times n$ 的表格. 求每行每列的元素的和都不能被 p 整除的表格的种数.

38. 设 F 是集合 $\{1, 2, \cdots, n\}$ 的一组子集，并且 F 的每一个元素的基数是 3，此外对于任何两个不同的元素 $A, B \in F$，有 $|A \bigcap B| \leqslant 1.$ 证明
$$|F| \leqslant \frac{n(n-1)}{6}$$

---

① 两个答案都是 k 的函数. —— 原作者注

39. 设 S 是 n 个人的集合：

（a）任何人都恰好认识 S 中的另外 k 个人；

（b）任何互相认识的两个人都恰好共同认识 S 中的 l 个人；

（c）任何互相不认识的两个人都恰好共同认识 S 中的 m 个人.

证明：$m(n-k)-k(k-l)+k-m=0$.

40. 一所学校有 n 名学生. 每名学生可以选修任何多门学科，每门学科至少有两名学生选修. 我们知道，如果两门不同的学科至少有两名共同的学生，那么这两门学科的学生人数不同. 证明：学科总数不大于 $(n-1)^2$.

41. 某大学有 10 001 名学生. 由一些学生组建若干个俱乐部（一名学生可以属于不同的俱乐部）. 一些俱乐部组成若干个社团（一个俱乐部可以属于不同的社团），总共有 k 个社团. 假定以下条件成立：

（a）每一对学生恰好属于一个俱乐部；

（b）对于每一名学生和每一个社团，这名学生恰好属于这个社团的一个俱乐部；

（c）每个俱乐部有奇数名学生. 此外，一个有 $2m+1$（m 是正整数）名学生的俱乐部恰好属于 m 个社团.

求 k 的一切可能值.

42. 一个俱乐部的每一个成员在该俱乐部至多有三个冤家（这里冤家是相互的）. 证明：这些成员可以分成两组，每一组的每一个成员在本组内至少有一个冤家.

43. 在黑板上写若干个正整数，可以擦去任何两个不同的整数，用它们的最大公约数和最小公倍数代替. 证明：这些数最终将停止改变.

44. 可以从一块 7×7 的板上除去哪几个单个的方格，使余下的部分能够用 1×3 的三米诺骨牌铺砌？

45. 给出一个由实数组成的 $m\times n$ 表格. 当有任何行或列的数的和是负数时，我们就改变该行或该列的所有数的符号. 证明：如果不断进行这样的操作，那么所有的行的和与列的和终将会变为非负的.

46. 对于一个由正整数组成的 $n\times n$ 表格，我们可以实施这样的操作：将一行的每一个数乘以 2 或将一列的每一个数减去 1. 证明：我们总可得到所有数都是 0 的表格.

47. Alfred 和 Bonnie 玩一个轮流扔一枚均匀硬币的游戏. 首先，扔出正面的人为胜者. 他们玩了这个游戏几次，约定负者在下一次游戏中先扔. 假定 Alfred 在第一次游戏中先扔，他在第六次游戏中获胜的概率是多少？

48. 设 $A_1,A_2,\cdots,A_k$ 是集合 $\{1,2,\cdots,n\}$ 的子集，其中每个都有三个元素. 证明：可以用 c 种颜色对 $\{1,2,\cdots,n\}$ 的元素涂色，至多有 $\dfrac{k}{c^2}$ 个 A_i 同色.

49. 考虑有 n 个元素的集合 S，设 $A_1,A_2,\cdots,A_{n+1}$ 是 S 不同的非空子集，那么

$$\sum_{1\leqslant i<j\leqslant n}\frac{\mid A_i\bigcap A_j\mid}{\mid A_i\mid\cdot\mid A_j\mid}\geqslant 1$$

50. 设 a_j,b_j,c_j 是整数，$1\leqslant j\leqslant N$. 假定对于每一个 j,a_j,b_j,c_j 中至少有一个是奇数. 证明：存在整数 r,s,t，至少对于 j 的 $\dfrac{4N}{7}$ 个值，使 $ra_j+sb_j+tc_j$ 是奇数.

51. 在一个圆上随机选取 n 个点，包含于半圆内的概率是多少？

52. 一条长度大于 $1\,000$ 的折线在一个单位正方形内，证明：存在一条与该折线至少有 501 个交点的直线.

53. 证明：平面内存在无三点共线的 $2\,015$ 个点，这 $2\,015$ 个点至少确定 403 个内部不交的凸四边形.

54. 平面内给出无三点共线的 $2n$ 个不同的点. 如果对其中 n 个点涂红色，n 个点涂蓝色，证明：能将每个蓝点与红点联结，使每两条线段不交.

55. 假定平面内包含 n 个点的集合 S 具有以下性质：S 中的任何三点都能被一条宽为 1 的无限长的带状区域覆盖. 证明：S 能被一条宽为 2 的带状区域覆盖.

56. 设 S 是无三点共线，且至少有三点的点集，对于任何不同的点 $A,B,C\in S$，$\triangle ABC$ 的外心都属于 S. 证明：S 是无穷点集.

第 16 章　提　高　题

1. 确定元素都是 0 或 1,每一行每一列都有奇数个 1 的 8×8 的矩阵的个数.

2. 恰有三个不同数字的七位数有多少个?

3. 一个动物庇护所里有 n 只猫、$3n$ 条狗. 每只猫都恰好讨厌 3 条狗,没有两只猫讨厌同一条狗. 求给每一只猫分配一个猫不讨厌的狗窝伴侣的方法数公式.

4. 有两种不同的旗杆和 19 面旗,其中有 10 面相同的蓝旗,9 面相同的绿旗. 设 N 是所有旗帜不同排列的个数,每个旗杆至少有一面旗,在两个旗杆上都没有两面相同相邻的绿旗,求 N 除以 1 000 的余数.

5. 推导一个由 m 个 1 和 n 个 0 组成的 k 组 1 的排列种数的(没有加法的)公式,其中组的意思是最多个连续相同值的数串.

6. 在一次超级英雄和超级恶棍的大会上,5 对英雄和恶棍坐成一排,所坐之处放着一块条板. 当然,如果任何超级英雄坐在他(她)的对手(恶棍)旁边,那么混乱必将爆发,会议将不能召开. 有多少种方法安排这些人,使大会能够顺利地进行下去?

7. 考虑三个集合 X, Y, Z,有 $|X| = m$,$|Y| = n$,$|Z| = r$,以及 $Z \subset Y$. 用 $s_{m,n,r}$ 表示对 $Z \subseteq f(X)$,函数 $f: X \rightarrow Y$ 的个数. 证明

$$s_{m,n,r} = m^n - \binom{r}{1}(m-1)^n + \binom{r}{2}(m-2)^n - \cdots + (-1)^n(m-r)^n$$

8. 一个由 n 个 X 和 r 个 Y 组成的字母组,求由 X 和 Y 组成的不同的单词(序列)的个数,使得每个序列中必须包含 n 个 X(不必包含所有的 Y).

9. 设 A, B, C 是三个集合. 如果 $|A \cap B| = |B \cap C| = |C \cap A| = 1$,$A \cap B \cap C = \varnothing$,那么就定义有序三元组 (A, B, C) 为最小交集三元组. 例如,$(\{1,2\}, \{2,3\}, \{1,3,4\})$ 就是一个有序最小交集三元组. 求每个集合都是 $\{1,2,3,4,5,6,7\}$ 的子集的有序最小交集三元组的个数.

10. 对于字母 $\{H, T\}$ 的回文序列指的是由 H 和 T 组成的,从左到右读和从右到左读是相同的序列. 于是 $HTH, HTTH, HTHTH$ 和 $HTHHTH$ 分别是长度为 3,4,5,6 的回文序列. 设 $P(n)$ 表示长度为 n 的字母 $\{H, T\}$ 的回文序列的个数. n 有多少个值,使 $1\ 000 < P(n) < 10\ 000$?

11. 不等式 $n_1 + n_2 + \cdots + n_k \leqslant m$ 有多少组非负整数解?

12. 对于方程 $x + y + z = 30$ 的使 x, y, z 都不是 3 的倍数的非负整数解有多少组?

13. 求正整数的三数组 (a, b, c) 的个数,其中每一个正整数都取自于 1 到 9 的数,且乘

积 abc 能被 10 整除.

14.将数 $1,2,\cdots,8$ 分成三个非空集合,求有多少种分法.例如,$\{1,3,6,7\}$,$\{2,5\}$,$\{4,8\}$ 就是一种分法,与这三个集合的顺序无关.

15.设 S_1 和 S_2 表示两个长度为 n 的二进制数串.S_1 和 S_2 不同位置的个数称为 S_1 和 S_2 的海明(Hamming)距离,用 $H(S_1,S_2)$ 表示.例如,$H(001011,101001)=2$.给定正整数 n 和 $k,k\leqslant n$.计算长度为 n 的有序二进制数串 S_1 和 S_2 的二元对(S_1,S_2) 的个数,使 $H(S_1,S_2)=k$.

16.在由 5 个 A,5 个 B,5 个 C 共 15 个字母组成的排列中,前 5 个字母中没有 A,中间 5 个字母中没有 B,后 5 个字母中没有 C 的排列有多少个?

17.考虑各位数字都不相同的数,第一位数字不是 0,数字之和是 36.这样的数有 $N\times 7!$ 个,N 的值是什么?

18.在一系列扔硬币的结果中,我们可以把背面接着是正面,和正面接着又是正面等情况记录下来.我们用 TH,HH,等等表示.例如,在扔 15 次硬币的序列 $HHTTHHHHTHHTTTT$ 中,观察到有 5 个 HH,3 个 HT,2 个 TH 和 4 个 TT 的子序列.在扔 15 次硬币的序列中,多少个不同序列恰好包含 2 个 HH,3 个 HT,4 个 TH 和 5 个 TT 的子序列?

19.表达式 $(x+y+z)^{2\,006}+(x-y-z)^{2\,006}$ 经过展开和合并同类项后得以化简,在化简后的表达式中有多少项?

20.多项式 $1-x+x^2-x^3+\cdots+x^{16}-x^{17}$ 可改写成 $a_0+a_1y+a_2y^2+\cdots+a_{16}y^{16}+a_{17}y^{17}$ 的形式,其中 $y=x+1$,a_i 是常数,求 a_2 的值.

21.设 S 是包含 n 个元素的集合,证明
$$\sum_{A\subseteq S}\sum_{B\subseteq S}|A\cap B|=n\cdot 4^{n-1}$$

22.证明:任何不能被 5 整除的奇数必整除形如 $10101\cdots01$ 的某一个 1 和 0 交替出现的数串.例如,13 整除 10 101,17 整除 101 010 101 010 101,9 和 19 整除 10 101 010 101 010 101.

23.证明:对于每一个 16 位数,都存在一个或几个连续的数字组成的数字串,使这些数字的积是完全平方数.

24.从 1 到 100 选取 10 个整数.证明:我们能找到两个所选取整数不交的非空子集,使这两个子集的元素的和相等.

25.平面内每个点是红色、绿色、蓝色三种颜色中的一种.证明:该平面内存在一个顶点都同色的矩形.

26.Jenny 有一堆共 n 块的石块,n 是正整数,$n\geqslant 2$.每一步,她取一堆石块分成两小堆.如果新的两堆石块分别是 a 块和 b 块,那么把积 ab 写在黑板上.她继续重复这一过程,直到每堆石块都恰好是 1 块.证明:不管怎样分石块,黑板上数的和始终不变.

(例如,如果 Jenny 从 12 块石块的一堆开始,她可以分成一堆 5 块,一堆 7 块,并把 $5 \cdot 7 = 35$ 写在黑板上.然后可以把 5 块一堆的石块分成 2 块一堆,3 块一堆,然后把 $2 \cdot 3 = 6$ 写在黑板上.)

27. 证明:对一切有 n 个顶点的树 T,有 $\chi(T;k) = k(k-1)^{n-1}$.

28. 证明:每一张有 n 个顶点,至少有 n 条棱的图包含一个环路.

29. 设 $p > 2$ 是质数.在 $\{1, 2, \cdots, p-1\}$ 的子集中,求和能被 p 整除的子集的个数.

30. 一副牌有 32 张,其中有两张是不同的丑角牌,丑角牌的标号是 0.10 张红牌的标号是 1 到 10.类似地,蓝牌和绿牌也是如此.从这副牌中选取若干张牌组成一手牌.如果这手牌中的一张牌标有数 k,那么这张牌的值就是 2^k,这手牌的值就是手中的牌的值的和.确定值为 2 004 的一手牌有多少种.

31. 自然数集合可分割成有限多个算术数列 $\{a_i + dr_i\}$,$1 \leqslant i \leqslant n$.证明:

(a) $\sum_{i=1}^{n} \frac{1}{r_i} = 1$;

(b) 存在 $i \neq j$,但 $r_i = r_j$;

(c) $\sum_{i=1}^{n} \frac{a_i}{r_i} = \frac{n-1}{2}$.

32. 求一切自然数 n,存在两个不同的整数集 $\{a_1, a_2, \cdots, a_n\}$ 和 $\{b_1, b_2, \cdots, b_n\}$,使多重集

$$\{a_i + a_j \mid 1 \leqslant i < j \leqslant n\} \text{ 和} \{b_i + b_j \mid 1 \leqslant i < j \leqslant n\}$$

重合.

33. 是否存在具有以下性质的非负整数的一个子集 X:对于任何整数 n,方程 $a + 2b = n$ 恰有一组解,$a, b \in X$.

34. 设 n 是正整数,$X = \{1, 2, \cdots, 2n\}$,X 有多少个没有两个元素 $x, y (x, y \in S)$ 相差 2 的子集 S?

35. 有一个由 200×3 个单位正方形组成的矩形.证明:把这个矩形分割成大小为 1×2 的矩形的方法个数能被 3 整除.

36. 一个单词是由 $\{a, b, c, d\}$ 组成的 n 个字母的一个序列.如果这个单词包含连续两个同样的字母组,那么就说这个单词是复杂的.例如,单词 $caab$,$baba$ 和 $cababdc$ 都是复杂单词,而 $bacba$,$dcbdc$ 却不是.一个单词如果不是复杂单词,那么就是简单单词.证明:如果 n 是正整数,那么有 n 个字母的简单单词超过 2^n 个.

37. 有一个排列 $\sigma : \{1, 2, \cdots, n\} \rightarrow \{1, 2, \cdots, n\}$.当且仅当对于每一个整数 k,$1 \leqslant k \leqslant n-1$,$\sigma$ 满足以下不等式

$$|\sigma(k) - \sigma(k-1)| \leqslant 2$$

则称排列 σ 为直接排列.求存在 2 003 个直接排列的最小的 n.

38.16 名学生参加一次数学竞赛,每一道题都是有四个选项的多项选择.竞赛后发现任何两名学生至多有一个共同的答案.证明:这次竞赛至多有 5 道题.

39.已知 10 个人去书店,每个人恰好都买了 3 本书.对于每两个人,至少有一本书是两人都买的.有一本书买的人最多,至少有多少人买了这本书?

40.设 X 是有 n 个元素的集合.给定 X 的 $k(k \geqslant 2)$ 个子集,每一个集合至少有 r 个元素,证明:能够找出其中的两个子集,它们的交至少有 $r - \dfrac{nk}{4(k-1)}$ 个元素.

41.设 X 是有 n 个元素的有限集,$A_1, A_2, \cdots, A_m$ 是集合 X 的有三个元素的子集,且对一切 $i \neq j$,有 $|A_i \cap A_j| \leqslant 1$.证明:存在 X 的至少有 $\lfloor \sqrt{2n} \rfloor$ 个元素的子集 A 不包含 A_i 的任何元素.

42.设 T 是大于 1 的整数的有限集合.如果对于任何 $t \in T$,能找到 $s \in S$,使得 t, s 不互质,则称 T 的子集 S 为 T 的好子集.证明:T 的好子集的个数是奇数.

43.证明:对于平面内任何有 n 个点的集合,在这些点中至多存在 $cn\sqrt{n}$ 个点的距离等于 1,这里 $c > 0$ 是某个绝对常数.

44.在黑板上写 1 到 2 015 的数.数学博士每秒钟擦去形如 $a, b, c, a+b+c$ 的四个数,并用 $a+b, b+c, c+a$ 代替.证明:这一操作至多持续 9 min.

45.有若干块石头放在一条(双向)无限长标有整数的方格带状条上.我们实施一系列搬动石头的操作,每次搬动是以下两类之一:

(a) 从方格 $n-1$ 和方格 n 中各取出一块石头,放到方格 $n+1$;

(b) 从方格 n 中取出两块石头,在方格 $n-2$ 和方格 $n+1$ 各放一块石头.

证明:任何这样一系列搬动都会导致不能再进行下去的情况,并且这种情况与搬动的顺序无关.

46.考虑各元素都是整数的矩阵,把同一个整数加到一行的所有元素上,或者一列中,这就称为一次操作.已知对于无穷多个正整数 n,虽然经过有限多次操作,还是可以得到一个所有元素都能被 n 整除的矩阵.证明:经过有限多次操作可以得到一个所有元素都是零的矩阵.

47.在正六边形的顶点上放六个非负整数,使这六个数的和是 n.允许做以下形式的操作:他(她)可以取一个顶点,用写在两个相邻顶点之间数的差的绝对值代替写在那里的数.证明:如果 n 是奇数,那么进行一系列操作后可以使 0 出现在所有六个顶点上.

48.有一块 $(2n+1) \times (2n+1)$ 的板要用图 23 所示形状的薄片砖块铺砌,允许旋转和翻转.证明:第一类的砖块至少要用 $4n+3$ 块.

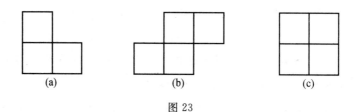

图 23

49. 给定一个正 2 004 边形，所有的对角线都已画好. 除去一些边和对角线，每个顶点至多发出 5 条线段. 证明：可以用两种颜色对顶点涂色，使至少有 $\frac{3}{5}$ 的其余线段的端点不同色.

50. 设 A 是模 N^2 的 N 个余数的集合. 证明：存在一个模 N^2 的 N 个余数的集合 B，使 $A+B=\{a+b \mid a\in A, b\in B\}$ 至少有 $\frac{N^2}{2}$ 个元素.

51. 对一个 $m\times n$ 的棋盘随机涂色：每一个方格都是独立地涂红色或黑色，概率都是 $\frac{1}{2}$. 如果有一条公共边的同色方格序列从 p 出发到 q 结束，我们就说 p 与 q 属于同一个同色连通区域. 证明：同色连通区域的期望值大于 $\frac{mn}{8}$.

52. 一堆有限个正方形，其总面积是 4. 证明：这些正方形能覆盖一个边长是 1 的正方形.

53. 平面内给定 $2n+3$ 个点，没有三点共线，也没有四点共圆. 证明：存在一个经过其中三点的圆，使其余 n 个点在该圆的内部.

54. 设 $n\geqslant 4$ 是确定的正整数. 给出平面内无三点共线，无四点共圆的 n 个点的集合 $S=\{P_1,P_2,\cdots,P_n\}$. 对于 $1\leqslant t\leqslant n$，设点 P_t 在圆 $P_iP_jP_k$ 的内部，a_t 是 P_t 的个数，再设 $m(S)=\sum_{i=1}^{n}a_i$. 证明：存在一个只与 n 有关的正整数 $f(n)$，当且仅当 $m(S)=f(n)$ 时，S 的点是一个凸多边形的顶点.

55. 设 S 是平面内有 n 个点的集合，S 中无三点共线. 证明：存在一个包含 $2n-5$ 个点，且满足以下条件的集合 P：三个顶点都是 S 的元素的每一个三角形的内部有一点是 P 的元素.

56. A 是封闭的多边形的集合. 对于 A 中的任意两点，联结这两点的线段完全在 A 内. 证明：A 中存在一点 O，对于任何点在 A 的边界上的 X,X'，使 O 位于线段 XX' 上，且

$$\frac{1}{2}\leqslant \frac{OX}{OX'}\leqslant 2$$

第 17 章　　入门题的解答

1. 设 k 是正整数,有多少种方法从集合 $\{1,2,\cdots,3k\}$ 中取出有三个不同数的子集,使它们的和能被 3 整除?

解　为了使三个数的和能被 3 整除,所选的三个数必须除以 3 的余数相同,或一个余 0,一个余 1,最后一个余 2.我们将分别考虑每一种情况.

假定我们所选的所有三个数都是 3 的倍数(它们除以 3 的余数是 0).在集合 $\{1,2,\cdots,3k\}$ 中,有 k 个这样的数($\{3,6,9,\cdots,3k\}$),我们希望从中选出三个.这样做的方法有 $\begin{bmatrix} k \\ 3 \end{bmatrix}$ 种.类似地,因为集合中除以 3 余 1 的数有 k 个,所以取所有三个数除以 3 都余 1 的方法种数是 $\begin{bmatrix} k \\ 3 \end{bmatrix}$.余 2 的情况相同.于是,对于所有除以 3 的余数相同的数共有 $\begin{bmatrix} k \\ 3 \end{bmatrix} + \begin{bmatrix} k \\ 3 \end{bmatrix} + \begin{bmatrix} k \\ 3 \end{bmatrix} = 3 \begin{bmatrix} k \\ 3 \end{bmatrix}$ 种取法.

假定所取的所有三个数除以 3 的余数都不相同,那么取余数是 0 的方法有 k 种,取余数是 1 的方法有 k 种,取余数是 2 的方法有 k 种,从集合中取三个除以 3 的余数不同的数的集合共有 $k \cdot k \cdot k = k^3$ 种方法.

将这两个结果相加,就得到 $3 \begin{bmatrix} k \\ 3 \end{bmatrix} + k^3$ 种方法选择我们所需的集合,使得各元素的和能被 3 整除.

2. 有多少个各位数字的顺序是不减的 n 位数(每个数字都大于或等于其左边的数字)? 例如,122 379 999 的各个数字的顺序是不减的,但是 12 330 和 13 572 468 就不是这样的数.

解　首先注意到各位数字的顺序是不减的数是不能有 0 的,还注意到一旦我们选择了 n 个数字,为了得到一个各位数字的顺序不减的数,它们出现的顺序必须是固定的.于是,本题实际上就是从集合 $\{1,2,\cdots,9\}$ 中可以重复地取出 n 个数字有多少种方法.我们可以用星星和杠杠的方法解决这一问题.这里 n 颗星星表示我们的数中出现的特定的数字,8 条杠杠把星星分成 $1,2,\cdots,9$ 的不同的数字.n 颗星和 8 条杠的排列总数是 $\begin{bmatrix} n+8 \\ n \end{bmatrix}$,所以这就是各位数字以不减的顺序排列的 n 位数的个数.

3. 有多少条从 $(0,0)$ 到 $(8,8)$ 的东北格子路径不经过点 $(4,6)$ 或点 $(2,3)$?

解 我们知道，因为我们必须走 16 步，而且需要选取 8 步向右，所以从 $(0,0)$ 到 $(8,8)$ 的路径总数是 $\binom{16}{8}$. 现在要减去从 $(0,0)$ 到 $(8,8)$ 经过点 $(4,6)$ 的路径. 从 $(0,0)$ 到 $(4,6)$ 的路径有 $\binom{10}{4}$ 条，从 $(4,6)$ 到 $(8,8)$ 的路径有 $\binom{6}{4}$ 条. 于是从 $(0,0)$ 到 $(8,8)$ 经过点 $(4,6)$ 的路径共有 $\binom{10}{4} \cdot \binom{6}{4}$ 条. 类似地，从 $(0,0)$ 到 $(8,8)$ 经过点 $(2,3)$ 的路径共有 $\binom{5}{2} \cdot \binom{11}{6}$ 条. 我们还必须加回既经过 $(4,6)$，又经过 $(2,3)$ 的路径. 从 $(0,0)$ 到 $(2,3)$ 的路径共有 $\binom{5}{2}$ 条，从 $(2,3)$ 到 $(4,6)$ 的路径共有 $\binom{5}{2}$ 条，从 $(4,6)$ 到 $(8,8)$ 的路径有 $\binom{6}{4}$ 条. 于是一共有

$$\binom{16}{8} - \binom{10}{4} \cdot \binom{6}{4} - \binom{5}{2} \cdot \binom{11}{6} + \binom{5}{2} \cdot \binom{5}{2} \cdot \binom{6}{4} = 6\,600(条)$$

从 $(0,0)$ 到 $(8,8)$ 不经过点 $(4,6)$ 或点 $(2,3)$ 的路径.

4. 在 10 个人中选出 5 个人组成一个委员会，可以有多少种方法使 David 和 Richard 必须同时进入委员会或同时不进委员会，但 Tina 和 Val 都不愿意同时进入？

解 我们分两种情况：David 和 Richard 同时进入委员会的情况和同时不进委员会的情况. 如果同时进入，那么必须在其余 8 个人中选其余 3 个成员，有 $\binom{8}{3}$ 种方法从 8 个人中选 3 个人，但是把 Tina 和 Val 都选进的可能性算进去了，所以必须减去这种情况. 如果 David，Richard，Tina 和 Val 都选进委员会，那么还要从其余 6 个人中选 1 个人，所以有 $\binom{6}{1}$ 种方法.

另一方面，如果 David 和 Richard 都不进委员会，那么我们必须从其余 8 个人中选 5 个人进入委员会，这有 $\binom{8}{5}$ 种方法. 但是，这又包括 Tina 和 Val 都选进的情况. 这些成员有 Tina 和 Val 以及其余 6 个人中的 3 个人，所以有 $\binom{6}{3}$ 种方法组成这样的委员会. 这就给出总共有

$$\binom{8}{3} - \binom{6}{1} + \binom{8}{5} - \binom{6}{3} = 56 - 6 + 56 - 20 = 86$$

个委员会满足条件.

5. 一个不能被 2,3,5 整除的合数称为像质数. 三个最小的像质数是 49,77 和 91. 小于

1 000 的质数有 168 个,小于 1 000 的像质数有多少个?

解　我们可以用容斥原理,计算有多少个小于或等于 1 000 的数是 2,3 或 5 的倍数.

我们知道 2 的倍数有 $\dfrac{1\,000}{2}=500$ 个,3 的倍数有 $\left\lfloor\dfrac{1\,000}{3}\right\rfloor=333$ 个,5 的倍数有 $\dfrac{1\,000}{5}=200$

个. 但是,我们必须减去这三个数中任何两个的倍数. $2\cdot3=6$ 的倍数有 $\left\lfloor\dfrac{1\,000}{6}\right\rfloor=166$ 个,

$2\cdot5=10$ 的倍数有 $\dfrac{1\,000}{10}=100$ 个,$3\cdot5=15$ 的倍数有 $\left\lfloor\dfrac{1\,000}{15}\right\rfloor=66$ 个. 最后,我们必须加

回所有这三个数的倍数. $2\cdot3\cdot5=30$ 的倍数有 $\left\lfloor\dfrac{1\,000}{30}\right\rfloor=33$ 个. 于是小于或等于 1 000 的

2,3 或 5 的倍数有 $500+333+200-166-100-66+33=734$ 个.

由于我们要求的是小于 1 000,不能被 2,3 或 5 整除的合数,所以

$$1\,000-734-168+3-1=100$$

个小于 1 000 的像质数. 注意我们必须加回 3,因为 2,3 和 5 都是 2,3 或 5 的倍数,而且是
质数. 我们必须减去 1,因为 1 既不是质数,也不是合数.

6. $1,2,3,\cdots,9$ 有多少种排列,使其中恰有 5 个数在原来的位置上?

解　首先,选哪 5 个数在原来的位置上,有 $\dbinom{9}{5}$ 种方法. 一旦我们确定了这 5 个数,我

们就必须将其余 4 个数错排(见例 35). 我们知道 4 个对象错排的种数是

$$4!-\dfrac{4!}{1!}+\dfrac{4!}{2!}-\dfrac{4!}{3!}+\dfrac{4!}{4!}=9$$

所以共有 $\dbinom{9}{5}\cdot9=1\,134$ 种这样的排列.

7. 由 n 张不同的牌组成一副牌,其中 n 是正整数,$n\geqslant6$. 从这副牌中取出 6 张牌可能
的集合的种数是取出 3 张牌的集合的可能种数的 6 倍,求 n 的值.

解　从一副 n 张不同的牌中选出 6 张牌有 $\dbinom{n}{6}$ 种方法,从一副 n 张不同的牌中选出 3

张牌有 $\dbinom{n}{3}$ 种方法. 于是 $\dbinom{n}{6}=6\dbinom{n}{3}$,代入二项式系数的公式中,得

$$\dfrac{n!}{(n-6)!\,6!}=6\,\dfrac{n!}{(n-3)!\,3!}$$

两边约去 $n!$ 后,交叉相乘,得

$$(n-3)!\,3!\,=6(n-6)!\,6!\,\Rightarrow(n-3)(n-4)(n-5)=720$$

于是我们的目标是求 3 个连续整数,它们的积是 720. 因为 $720=8\cdot9\cdot10$,得到 $n-3=10$,
于是 $n=13$.

8. 圆上标有 10 个点，用这 10 个点中的一些点（或所有的点）为顶点的三边或三边以上的不同的凸多边形有多少个？

解 在该圆上取 k 个点形成有 k 条边的凸多边形，然后按顺时针方向绕圆周依次联结相邻的两点. 在 10 个点中取 k 个点有 $\dbinom{10}{k}$ 种方法，所以凸多边形的总数是

$$\sum_{k=3}^{10}\binom{10}{k}=\sum_{k=0}^{10}\binom{10}{k}-\binom{10}{2}-\binom{10}{1}-\binom{10}{0}=2^{10}-45-10-1=968$$

9. 确定以下函数的个数

$$f:\{1,2,\cdots,2\,014\}\rightarrow\{2\,015,2\,016,2\,017,2\,018\}$$

满足条件 $f(1)+f(2)+\cdots+f(2\,014)$ 是偶数.

解 对于每一个 $f(i)$ 有 4 种选择. 这就意味着有 4^{2013} 种方法对 $f(1),f(2),\cdots,$ $f(2\,013)$ 分配值. 此时，我们考虑 $s=f(1)+f(2)+\cdots+f(2\,013)$. 如果 s 是奇数，那么为了使总和是偶数，$f(2\,014)$ 必定也是奇数. 这就意味着 $f(2\,014)$ 是 2 015 或 2 017. 另一方面，如果 s 是偶数，$f(2\,014)$ 必定也是偶数，$f(2\,014)$ 又有两种选择（2 016 或 2 018）. 于是有 $2\cdot4^{2013}$ 个函数 f 使 $f(1)+f(2)+\cdots+f(2\,014)$ 是偶数.

10. 计算有序整数对 (x,y) 的个数，其中 $1\leqslant x<y\leqslant100$，使 i^x+i^y 是实数，$i^2=-1$.

解 为了使 i^x+i^y 是一个实数，i^x 和 i^y 都必须是实数，或 i^x 和 i^y 都是虚数，且 $i^x+i^y=0$. 我们依次考察这两种情况. 如果 i^x 和 i^y 都是实数，那么 x 和 y 都必须是偶数. 因为在 1 到 100 中有 50 个偶数，所以有 $\dbinom{50}{2}$ 种方法选取 x 和 y（因为 $x<y$，所以一旦我们选取了两个数，我们就知道哪一个必定是 x，哪一个必定是 y）. 还有 $i^x=-i^y$ 都是虚数，这只有当 x,y 这两个数中有一个除以 4 余 1，另一个除以 4 余 3 时才能发生. 因为在 1 到 100 中各有 25 个这样的数，所以在这种情况下，有 $25\cdot25=25^2$ 种方法选取 x 和 y（像前面一样，一旦我们选取了两个数，就已经确定哪一个必定是 x，哪一个必定是 y 了）. 于是，总共有 $\dbinom{50}{2}+25^2$ 个有序数对，使 $1\leqslant x<y\leqslant100$，$i^x+i^y$ 是实数.

11. 给定正整数 k 和集合 S，$|S|=n$，S 有多少个子集 T_i 组成的序列 $(T_1,T_2,\cdots,T_k)$，满足 $T_1\subseteq T_2\subseteq\cdots\subseteq T_k$？

解 我们每次考虑 S 的每一个元素，注意对于一切 $j\geqslant i$，如果元素 $x\in S$ 属于 T_i，那么 $x\in T_j$. 于是我们能够唯一确定一个元素首先出现在哪个子集：$T_1,T_2,\cdots,T_k$，或者不出现在其中任何一个子集. 这就对于 S 的 n 个元素中的每一个共有 $k+1$ 种可能，于是给出 $(k+1)^n$ 个子集的序列，使 $T_1\subseteq T_2\subseteq\cdots\subseteq T_k$.

12. 掷出 5 个正六面体骰子，有多少种掷骰子方法使 5 个骰子上的数的和是 14？

解 设 n_1,n_2,n_3,n_4,n_5 是掷出的每个骰子上的数，所以实质上是要计算方程 n_1+

$n_2+n_3+n_4+n_5=14$ 的正整数解的组数，其中每个 n_i 至多是 6. 如果设 $n_i=l_i+1$，那我们就进一步简化了问题，只要求 $l_1+l_2+l_3+l_4+l_5=9$ 的非负整数解，这里 l_i 至多是 5. 我们用补计数法：先对没有至多是 5 的限制进行计数，然后减去至少有一个 l_i 大于 5 的可能的解.

从例 22 知 $l_1+l_2+l_3+l_4+l_5=9$ 的非负整数解的组数是 $\binom{13}{4}$. 现在假定至少有一个 l_i 大于 5. 注意到因为所有的 l_i 都是非负的，所以一次至多有一个可以大于 5. 有 $\binom{5}{1}=5$ 种方法选择这 5 个变量中哪一个大于 5. 一旦选好，我们就把 6 个单位分配给这个变量以保证其大于 5，多出来的 3 个单位分配给所有 5 个变量. 注意到这允许所选的变量最后有一个大于 6 的值，所以我们可以避免做过多的讨论. 分配这 3 个单位的方法有 $\binom{7}{4}$ 种，所有我们的最后答案是

$$\binom{13}{4}-5\cdot\binom{7}{4}=715-5\cdot35=540$$

种可能的掷骰子方法.

13. 有一个 Awesome 国，牌照由 3 个字母以及后面 3 个数字组成，有多少种字母和数字都是回文形的牌照[①]？

解　第一个字母有 26 种选择，第二个字母也有 26 种选择. 因为这 3 个字母必须成回文形，所以第三个字母与第一个字母相同，于是共有 26^2 种方法选择牌照的 3 个字母. 类似地，第一个数字有 10 种选择，第二个数字也有 10 种选择. 因为要形成回文形，所以第三个数字与第一个数字相同，所以共有 $26^2\cdot10^2=67\,600$ 种回文形的牌照.

14. 10 个孩子坐成一排，每人得到 1 颗、2 颗或 3 颗糖果（所有糖果都相同）. 如果没有 2 个相邻的孩子共有 4 颗糖果，那么有多少种方法分配糖果？

解　我们从一排的左边开始向右边移动. 第一个孩子可以得到 1 颗、2 颗或 3 颗糖果，所以他得到多少颗糖果有 3 种选择. 对于下一个孩子，在 1，2，3 中恰好有一个数与第一个孩子的糖果数相加得到 4，所以这个孩子得到多少颗糖果只有 2 种选择. 类似地，下一个孩子得到多少颗糖果只有 2 种选择不会与第二个孩子的糖果数相加得到 4. 对其余 7 个孩子继续这一过程就给出总共有 $3\cdot2^9=1\,536$ 种可能的分配糖果的方法.

15. 6 只小狗、4 只小猫和 3 只小灰鼠排成一列. 如果每只小狗都在所有比它小的小狗的后面，每只小猫都在所有比它小的小猫的后面，每只小灰鼠都在所有比它小的小灰鼠

① 回文形的排列是从后到前和从前到后相同的排列. —— 原作者注

的后面，那么有多少种这样的排列？

解　一旦我们知道一类动物占有哪个位置，我们就知道它们的排队顺序（从前到后是从小到大），所以我们可以把这一问题看作 6 个 P、4 个 K 和 3 个 C 的排列种数．我们知道这些字母的排列种数是 $\begin{bmatrix} 13 \\ 6,4,3 \end{bmatrix} = 60\,060$，所以有 60 060 种排列符合要求．

16. 设 $(a_1, a_2, \cdots, a_{10})$ 是前 10 个正整数的一个排列，对于每一个 $2 \leqslant i \leqslant 10$，或者 $a_i - 1$ 或者 $a_i + 1$ 或者 $a_i - 1$ 和 $a_i + 1$ 都出现在该排列中 a_i 前面的某个位置，有多少种这样的排列？

解　我们首先限制第一个数 a_1．如果 $a_1 = k$，那么我们必须在其余 9 个位置中选择 $k - 1$ 个小于 k 的整数．我们知道这些整数必定以 $k-1, k-2, \cdots, 1$ 的顺序出现以保证 $a_i + 1$ 出现在这些数的前面．类似地，大于 k 的整数必须以 $k+1, k+2, \cdots, 10$ 的顺序出现以保证 $a_i - 1$ 出现在这些数的前面．因为只要我们选出哪一个位置包括 $k-1$ 个小于 k 的整数，在特定的空位置这些值就确定了，所以有 $\begin{bmatrix} 9 \\ k-1 \end{bmatrix}$ 种排列符合 $a_1 = k$ 这一要求，将 k 的一切值相加，就有

$$\sum_{k=1}^{10} \begin{bmatrix} 9 \\ k-1 \end{bmatrix} = \sum_{j=0}^{9} \binom{9}{j} = 2^9 = 512$$

种符合要求的排列．

17. 设 $S = \{1, 2, 3, 4, 5\}$，有多少个函数 $f : S \to S$，对一切 $x \in S$，满足

$$f[f(x)] = f(x)$$

解　注意，如果 $s \in f(S)$（s 属于 f 的象），那么因为对一切 $x \in S$，必有 $f[f(x)] = f(x)$，所以 $f(s) = s$．我们要探讨 $f(S)$ 的大小（有多少个元素属于 f 的象）．

使 S 的 5 个元素都属于 $f(S)$ 的方法只有一种．在这种情况下，对于一切 $x \in S$，都有 $f(x) = x$．

如果 S 有 4 个元素属于 $f(S)$，那么有 $\begin{bmatrix} 5 \\ 4 \end{bmatrix} = 5$ 种方法选取哪 4 个元素属于 $f(S)$．这些元素中的每一个都映射到本身．因为余下的一个元素不能映射到本身，所以有 4 种选择被余下的一个元素映射．这样就有 $5 \cdot 4 = 20$ 个函数．

如果 S 有 3 个元素属于 $f(S)$，那么有 $\begin{bmatrix} 5 \\ 3 \end{bmatrix} = 10$ 种方法选取哪 3 个元素属于 $f(S)$．每一个分配给其余 2 个元素在 f 下的映射有 3 种方法，总共有 $10 \cdot 3^2 = 90$ 个函数．

如果 S 有 2 个元素属于 $f(S)$，那么有 $\begin{bmatrix} 5 \\ 2 \end{bmatrix} = 10$ 种方法选取哪 2 个元素属于 $f(S)$．于是对于另 3 个元素中的每一个都有 2 种选择使 f 映射它们，这给出 $10 \cdot 2^3 = 80$ 个函数．

如果 S 只有 1 个元素属于 $f(S)$，S 的每一个元素都映射到这个元素，所以只有 5 个函数 $f(S$ 的每一个元素有 1 个).

因为这样已涵盖了 $f(S)$ 的一切可能的大小，所以将它们相加后就得到 $1+20+90+80+5=196$ 个从 S 到 S 的函数(对一切 $x \in S$)，满足 $f[(x)]=f(x)$.

18. 在 $(2x-3y)^7$ 的展开式中，$x^4 y^3$ 的系数是多少？

解 由二项式定理，我们知

$$(x+y)^n = \sum_{k=0}^{n} \begin{bmatrix} n \\ k \end{bmatrix} x^k y^{n-k}$$

所以

$$(2x-3y)^7 = \sum_{k=0}^{7} \begin{bmatrix} 7 \\ k \end{bmatrix} (2x)^k (-3y)^{n-k}$$

这告诉我们含 $x^4 y^3$ 的项是

$$\begin{bmatrix} 7 \\ 4 \end{bmatrix} (2x)^4 (-3y)^3 = -15\ 120 x^4 y^3$$

于是，$x^4 y^3$ 的系数是 $-15\ 120$.

19. 证明：组合恒等式 $k \begin{bmatrix} n \\ k \end{bmatrix} = n \begin{bmatrix} n-1 \\ k-1 \end{bmatrix}$.

证明 这里我们用一个建立班委会的命题，计算从一个班级的 n 名学生中选出 k 个人组成班委会，其中一人是主席的方法有多少种.

我们知道有 $\begin{bmatrix} n \\ k \end{bmatrix}$ 种方法从总共 n 名学生中选出 k 个人组成班委会. 一旦有了这 k 个人，那么有 $\begin{bmatrix} k \\ 1 \end{bmatrix}$ 种方法选出谁当主席. 这就给出 $k \begin{bmatrix} n \\ k \end{bmatrix}$ 种方法选出班委会.

另一方面，我们可以先从 n 名学生中选出一人当主席，有 $\begin{bmatrix} n \\ 1 \end{bmatrix} = n$ 种方法. 再从其余 $n-1$ 个人中选出 $k-1$ 名班委会的成员，有 $\begin{bmatrix} n-1 \\ k-1 \end{bmatrix}$ 种方法，于是总共有 $n \begin{bmatrix} n-1 \\ k-1 \end{bmatrix}$ 个班委会.

由于这两个量是对同一件事计数，所以它们必相等. 于是就有 $k \begin{bmatrix} n \\ k \end{bmatrix} = n \begin{bmatrix} n-1 \\ k-1 \end{bmatrix}$，这就是我们所求的.

20. 一个班级里的每一名学生都在白板上写一个不同的两位数. 老师断言说，不管你们写什么数，白板上至少有三个数的各位数字的和相等. 这个班级里的学生人数最少是多少才能使老师的说法是正确的？

解 我们用鸽巢原理解决本题. 设 N 是学生的人数,至多有一名学生在白板上写 10,至多有一名学生在黑板上写 99. 把其余的两位数按照数字的和等于 k 分成集合 A_k. 于是,$A_2 = \{11,20\}$,$A_3 = \{12,21,30\}$,$\cdots$,$A_{17} = \{89,98\}$,有 16 个这样的集合,我们将称之为"鸽巢",其余 $N-2$ 名学生将是"鸽子". 如果 $N-2 > 32$,那么这 16 个"鸽巢"中必有一个有 3 名学生,因此老师的说法是正确的. 于是,对于任何 $N(N \geqslant 35)$ 名学生的班级,老师的说法是正确的.

如果 $N = 34$,那么容易看出老师的说法就不正确了. 例如,学生写下 34 个数:10,11,12,$\cdots$,29,38,39,48,49,$\cdots$,98,99,那么白板上没有各位数字的和相同的三个数,这是因为这些数是这样选取的:10,99 和每个集合 A_k 中的两个最小的数.

于是,使老师的说法正确的班级里学生人数最小的是 35.

21.(a)证明:对于在直线上任取的 3 个整数点,其中某一对数的平均数等于另一个整数;

(b)证明:对于 $\mathbf{R}^2$ 内坐标为整数的任意 5 个点,其中存在一对数,联结这两点的线段的中点也是坐标为整数的点;

(c)在 $\mathbf{R}^n$ 中对于相应的结果需要多少个坐标为整数的点?

证明 (a)如果有三个整数,根据鸽巢原理,这三个整数中至少有两个数奇偶性必须相同(同奇或同偶). 因为奇偶性相同的两数的和是偶数,每个偶数都是 2 的倍数,奇偶性相同的两数的平均数是一个整数.

(b)假定在 $\mathbf{R}^2$ 内有坐标为整数的 5 个点. 两个坐标的奇偶性的组合有 $2 \cdot 2 = 4$ 种可能性:(奇,奇),(奇,偶),(偶,奇) 和(偶,偶). 如果有 5 个点,根据鸽巢原理,其中至少有两点的奇偶性的组合相同. 回忆一下,两点之间线段的中点的坐标是两个端点相应的坐标的平均数. 于是,如果取这两点的中点,根据(a)部分的结果,它的坐标将是整数.

(c)$\mathbf{R}^n$ 内的结果是:对于 $\mathbf{R}^n$ 内的坐标为整数的任何 $2^n + 1$ 个点,其中存在两点,联结这两点的线段的中点的坐标也是整数. 这是由 $\mathbf{R}^n$ 内的点有 2^n 种奇偶性的组合这一事实推出的.

22.假定 A 是 $\{1,2,\cdots,n\}$ 的子集的总体,具有以下性质:A 中的任何两个子集的交为非空. 证明:A 至多有 2^{n-1} 个元素.

证明 我们知道集合 $\{1,2,\cdots,n\}$ 共有 2^n 个子集. 我们构造 2^{n-1} 对子集,每一对子集由 $\{1,2,\cdots,n\}$ 的子集和它的补集组成. 为了使 A 满足 A 中的任何两个子集的交为非空,我们不能同时有一个集合及其在 A 中的补集. 但是,如果 A 的元素超过 2^{n-1} 个,根据鸽巢原理,必有一对子集都属于 A. 但这不符合已知条件中的性质,所以 A 必定至多有 2^{n-1} 个元素.

23.用二项式定理证明:对于 $n \geqslant 1$,有

$$\begin{bmatrix} n \\ 0 \end{bmatrix} - \begin{bmatrix} n \\ 1 \end{bmatrix} + \begin{bmatrix} n \\ 2 \end{bmatrix} - \begin{bmatrix} n \\ 3 \end{bmatrix} + \cdots + (-1)^n \begin{bmatrix} n \\ n \end{bmatrix} = 0$$

证明　二项式定理告诉我们

$$(x+y)^n = \begin{bmatrix} n \\ 0 \end{bmatrix} x^0 y^n + \begin{bmatrix} n \\ 1 \end{bmatrix} x^1 y^{n-1} + \cdots + \begin{bmatrix} n \\ n \end{bmatrix} x^n y^0$$

取 $x=1, y=-1$，推出

$$0 = (-1+1)^n$$
$$= \begin{bmatrix} n \\ 0 \end{bmatrix} (-1)^0 1^n + \begin{bmatrix} n \\ 1 \end{bmatrix} (-1)^1 1^{n-1} + \cdots + \begin{bmatrix} n \\ n \end{bmatrix} (-1)^n 1^0$$
$$= \begin{bmatrix} n \\ 0 \end{bmatrix} - \begin{bmatrix} n \\ 1 \end{bmatrix} + \begin{bmatrix} n \\ 2 \end{bmatrix} - \begin{bmatrix} n \\ 3 \end{bmatrix} + \cdots + (-1)^n \begin{bmatrix} n \\ n \end{bmatrix}$$

这就是要证明的.

24. 证明：任何 $n \geqslant 2$ 有一个质因数分解式.

证明　我们对 n 用强归纳法.

基础情况：当 $n=2$ 时，2 是质数，所以它本身就是质因数分解式.

归纳假定：假定对一切 $2 \leqslant n \leqslant k$，$n$ 有一个质因数分解式.

归纳步骤：考虑 $k+1$. 因为 $k+1$ 是一个大于 2 的整数，所以有两种可能：$k+1$ 是质数或 $k+1$ 是合数. 如果 $k+1$ 是质数，那么它本身就是质因数分解式，证明完毕. 否则，存在某两个整数 $a,b(1<a,b<k+1)$，使 $k+1=ab$. 根据强归纳法，a 和 b 都有质因数分解式，这两个质因数分解式的积也是 $k+1$ 的质因数分解式.

根据数学归纳法原理，就推出我们的证明.

25. 我们已经用计数和二项式定理这两种方法证明了恒等式

$$2^n = \sum_{k=0}^{n} \begin{bmatrix} n \\ k \end{bmatrix} = \begin{bmatrix} n \\ 0 \end{bmatrix} + \begin{bmatrix} n \\ 1 \end{bmatrix} + \cdots + \begin{bmatrix} n \\ n \end{bmatrix}$$

现在对 n 进行归纳来证明这个恒等式.

证明　基础情况：当 $n=0$ 时，我们有 $2^0 = 1 = \begin{bmatrix} 0 \\ 0 \end{bmatrix}$，所以当 $n=0$ 时，恒等式成立.

归纳假定：假定对某个 $m \geqslant 0$，我们知

$$2^m = \sum_{k=0}^{m} \begin{bmatrix} m \\ k \end{bmatrix}$$

归纳步骤：考虑 2^{m+1}. 我们知道 $2^{m+1} = 2 \cdot 2^m$，所以根据归纳假定，代入后整理，得

$$2^{m+1} = 2 \sum_{k=0}^{m} \begin{bmatrix} m \\ k \end{bmatrix} = \begin{bmatrix} m \\ 0 \end{bmatrix} + \begin{bmatrix} m \\ m \end{bmatrix} + \sum_{k=1}^{m} \left[\begin{bmatrix} m \\ k \end{bmatrix} + \begin{bmatrix} m \\ k-1 \end{bmatrix} \right]$$

利用帕斯卡恒等式和以下事实

$$\begin{bmatrix} m \\ 0 \end{bmatrix} = \begin{bmatrix} m+1 \\ 0 \end{bmatrix} = \begin{bmatrix} m \\ m \end{bmatrix} = \begin{bmatrix} m+1 \\ m+1 \end{bmatrix} = 1$$

有

$$2^{m+1} = \begin{bmatrix} m \\ 0 \end{bmatrix} + \begin{bmatrix} m \\ m \end{bmatrix} + \sum_{k=1}^{m} \begin{bmatrix} m+1 \\ k \end{bmatrix} = \sum_{k=0}^{m+1} \begin{bmatrix} m+1 \\ k \end{bmatrix}$$

这就是所求的. 根据数学归纳法原理,就推出我们的证明.

26. 考虑初始条件为 $a_0 = 2, a_1 = 19$,递推关系为 $a_n = 28a_{n-2} - 3a_{n-1}$ 的数列 a_n,求 a_n 的一个通项.

解 假定对于某两个常数 c 和 r,我们的解是 $a_n = cr^n$. 代入递推关系

$$a_n = 28a_{n-2} - 3a_{n-1}$$

得

$$c \cdot r^n = 28 \cdot c \cdot r^{n-2} - 3 \cdot c \cdot r^{n-1}$$

化简为

$$c \cdot r^n + 3 \cdot c \cdot r^{n-1} - 28 \cdot c \cdot r^{n-2} = 0$$
$$r^2 + 3r - 28 = 0 \quad (除以 \ c \cdot r^{n-2})$$
$$(r-4)(r+7) = 0$$

所以得 $r = 4$ 和 $r = -7$. 于是给出一般解

$$a_n = c_1 4^n + c_2 (-7)^n$$

现在利用初始条件求 c_1 和 c_2. 注意到

$$2 = a_0 = c_1 4^0 + c_2 (-7)^0 = c_1 + c_2$$
$$19 = a_1 = c_1 4^1 + c_2 (-7)^1 = 4c_1 - 7c_2$$

这给出了一个线性方程组,可以解得 $c_1 = 3, c_2 = -1$. 于是 a_n 的一个通项是

$$a_n = 3 \cdot 4^n - (-7)^n$$

27. 对于 $k \geqslant 1$,定义图 Q_k 为"$k-$立方图". Q_k 的每一个顶点对应于某个长度为 k 的二进制数串. 当且仅当两个数串恰相差 1 个位置时,称这两个顶点是相邻的. 图 Q_k 有多少个顶点? 图 Q_k 有多少条棱? [①]

解 对于 $k \geqslant 1$,Q_k 的每一个顶点对应于某个长度为 k 的二进制数串. 由于存在 2^k 个长度为 k 的二进制数串,因此 Q_k 有 2^k 个顶点.

图中任何顶点的度数将恰好是 k(每个坐标变动一次有一条棱). 根据握手引理,我们知

$$\sum_{v \in V(Q_k)} d(v) = \sum_{v \in V(Q_k)} k = k \cdot 2^k = 2 \mid E(Q_k) \mid$$

---

① 两个答案都是 k 的函数. —— 原作者注

所以 Q_k 中棱的条数是 $k \cdot 2^{k-1}$.

28. 证明:一个图中度数为奇数的顶点个数必是偶数.

证明　回忆一下握手引理

$$\sum_{v \in V} d(v) = 2 \mid E \mid$$

实际上,这意味着如果把图中所有顶点的度数相加,就得到一个偶数.因为所有偶数度数的和是偶数,这就是说,要使整个度数的和是偶数,奇数度数的和也是偶数.但是,这意味着必须加偶数个奇数度数,因为每一个度数相应于图的一个顶点,所以可以推出奇数度数的顶点个数是偶数.

29. $\overline{K_n}$ 表示没有棱的 n 个顶点的图,可以假设 $k \geqslant \chi(K_n)$,试对 $\chi(\overline{K_n};k)$ 和 $\chi(K_n;k)$ 给出一个公式.

解　因为 $\overline{K_n}$ 中没有棱,所以对顶点的颜色没有限制,也就是说,每个顶点可以接受 k 种可能颜色中的任意一种.于是,$\chi(\overline{K_n};k) = k^n$.

现在考虑完全图 K_n.设 K_n 的顶点是 $v_1, v_2, \cdots, v_n$.我们依次对各个顶点涂色.对 v_1 可涂 k 种颜色中的任意一种.因为 v_2 与 v_1 相邻,不能与 v_1 同色,所以对 v_2 涂色有 $k-1$ 种选择.类似地,因为 v_3 与 v_1, v_2 都相邻,所以允许有 $k-2$ 种选择.继续这一模式,得

$$\chi(K_n;k) = k \cdot (k-1) \cdot (k-2) \cdot \cdots \cdot (k-n+1) = \frac{k!}{(n-k)!}$$

30. 如果对于图 $G(V,E)$ 的顶点 V 存在某个分割 $X, Y (X \bigcup Y = V, X \bigcap Y = \varnothing)$,使得 G 的每一条棱都有一个端点属于 X,有一个端点属于 Y,那么称图 $G(V,E)$ 是二分割图.解释为什么每一个二分割图是 $2-$着色图.

解　我们断言用一种颜色(比如说是红色)对 X 的所有顶点涂色,用第二种颜色(比如说是蓝色)对 Y 的所有顶点涂色,就给出一个二分割图的正规 $2-$着色.因为二分割图中所有的棱都必须恰有一个端点属于 X 和一个端点属于 Y,所以图中的每一条棱都有一个红色端点和一个蓝色端点.于是,没有两个相邻的顶点同色,所以这是一个正规 $2-$着色,这就是说,任何二分割图是 $2-$着色图.

31. 设 b_n 是把一个正整数 n 写成若干个 2 的非负整数次幂的和的种数,为方便起见,设 $b_0 = 1$,求该序列的母函数,并用它证明 $b_n = \sum_{k=0}^{\left[\frac{n}{2}\right]} b_k$.

解　这是利用母函数积的一个标准的例子.各个 2^j 的和相应于母函数 $1 + X^{2^j} + X^{2 \cdot 2^j} + X^{3 \cdot 2^j} + \cdots$.于是数列 (b_n) 的母函数是

$$F(X) = \sum_{k=0}^{\infty} b_k X^k = \prod_{j=0}^{\infty} (1 + X^{2^j} + X^{2 \cdot 2^j} + X^{3 \cdot 2^j} + \cdots)$$

显然有 $1 + X^{2^j} + X^{2 \cdot 2^j} + X^{3 \cdot 2^j} + \cdots = \dfrac{1}{1 - X^{2^j}}$,所以

$$F(X) = \prod_{j=0}^{\infty} \frac{1}{1 - X^{2^j}}$$

现在设 $a_n = \sum_{k=0}^{[\frac{n}{2}]} b_k$. 这里的技巧是要证明 a_n 的母函数和 b_n 的母函数相同.

于是考虑

$$G(X) = \sum_{n \geq 0} a_n X^n = \sum_{n \geq 0} \left(\sum_{k=0}^{[\frac{n}{2}]} b_k \right) X^n$$

改变和的顺序,有

$$G(X) = \sum_{k \geq 0} b_k (X^{2k} + X^{2k+1} + \cdots) = \sum_{k \geq 0} b_k \frac{X^{2k}}{1 - X}$$

于是,我们看到

$$G(X) = \frac{1}{1-X} \sum_{k \geq 0} b_k X^{2k} = \frac{F(X^2)}{1 - X} = F(X)$$

32. 设 n 是正整数,证明:将 n 分割成每个部分至少出现两次的分割数等于将 n 分割成各部分能被 2 或 3 整除的分割数.

证明　我们再一次关注,题中所考虑的两个数列有相同的母函数. 设 a_n 是把 n 分割成每个部分都至少出现两次的分割数,b_n 是把 n 分割成每个部分都是 2 或 3 的倍数的分割数.

再设 $F(X) = \sum_{n \geq 0} a_n X^n, G(X) = \sum_{n \geq 0} b_n X^n$.

根据已知条件

$$F(X) = \prod_{k=1}^{\infty} (1 + X^{2k} + X^{3k} + \cdots + X^{nk} + \cdots)$$

于是可改写为

$$F(X) = \prod_{k=1}^{\infty} (1 + X^k + X^{2k} + X^{3k} + \cdots + X^{nk} + \cdots - X^k) = \prod_{k=1}^{\infty} \left(\frac{1}{1 - X^k} - X^k \right)$$

得到等式

$$F(X) = \prod_{k=1}^{\infty} \left(\frac{X^{2k} - X^k + 1}{1 - X^k} \right)$$

对于第二个母函数,我们首先写成

$$G(X) = \prod_{k=1}^{\infty} \frac{\left(\sum_{i=0}^{\infty} X^{2ki} \right) \left(\sum_{i=0}^{\infty} X^{3ki} \right)}{\left(\sum_{i=0}^{\infty} X^{6ki} \right)}$$

这是因为在分子取 2 或 3 的倍数时,6 的倍数重复计算了.

现在又可改写为

$$G(X) = \prod_{k=1}^{\infty} \frac{1 - X^{6k}}{(1 - X^{2k})(1 - X^{3k})}$$

$$= \prod_{k=1}^{\infty} \frac{(1 - X^{3k})(1 + X^{3k})}{(1 - X^{2k})(1 - X^{3k})}$$

$$= \prod_{k=1}^{\infty} \frac{1 + X^{3k}}{1 - X^{2k}}$$

$F(X) = G(X)$ 这一事实现在归结为恒等式

$$1 + a^3 = (1 + a)(1 - a + a^2)$$

对每一个 $a = X^k$ 代入无穷乘积中.

33. 设 $f(n, k)$ 是将 k 颗糖果分给 n 个儿童的分法数,但每个儿童至多分到 2 颗糖果. 例如,$f(3, 7) = 0$,$f(3, 6) = 1$,$f(3, 4) = 6$.确定

$$f(2\ 006, 1) + f(2\ 006, 4) + \cdots + f(2\ 006, 1\ 000) +$$
$$f(2\ 006, 1\ 003) + \cdots + f(2\ 006, 4\ 012)$$

的值.

解法 1　注意到 $f(n, k)$ 是 $x_1 + x_2 + \cdots + x_n = k$ 的解 $(x_1, x_2, \cdots, x_n)$ 的个数,对于 $1 \leqslant x_i \leqslant n$,有 $x_i \in \{0, 1, 2\}$.等价地,$f(n, k)$ 是 $G(X) = (1 + X + X^2)^n$ 中 X^k 的系数.

设 ω 是 1 的三次单位根,注意

$$\frac{1}{3}[G(X) + \omega^2 G(\omega X) + \omega G(\omega^2 X)] = f(n, 1)X + f(n, 4)X^4 + f(n, 7)X^7 + \cdots$$

将 $X = 1$ 代入后,得

$$\frac{1}{3}[G(1) + \omega^2 G(\omega) + \omega G(\omega^2)] = f(n, 1) + f(n, 4) + f(n, 7) + \cdots$$

现在容易看出 $G(1) = 3^n$,$G(\omega) = 0$,$G(\omega^2) = 0$,所以所求的和是 3^{n-1}.本题的答案是 $3^{2\ 005}$.

解法 2　直接确定所要求的和是把模 3 余 1 的糖果分给 2 006 个儿童的分法数. 对此我们依次对儿童用乘法原理. 对于第一个儿童,有 3 种可能,给他 0,1,2 颗糖果.

34. 由 2,3,7,9 组成的能被 3 整除的 n 位数有多少个?

解　考虑以下母函数

$$F(X) = \sum_{a+b+c+d=n} X^{2a+3b+7c+9d}$$

它表示我们已有数的个数,因为我们的数中有 a 个数字等于 2,b 个数字等于 3,c 个数字等于 7,d 个数字等于 9.

实际上,有

$$F(X) = (X^2 + X^3 + X^7 + X^9)^n$$

从原来的表达式中,我们还需要判别指数能被 3 整除的情况,于是就要考虑 1 的第一

个三次单位根 ω.

于是 $F(\omega) = A + B\omega + C\omega^2$，这里 A 表示 n 位数中能被 3 整除的个数，B 表示模 3 余 1 的个数，C 表示模 3 余 2 的个数.

因为 $1 + \omega + \omega^2 = 0$，所以

$$F(\omega) = (\omega^2 + \omega^3 + \omega^7 + \omega^9)^n = (2 + \omega + \omega^2)^n = 1$$

于是 $A - 1 + B\omega + C\omega^2 = 0$，所以 ω 是 $(A-1) + BT + CT^2 = 0$ 的根，且因为 ω 的最低多项式是 $T^2 + T + 1$，可推出

$$(T^2 + T + 1) \mid [(A-1) + BT + CT^2]$$

因为次数相同，所以 $A - 1 = B = C$. 最后注意到 $A + B + C = F(1) = 4^n$，所以 $A = \dfrac{4^n + 2}{3}$.

35. 考虑一直线上的 n 个点 $P_1, P_2, \cdots, P_n$. 用白色、红色、绿色、蓝色和紫色五种颜色中的一种颜色对每一点涂色. 如果连续两点 P_i, P_{i+1} $(i = 1, 2, \cdots, n-1)$ 或者同色，或者至少有一点是白色，这样的涂色是允许的，那么允许的涂色有多少种？

解 w_n 是 P_n 为白色涂色的种数，r_n 是 P_n 为红色涂色的种数，g_n 是 P_n 为绿色涂色的种数，b_n 是 P_n 为蓝色涂色的种数，最后 v_n 是 P_n 为紫色涂色的种数. 我们关注的是 $s_n = w_n + r_n + g_n + b_n + v_n$ 的递推关系.

显然如果 P_n 是白色的，那么 P_{n-1} 可以是任何颜色，所以 $w_n = s_{n-1}$. 如果 P_n 不是白色的，那么我们有以下递推关系

$$r_n = w_{n-1} + r_{n-1}$$
$$g_n = w_{n-1} + g_{n-1}$$
$$b_n = w_{n-1} + b_{n-1}$$
$$v_n = w_{n-1} + v_{n-1}$$

于是，相加后得

$$s_n = s_{n-1} + 3w_{n-1} + s_{n-1} = 2s_{n-1} + 3s_{n-2}$$

特征方程是 $r^2 - 2r - 3 = 0$，其根为 $r_1 = 3, r_2 = -1$.

这就推得 $s_n = C_1 3^n + C_2 (-1)^n$. 因为 $s_1 = 5, s_2 = 13$，所以可解得 $C_1 = \dfrac{3}{2}, C_2 = -\dfrac{1}{2}$，于是

$$s_n = \frac{3^{n+1} + (-1)^{n+1}}{2}$$

36. 夏令营中有 n 个女孩 $G_1, G_2, \cdots, G_n$ 和 $2n-1$ 个男孩 $B_1, B_2, \cdots, B_{2n-1}$. 女孩 G_i 认识男孩 $B_1, B_2, \cdots, B_{2i-1}$，但不认识其他的人. 取一男一女作为"对子"，"对子"中的每一个女孩认识"对子"中的男孩. 证明：选取 r 个这样的"对子"的方法有 $\begin{bmatrix} n \\ r \end{bmatrix} \dfrac{n!}{(n-r)!}$ 种.

证明 设 $P(n, r)$ 是这样"对子"的总数. 我们设法得到递推关系.

如果女孩 G_n 不属于这个"对子",那么就有 $P(n-1,r)$ 种.

如果女孩 G_n 属于这个"对子",那么显然另外 $r-1$ 个女孩可以有 $P(n-1,r-1)$ 种方法与男孩配对,女孩 G_n 还可从 $2n-r$ 个男孩中选择一个配成一对. 于是,这样的配对有 $(2n-r)P(n-1,r-1)$ 种. 因此

$$P(n,r)=P(n-1,r)+(2n-r)P(n-1,r-1)$$

只要证明与 $r=1$ 时两个数列一致,以及两者满足同一个递推关系即可.

对于 $r=1$,我们有 $P(n,1)=1+3+5+\cdots+(2n-1)=n^2$,两者一致,对于含有二项式系数的恒等式的检验就留给大家了.

37. 设 p 是正整数,$p>1$. 由集合 $\{1,2,\cdots,p\}$ 中的元素组成 $m\times n$ 的表格,求每行每列的元素的和都不能被 p 整除的表格的种数.

解　我们首先解 $1\times n$ 的情况. 我们需要求出由 $1,2,\cdots,p-1$ 组成的和不能被 p 整除的有 n 项数列的个数. 设 a_n 是这样数列的个数.

我们断言 $a_n=(p-2)a_{n-1}+(p-1)a_{n-2}$ 成立. 假定我们有一个 n 项的数列. 如果这个数列的前 $n-1$ 项的和不是 p 的倍数,比如说有 $s(\bmod p)$,那么我们可以有 a_{n-1} 种方法选前 $n-1$ 项,最后一项可以是除了 $(\bmod p)$ 余 0 和 $-s$ 以外的任何余数,所以有 $(p-2)a_{n-1}$ 个数列. 如果前 $n-1$ 项的和是 p 的倍数,那么前 $n-2$ 项的和不是 p 的倍数. 于是有 a_{n-2} 种方法选择这些项. 第 $n-1$ 项只有唯一的值,使前 $n-1$ 项的和是 p 的倍数,于是最后一项可以是 $n-1$ 个非零的值中的任何一个. 于是这种情况给出 $(p-1)a_{n-2}$ 个数列. 把这两种情况相加,就得到所求的递推关系.

容易看出 $a_1=p-1,a_2=(p-1)(p-2)$,再将这两个初始条件与该递推关系相结合. 该递推关系的特征方程是

$$r^2-(p-2)r-(p-1)=0$$

于是,有解 $r_1=-1,r_2=p-1$,得

$$a_n=\frac{p-1}{p}\big[(p-1)^n-(-1)^n\big]$$

大家也许注意到答案和例 73、例 90 类似. 本题的这一部分和那两道例题是以不同的面貌出现的,本质上却相同的问题. 现在推广到一般情况. 考虑左上角的 $(m-1)\times(n-1)$ 的子表格,并有 $p^{(m-1)(n-1)}$ 种方法任意填数.

对于这些选择中的任何一个,设最下面一行的数是 $x_1,x_2,\cdots,x_{n-1},z$,最右面一列的数是 $y_1,y_2,\cdots,y_{m-1},z$,其中 z 是角上公共的元素. 我们断言能够对 $1\times(m+n-1)$ 的好表格构造一个双射. 如果能证明这一点,就大功告成了.

为了做到这一点,我们设 $r_1,r_2,\cdots,r_{m-1}$ 是 $(m-1)\times(n-1)$ 的子表格中各行的和,$c_1,c_2,\cdots,c_{n-1}$ 是 $(m-1)\times(n-1)$ 的子表格中各列的和. 注意到 $s=c_1+c_2+\cdots+c_{n-1}=r_1+r_2+\cdots+r_{m-1}$. 设 $z^*=y_1+y_2+\cdots+y_{m-1}+z$,我们将把 $(x_1,x_2,\cdots,x_{n-1},y_1,y_2,\cdots,$

y_{m-1}, z）映射到

$$(x_1 + c_1, \cdots, x_{n-1} + c_{n-1}, -(y_1 + r_1), \cdots, -(y_{m-1} + r_{m-1}), z^*)$$

容易检验. 因为每一个分量都是完整的表格中的列的和, 或者是行的和的相反数, 所以模 p 是非零的. 最后一步是注意到所有分量的和是 $x_1 + x_2 + \cdots + x_{n-1} + z$, 因为它是最后一行的和, 所以也是非零的. 还要注意 $r_1, r_2, \cdots, r_{m-1}$ 和 $c_1, c_2, \cdots, c_{n-1}$ 是确定的, 所以显然能倒转这个映射.

于是, 得到总共有

$$p^{(m-1)(n-1)-1}(p-1)\left[(p-1)^{m+n-1} - (-1)^{m+n-1}\right]$$

种表格.

38. 设 F 是集合 $\{1, 2, \cdots, n\}$ 的一组子集, 并且 F 的每一个元素的基数是 3, 此外对于任何两个不同的元素 $A, B \in F$, 有 $|A \cap B| \leqslant 1$. 证明

$$|F| \leqslant \frac{n(n-1)}{6}$$

证明　考虑 F 任何有两个元素的集合的总体 C.

根据已知条件, 我们知道对于 F 的任何两个不同的子集 A 和 B, 有 $|A \cap B| \leqslant 1$, 所以这些有两个元素的子集都必定不相同.

因为每一个三个元素的集合都有三个有两个元素的子集, 所以 $|C| = 3|F|$.

另一方面, C 包含于所有 $\{1, 2, \cdots, n\}$ 的有两个元素的子集中, 所以 $|C| \leqslant \dbinom{n}{2}$. 于是得到 $3|F| \leqslant \dbinom{n}{2}$, 所以 $|F| \leqslant \dfrac{n(n-1)}{6}$.

39. 设 S 是 n 个人的集合：

（a）任何人都恰好认识 S 中的另外 k 个人；

（b）任何互相认识的两个人都恰好共同认识 S 中的 l 个人；

（c）任何互相不认识的两个人都恰好共同认识 S 中的 m 个人.

证明：$m(n-k) - k(k-l) + k - m = 0$.

证明　重新排列所求的量, 得到 $m(n-k-1) = k(k-l-1)$.

对于给定的 p 个人, 考虑 p 认识 A, p 认识 B, 但 A 不认识 B 的三元组 (p, A, B).

一看就可以有 k 种方法选择 A, 因为 p 认识 B, 但 A 不认识 B, 所以 B 不是 p 和 A 都认识的人, 于是我们能够有 $k-l-1$ 种方法从 p 认识的人中选出 B.

于是, 共有 $k(k-l-1)$ 个三元组. 将 S 中所有的 p 相加得到 $nk(k-l-1)$ 个这样的三元组.

现在从 B 开始用一种不同的方法计数. 我们有 n 种方法从 S 中选择 B, 因为 A 不认识 B, 所以可以从 $n-k-1$ 个人中选择 A. 因为 p 是 A 和 B 都认识的人, 而这可以有 m 种可

能. 于是可以得到总共有 $n(n-k-1)m$ 个三元组. 把这两种不同的计数相结合, 必有

$$nk(k-l-1)=n(n-k-1)m$$

于是推出所求的等式.

40. 一所学校有 n 名学生. 每个学生可以选修任何多门学科, 每门学科至少有两名学生选修. 我们知道, 如果两门不同的学科至少有两名共同的学生, 那么这两门学科的学生人数不同. 证明: 学科总数不大于 $(n-1)^2$.

证明　对于每个 $2 \leqslant k \leqslant n$, 设 a_k 是恰好有 k 名学生的学科数, 于是学科总数是 $\sum_{k=2}^{n} a_k$.

现在看恰好有 k 名学生学科的学生对. 根据已知条件, 没有一对学生选修大小为 k 的两门学科, 所以共有 $a_k \binom{k}{2}$ 个这样的学生对. 但是, 因为只有这么多学生对, 所以至多有 $\binom{n}{2}$ 个这样的学生对. 于是我们有不等式 $a_k k(k-1) \leqslant n(n-1)$ 或 $a_k \leqslant \dfrac{n(n-1)}{k(k-1)}$.

相加后, 得到学科总数至多是

$$n(n-1)\sum_{k=2}^{n}\frac{1}{k(k-1)}=n(n-1)\sum_{k=2}^{n}\left(\frac{1}{k-1}-\frac{1}{k}\right)$$
$$=n(n-1)(1-\frac{1}{n})=(n-1)^2$$

41. 某大学有 10 001 名学生. 由一些学生组建若干个俱乐部 (一名学生可以属于不同的俱乐部). 一些俱乐部组成若干个社团 (一个俱乐部可以属于不同的社团), 总共有 k 个社团. 假定以下条件成立:

(a) 每一对学生恰好属于一个俱乐部;

(b) 对于每一名学生和每一个社团, 这名学生恰好属于该社团的一个俱乐部;

(c) 每个俱乐部有奇数名学生. 此外, 一个有 $2m+1$ (m 是正整数) 名学生的俱乐部恰好属于 m 个社团.

求 k 的一切可能值.

解　设 $C_1, \cdots, C_n$ 是该大学的俱乐部, 对于 $1 \leqslant i \leqslant n$, 设 $2c_i+1$ 是在俱乐部 C_i 的学生人数.

每个俱乐部有 $\binom{2c_i+1}{2}$ 对学生. 于是 $\sum_{i=1}^{n}\binom{2c_i+1}{2}$ 给出学生对的总数. 于是, 有等式

$$\sum_{i=1}^{n}\binom{2c_i+1}{2}=\binom{10\ 001}{2}$$

现在用两种方法计数. 条件 (b) 告诉我们每一个社团恰好有 10 001 名成员, 一名学生

和它所属的一个社团的对数等于 10 001k，其中 k 是社团个数.

我们用每个社团的俱乐部计算这些对数.最后一个条件(c)告诉我们这个数也等于

$$\sum_{i=1}^{n}(2c_i+1)c_i.$$

于是，我们有

$$\sum_{i=1}^{n}(2c_i+1)c_i=10\ 001k$$

将这两个恒等式合在一起，得到

$$10\ 001k=10\ 001 \cdot 5\ 000$$

所以 $k=5\ 000$.

于是得到这样一个有 10 001 名学生和恰由这个俱乐部组成的所有 5 000 个社团的分布.我们也可以加上只有一名学生不属于社团的任何俱乐部的个数.

42.一个俱乐部的每一个成员在该俱乐部中至多有三个冤家（这里冤家是相互的）.证明：可以把这些成员分成两组，每一组的每一个成员在本组内至多有一个冤家.

证明　确定对该俱乐部的成员的一个分割.如果同一组内有两个冤家，那么这两个人称为"坏对".因为俱乐部的分割只有有限多种，所以可以选取坏对数最小的一组.我们断言，这种分割方法没有一个人在组内有两个冤家.

为了证明这一点，我们假定 Bob 在组内有两个冤家.于是 Bob 在其他组内至多有一个冤家.所以我们必须把 Bob 转到其他组去，我们将得到坏对数更小的组.这与我们假定坏对数最小矛盾.因此没有这样的成员存在.

43.在黑板上写若干个正整数，可以擦去任何两个不同的整数，用它们的最大公约数和最小公倍数代替.证明：这些数最终将停止改变.

证明　首先，观察到黑板上数的积保持不变.这是恒等式 $(a,b) \cdot [a,b]=ab$ 推出的结果，这里我们用了最大公约数和最小公倍数的标准记号.

但这还不足以解决问题.我们来看 $S=\sum_{i=1}^{n}a_i$，这里 a_i 是写在黑板上的数.

我们断言每一次操作 S 就增加，即证明 $(a,b)+[a,b] \geqslant a+b$.

为此，设 $a=pq,b=pr$，这里 $p=(a,b)$，于是 $[a,b]=pqr$.不等式变为 $p+pqr \geqslant pq+pr$，于是应该有 $1+qr \geqslant q+r$，这等价于 $(r-1)(q-1) \geqslant 0$，这显然是成立的.

另一方面，我们利用一个粗略的上界 $S \leqslant n\prod_{i=1}^{n}a_i$，右边的量在黑板上的操作是不变的.

于是可以推出因为 S 的增加，而且有界，所以它必定在某一点上停止改变，于是黑板上的数停止改变.

44.可以从一块 7×7 的板上（图 24）除去哪几个单个的方格，使余下的部分能够用

1×3 的三米诺骨牌铺砌?

0	1	2	0	1	2	0
1	2	0	1	2	0	1
2	0	1	2	0	1	2
0	1	2	0	1	2	0
1	2	0	1	2	0	1
2	0	1	2	0	1	2
0	1	2	0	1	2	0

0	1	2	0	1	2	0
2	0	1	2	0	1	2
1	2	0	1	2	0	1
0	1	2	0	1	2	0
2	0	1	2	0	1	2
1	2	0	1	2	0	1
0	1	2	0	1	2	0

图 24

解　我们构造两张在方格中标有数 7×7 的板.

考虑模 3 的余数 0,1,2. 不管我们如何在板上放置一块三米诺骨牌,在其内部各标号的和总是模 3 余 0.

因为两张板上各方格中的标号的和都是模 3 余 0,如果这样的覆盖存在,那么在这两种情况下我们必定已经把含有 0 的方格除去.

于是,除去的方格必定是以下的位置之一(从左上角开始)

$$(1,1),(1,4),(1,7),(4,1),(4,4),(4,7),(7,1),(7,4),(7,7)$$

最后,要注意如果除去以上的方格中的任何一个方格,那么容易找出一个用三米诺骨牌的铺砌.

45. 给出一个由实数组成的 $m\times n$ 表格. 当有任何行或列的数的和是负数时,我们就改变该行或该列的所有数的符号. 证明:如果不断进行这样的操作,那么所有的行的和与列的和终将会变为非负的.

证明　设 S 是表中所有 mn 个数的和. 注意在操作一次后,每个数保持不变或者变为它的相反数. 因此至多有 2^{mn} 张可能的表. 所以 S 只能有有限多个可能的值.

找一条各数的和是负数的直线(行或列). 如果这样的直线不存在,那么问题已经解决. 否则就将这条直线上的数都改变符号,那么 S 将增加. 因为 S 只取有限多个值,所以 S 只能增加有限多次. 于是每一条直线上的数都将是非负的.

46. 对于一个由正整数组成的 $n\times n$ 表格,我们可以实施这样的操作:将一行的每一个数乘以 2 或将一列的每一个数减去 1. 证明:我们总可得到所有数都是 0 的表格.

证明　我们将证明可以把任何一列的所有数都变为 1,且保持所有数都是正数. 如果这一点做成了,那么将该列都减去 1,得到所有数都是 0 的列. 一旦都变成 0,那么对行的操作就不改变这一列了,也不必对不同的列实施操作了,所以我们已经有效地导致网格减少了一列的情况.

我们将证明对行操作和对最后一列操作就能使该列变为都是 1 的列. 对于这一列只

给出正数的所有一系列操作后，考虑各元素的和最小的结果. 设 $c_1, c_2, \cdots, c_n$ 是操作后的数.

首先，注意我们这些数中必定有一些1. 否则将最后一列的每一个数都减去1. 于是得到一个更小的和. 不失一般性，设 $c_1, c_2, \cdots, c_k$ 都等于1，这里 $k < n$. 现在，将前 k 行乘以2，再将最后一列减去 1.

于是这些数已变成 $(1, \cdots, 1, c_{k+1} - 1, \cdots, c_n - 1)$，这样和更小了，产生矛盾.

所以我们将得到最后一列都是1组成的，每一个数都减去1，就都是0了. 因此我们可以除去这一列. 因为我们没有对任何其他列实施列操作，所以其余的数都仍是正数.

47. Alfred 和 Bonnie 玩一个轮流扔一枚均匀硬币的游戏. 首先，扔出正面的人为胜者. 他们玩了这个游戏几次，约定负者在下一次游戏中先扔. 假定 Alfred 在第一次游戏中先扔，他在第六次游戏中获胜的概率是多少？

解 因为游戏总是在 Alfred 和 Bonnie 之间进行的，所以我们可以假定他们轮流扔一枚硬币，我们要求的是 Alfred 从头到尾在第六次扔得正面的概率.

一般地，设 a_n 是第一个人从头到尾在第 n 次扔得正面的概率. 我们将写出 a_n 的递推关系. 假定第一个人扔得反面（发生的概率是 $\frac{1}{2}$）. 那么他马上变成第二个扔的人. 因此，他第 n 次扔得正面的概率是 $1 - a_n$. 假定第一个扔的人扔得正面（概率也是 $\frac{1}{2}$）. 如果 $n = 1$，那么他第一个扔得正面，于是获胜. 如果 $n > 1$，那么他马上变成第二个扔的人，比赛变为在第 $n - 1$ 次扔得正面. 于是他获胜的概率是 $1 - a_{n-1}$. 注意，如果定义 $a_0 = 0$，那么可以把这两种情况相结合. 于是，得

$$a_n = \frac{1}{2}(1 - a_n) + \frac{1}{2}(1 - a_{n-1})$$

整理后，得

$$a_n = \frac{2 - a_{n-1}}{3}$$

为了解这个递推关系，设 $x_n = a_n - \frac{1}{2}$. 于是 $x_0 = -\frac{1}{2}$，递推关系是 $x_n = -\frac{x_{n-1}}{3}$. 因此

$$x_n = \frac{(-1)^{n-1}}{2 \cdot 3^n}, \quad a_n = \frac{1}{2} + \frac{(-1)^{n-1}}{2 \cdot 3^n}$$

特别地，有

$$a_6 = \frac{364}{729}$$

48. 设 $A_1, A_2, \cdots, A_k$ 是集合 $\{1, 2, \cdots, n\}$ 的子集，每个子集都有三个元素. 证明：可以用 c 种颜色对 $\{1, 2, \cdots, n\}$ 的元素涂色，至多有 $\frac{k}{c^2}$ 个 A_i 同色.

证明　我们看随机的涂色,将 c 种颜色中的每一种对一个元素涂色的概率等于 $\dfrac{1}{c}$,并且对于不同的元素的涂色是独立的.设 X 是这样的随机变量,其值是在 A_i 中同色集合的个数.

因为只有 c 种方法对一个有三个元素的集合涂同样的颜色,而对其涂色却有 c^3 种方法,所以一个集合是同色的概率显然等于 $\dfrac{1}{c^2}$.

因为有 k 个集合,所以 $E[X]=\dfrac{k}{c^2}$,于是必有一种涂色方法至多有 $\dfrac{k}{c^2}$ 个 A_i 同色.

49. 考虑有 n 个元素的集合 S,设 $A_1,A_2,\cdots,A_{n+1}$ 是 S 不同的非空子集,那么

$$\sum_{1\leqslant i<j\leqslant n}\frac{|A_i\bigcap A_j|}{|A_i|\cdot|A_j|}\geqslant 1$$

证明　假定随机选择 A_i 的一个元素 X_i,A_i 的每一个元素可以同等地被选中,对于不同的下标的选择是独立的.于是对 X_i 的选择有 $|A_i|$ 种可能,对 X_j 的选择有 $|A_j|$ 种可能,选择它们相等有 $|A_i\bigcap A_j|$ 种方法.于是

$$P(X_i=X_j)=\frac{|A_i\bigcap A_j|}{|A_i|\cdot|A_j|}$$

设 Y 是这样的随机变量,其值是表示数对 (i,j) 的个数,这里 $i<j,X_i=X_j$.由期望值的线性,有

$$E[Y]=\sum_{1\leqslant i<j\leqslant n}\frac{|A_i\bigcap A_j|}{|A_i|\cdot|A_j|}$$

因为总共选择 S 的 $n+1$ 个元素,根据鸽巢原理,其中必有两个相等.于是对于任何选择 $Y\geqslant 1$,有 $E[Y]\geqslant 1$,这恰是我们所要求的不等式.

50. 设 a_j,b_j,c_j 是整数,$1\leqslant j\leqslant N$.假定对于每一个 j,a_j,b_j,c_j 中至少有一个是奇数.证明:存在整数 r,s,t,至少对于 j 的 $\dfrac{4N}{7}$ 个值,使 $ra_j+sb_j+tc_j$ 是奇数.

证明　我们从最容易观察到的地方开始.从模 2 着手,假定 $a,b,c\in \mathbf{Z}/2\mathbf{Z}$ 不全为零,那么 $r,s,t\in\mathbf{Z}/2\mathbf{Z}$ 有四种选择使 $ra+sb+tc=1$.

现在随机(均匀)地选择 $r,s,t\in\mathbf{Z}/2\mathbf{Z}$ 不全为零,设 $X_1,X_2,\cdots,X_N$ 是对事件 $ra_i+sb_i+tc_i=1$ 的随机变量,如果 $ra_i+sb_i+tc_i=1$,那么 X_i 是 1,否则就等于 0.

因为 (r,s,t) 有 7 种选择,从一开始的观察就有 $E[X_i]=\dfrac{4}{7}$.由期望值的线性,有

$$E[X_1+X_2+\cdots+X_N]=E[X_1]+E[X_2]+\cdots+E[X_N]=\frac{4N}{7}$$

因为 $X_1+X_2+\cdots+X_N$ 是一个使 $ra_i+sb_i+tc_i=1$ 的 i 的可能值的个数的随机变量,所以可以直接推出 r,s,t 的一个选择,至少给出 $\dfrac{4N}{7}$ 个 i 的值,在 $\mathbf{Z}/2\mathbf{Z}$ 中有 ra_i+sb_i+

$tc_i = 1$，这就是我们所要求的.

51. 在一个圆上随机选取 n 个点,包含于半圆内的概率是多少?

解 假定随机取的点是 $x_1, x_2, \cdots, x_n$. 如果对一切 j(模 2π 的加法),有 $x_j \in [x_i, x_i + \pi)$,则称点 x_i 为最左边的点. 注意,当且仅当存在最左边的点时,随机取的 n 个点都将包含于一个半圆内. 对于任何一对不同的下标 i, j,$x_j \in [x_i, x_i + \pi)$ 的概率显然是 $\dfrac{1}{2}$.

于是 x_i 是最左边的点的概率是 $\dfrac{1}{2^{n-1}}$.

注意,如果 $x_j \in [x_i, x_i + \pi)$,那么 $x_i \notin [x_j, x_j + \pi)$. 于是对于任何分布至多存在一个最左边的点. 因此最左边的点的期望值是与存在一个最左边的点的概率相同. 因为有 n 个点,每个点是最左边的点的概率都是 $\dfrac{1}{2^{n-1}}$,所以得到的概率是 $\dfrac{n}{2^{n-1}}$.

52. 一条长度大于 $1\,000$ 的折线在一个单位正方形内,证明:存在一条与该折线至少有 501 个交点的直线.

证明 用 $A_1, A_2, \cdots, A_n$ 表示这条折线的顶点,$P_1, P_2, \cdots, P_n$ 表示这条折线的顶点在正方形的水平方向的边上的射影,$R_1, R_2, \cdots, R_n$ 表示在竖直方向的边上的射影.

由三角形不等式,得

$$A_i A_{i+1} \leqslant P_i P_{i+1} + R_i R_{i+1}$$

于是

$$\sum_{i=1}^{n-1} P_i P_{i+1} + \sum_{i=1}^{n-1} R_i R_{i+1} > 1\,000$$

不失一般性,设

$$\sum_{i=1}^{n-1} P_i P_{i+1} > 500$$

因为线段 $P_i P_{i+1}$ 的并的总长度大于 500,并且所有这些线段都在这个单位正方形的边上,所以必有一点属于其中的至少 501 条线段. 把这一点称作 B,过点 B 竖直方向的直线至少与 501 条线段 $A_i A_{i+1}$ 相交.

53. 证明:平面内存在无三点共线的 $2\,015$ 个点,这 $2\,015$ 个点至少确定 403 个内部不交的凸四边形.

证明 因为过 $2\,015$ 个点中的两点的直线只有有限多条,所以能取一条不平行于其中任何直线的直线 l. 把 l 作为水平方向,于是所有这 $2\,015$ 个点有不同的 y 坐标. 因此可以按照 y 坐标增加的顺序把这些点排列为 $P_1, P_2, \cdots, P_{2\,015}$. 以其中每 5 个点为一个集合,共分成 403 个集合,第 k 个集合是 $\{P_{5k-4}, P_{5k-3}, P_{5k-2}, P_{5k-1}, P_{5k}\}$,由例 109 可知,我们可以从这些集合中的每一个中选出 4 个点,这 4 个点是一个凸四边形的顶点.

余下要证明的是这些四边形不交. 但这是很容易的. 如果 $j < k$,那么因为 y 坐标递

增,我们可以在第一个集合的最高点 P_{5j} 的上方,第二个集合的最低点 P_{5k-4} 的下方选取一条水平方向的直线 m.因此第 j 个凸四边形在 m 的下方,第 k 个凸四边形在 m 的上方.于是它们不交.

54. 平面内给出无三点共线的 $2n$ 个不同的点.如果对其中 n 个点涂红色,n 个点涂蓝色,证明:能将每个蓝点与红点联结,使每两条线段不交.

证明　考虑一切可能的红蓝点对.对于每一对 P,定义和 $S(P) = \sum_{i=1}^{n} R_i B_i$,这里 R_i,B_i 分别表示红点与蓝点,这对点的下标相同.因为点对的个数有限,所以可以考虑和为最小的点对.现在要证明这样的点对满足问题的条件.

假定不是这样.这意味着存在四点 $A = B_i, B = B_j, C = R_i, D = R_j$,使 AC 与 BD 相交.于是四边形 $ABCD$ 是凸四边形.

这由三角形不等式容易推出,在这种情况下,$AD + BC < AC + BD$,取 $C = R_j, D = R_i$,其余两点不变,定义一个新的点对.这就导致和更小的新的点对,于是得到矛盾.

55. 假定平面内包含 n 个点的集合 S 具有以下性质:S 中的任何三点都能被一条宽为 1 的无限长的带状区域覆盖.证明:S 能被一条宽为 2 的带状区域覆盖.

证法 1　像例 106 那样开始.考虑顶点属于 S,且面积最大的 $\triangle ABC$.设 D, E, F 是满足条件的点,A 是 EF 的中点,B 是 FD 的中点,C 是 DE 的中点.从例 106 的命题,知集合 S 完全包含在 $\triangle DEF$ 中.

根据已知条件,$\triangle ABC$ 能被一条宽为 1 的带状区域覆盖.设点 G 是 $\triangle ABC$ 的重心,考虑中心在点 G,位似比是 -2 的位似变换.这个位似变换将 $\triangle ABC$ 变为 $\triangle DEF$,包含 $\triangle ABC$ 的宽为 1 的带状区域就变为包含 $\triangle DEF$ 的宽为 2 的带状区域.因为 S 包含于 $\triangle DEF$ 中,于是证明完毕.

证法 2

引理　包含 $\triangle ABC$ 的带状区域中的最小宽度 w 是三角形的最大边上的高 h.

容易看出 $\triangle ABC$ 包含于宽为 h 的带状区域中.只要取最大边所在的直线和过该边所对的顶点且与该边平行的直线之间的带状区域.因此,$w \leqslant h$.

假定 $\triangle ABC$ 包含于宽为 w 的平行线 l 和 m 之间的带状区域内.不失一般性,假定 B 在 l 上的射影,在 A 和 C 在 l 上的射影之间,那么存在一条过 B 的长度至多是 w 的垂直线段与 AC 相交.因为过 B 向 AC 作的高是联结 B 和 AC 上的点的最短的线段,所以 $w \geqslant h_B$.因为最大边上的高是三条高中最短的,所以 $w \geqslant h$.结合这两种情况,得到 $w = h$.

利用引理很容易解决本题.设 A 和 B 是 S 中距离最大的两点,于是对于 S 中的任何一点 C,AB 是 $\triangle ABC$ 的最大边,于是由引理知,C 到直线 AB 的距离至多是 1.于是 S 位于宽为 2 的带状区域内,AB 是其中位线.

56. 设 S 是无三点共线,且至少有三点的点集,对于任何不同的点 $A, B, C \in S$,

$\triangle ABC$ 的外心都属于 S. 证明：S 是无穷点集.

证明　假定不是这样. 考虑顶点属于 S, 外接圆半径最小的 $\triangle ABC$. 设 R 是 $\triangle ABC$ 的外接圆的半径. 不失一般性, 设 $\angle A \geqslant \angle B \geqslant \angle C$.

分两种情况：

(a) $\triangle ABC$ 是钝角三角形或直角三角形. 设点 O 是外心, 因为 $\angle ACB \leqslant 45°$, 所以 $\triangle AOB$ 有外接圆的半径

$$\frac{AB}{2\sin\angle AOB} = \frac{2R\sin\angle ACB}{2\sin(2\angle ACB)} = \frac{R}{2\cos\angle ACB} \leqslant \frac{R}{\sqrt{2}} < R$$

(b) $\triangle ABC$ 是锐角三角形. 注意 $\angle BAC \geqslant 60°$. 现在看 $\triangle BOC$. 外接圆的半径是

$$\frac{BC}{2\sin\angle BOC} = \frac{2R\sin\angle BAC}{2\sin(2\angle BAC)} = \frac{R}{2\cos\angle ABC} \leqslant \frac{R}{2\cos 60°} = R$$

由于 R 是最小的, 所以等号必须成立. 于是 $\triangle ABC$ 必是等边三角形. 但是, 这种情况与 (a) 矛盾, 因为 $\triangle BOC$ 是外接圆半径 R 最小的钝角三角形.

第18章　提高题的解答

1.确定元素都是 0 或 1,每一行每一列都有奇数个 1 的 8×8 的矩阵的个数.

解　我们将逐行构造矩阵.我们可以对矩阵的特定一行中的前七个数任意取 0 或 1.但是,第八个数由在前七个数中 1 的个数决定:如果已经有奇数个 1 了,那么最后一个元素必定是 0;否则就是 1.因为前七个数中的每一个都有两种选择,于是共有 2^7 种方法构造这样的一行.这个过程可以对前七行中的每一行实施,所以有 $(2^7)^7 = 2^{49}$ 种方法.现在考虑最后一行.对这一行的最后一个元素用类似的逻辑,这一行已完全预先确定了,因为这一行的每一个元素都是一列的最后一个元素.我们最终只要计算矩阵中的所有 1 的个数的奇偶性就可以保证最后一行有奇数个 1.明确地说,因为我们构造了最后一行,所以每一列都有奇数个 1,于是矩阵中 1 的总个数必定是偶数(八个奇数的和是偶数).该矩阵的前七行中有奇数个 1(七个奇数的和是奇数),于是必存在最后一行中有奇数个 1,使得所有的数的和是偶数.于是,有 2^{49} 个满足所给条件的矩阵.

2.恰有三个不同数字的七位数有多少个?

解　首先,计算由字母 $\{X, Y, Z\}$ 组成的长度为 7 的数串的个数,每个字母都至少出现一次,容易用容斥原理计数.长度为 7 的数串有 3^7 个,但是包括了 3 个字母都不出现的情况.对每一个字母来说,都有 2^7 个数串不出现该字母,因此总共有 $3 \cdot 2^7$ 个.如果我们减去这个数,那么将减去恰有 1 个字母出现两次的情况.于是,正确的结果是 $3^7 - 3 \cdot 2^7 + 3$.注意到这与所求的个数很有关系.如果我们用不同的数字代替 X, Y 和 Z,那么我们必须担心两件事.首先,那么我们不允许以 0 开头,实际上我们得到一个七位数,不只是一个数串.其次,在字母串 X, Y, Z 中有对称性,对于任何这样的数串,我们可以搬动字母得到另一个这样的数串.例如,可用 $XXZYXYZ$ 表示数 1 123 132,这里 $X=1, Y=3, Z=2$,也可以用 $ZZYXZXY$ 表示,这里 $X=3, Y=3, Z=1$.我们观察到因为字母 X, Y, Z 有 3! $=6$ 种排列,结果我们对每个数串计算了 6 次.于是,把原数串的个数除以 6 才符合第二个问题.现在我们将对每个字母分配一个数值,我们可以用任何非零的数字代替数串中的第一个字母,有 9 种选择.第二个出现的字母可以是除了第一个字母以外的任何数字(有 9 种选择),第三个字母是余下的数字之一(有 8 种选择).总共有 $9 \cdot 9 \cdot 8 \cdot (\dfrac{3^7 - 3 \cdot 2^7 + 3}{6}) = $ 195 048 个恰有三个不同数字的七位数.

3.一个动物庇护所里有 n 只猫、$3n$ 条狗.每只猫都恰好讨厌 3 条狗,没有两只猫讨厌同一条狗.求给每一只猫分配一个猫不讨厌的狗窝伴侣的方法数公式.

解 这是错排问题的一个变式(见例 35)．假定我们知道对于某 k 只猫($0 \leqslant k \leqslant n$)，分配给它讨厌的狗．对那 k 只猫中的每一只都有三种方法分配给它讨厌的狗．对于其余 $n-k$ 只猫，有 $3n-k$ 种方法分配一只狗给第一只猫，$3n-k-1$ 种方法分配一只狗给下一只猫，一直到 $3n-k-(n-k)+1=2n+1$ 种方法分配一只狗给最后一只猫．注意这些项的乘积是 $\dfrac{(3n-k)!}{(2n)!}$．于是有 $3^k \cdot \dfrac{(3n-k)!}{(2n)!}$ 种方法分配给选出的 k 只猫，它们讨厌的狗．因为有 $\begin{bmatrix} n \\ k \end{bmatrix}$ 种方法选择使这群猫不舒服，根据容斥原理，总共有

$$\sum_{k=0}^{n} (-1)^k \begin{bmatrix} n \\ k \end{bmatrix} 3^k \frac{(3n-k)!}{(2n)!}$$

种这样的方法分配狗给猫，没有猫不高兴．

4．有两种不同的旗杆和 19 面旗，其中有 10 面相同的蓝旗，9 面相同的绿旗．设 N 是所有旗帜不同排列的个数，每个旗杆至少有一面旗，在两个旗杆上都没有两面相邻的绿旗，求 N 除以 1 000 的余数．

解 我们把 10 面蓝旗排成一行，加一面红旗表示分成两个旗杆．这样在 10 面蓝旗之间或两侧就有 11 个位置，所以有 11 个位置可插这面红旗．接下来，我们放绿旗，使红旗和蓝旗之间的每一个空位置至少有一面绿旗．这就保证每一对绿旗被至少一面蓝旗隔开，或者在红旗分割绿旗的情况下，题中在不同的旗杆有上绿旗．在 12 个位置放 9 面绿旗，有 $\begin{bmatrix} 12 \\ 9 \end{bmatrix}=220$ 种方法插进绿旗．于是总数是 $11 \cdot 220=2\,420$ 种排列．

结果给出我们把旗帜放置在旗杆上的唯一方法：从左边开始从下到上放置旗帜．遇到红旗时，换一根旗杆．我们需要考虑的唯一情况是一根旗杆上没有旗帜，这只有在红旗总是位于所有旗帜的左边或右边时发生．把红旗放在两边有两种选择，于是其余旗帜有 $\begin{bmatrix} 11 \\ 9 \end{bmatrix}=55$ 种排列，所以最后的排列种数 $N=2\,420-2 \cdot 55=2\,310$．因此除以 1 000 的余数是 310．

5．推导一个由 m 个 1 和 n 个 0 组成的 k 组 1 的排列种数的(没有加法的)公式，其中组的意思是最多个连续相同值的数串．

解 首先，把 m 个 1 分成 k 组．每一组至少包含一个 1，所以有 $m-k$ 个 1 要安排．我们会想到星星和杠杠的问题：$m-k$ 颗星(表示 1)和 $k-1$ 条杠(表示两组之间的空位置)，有 $\begin{bmatrix} m-1 \\ k-1 \end{bmatrix}$ 种排法．

其次，安置 0．把 $k-1$ 个 0 分到 $m-k$ 组 1 中，其余 $n-k+1$ 个 0 可以放到 k 组 1 之间，或之前，或之后的 $k+1$ 个空位置中的任何一个空位置处．我们又想到星星和杠杠的情

况，其中 0 是星星，k 条杠杠分割所有可能的空位置，有 $\begin{bmatrix} n+1 \\ k \end{bmatrix}$ 种方法把 0 放到 1 中. 一共

得到 $\begin{bmatrix} m-1 \\ k-1 \end{bmatrix} \cdot \begin{bmatrix} n+1 \\ k \end{bmatrix}$ 组 1 的排列.

6. 在一次超级英雄和超级恶棍的大会上，5 对英雄和恶棍坐成一排，所坐之处放着一块条板. 当然，如果任何超级英雄坐在他（她）的对手（恶棍）旁边，那么混乱必将爆发，会议将不能召开. 有多少种方法安排这些人，使大会能够顺利地进行下去？

解　这里我们将用补计数和容斥原理. 首先，计算出对 10 个人的排列方法有 10!

种. 其次，减去至少一对英雄（恶棍）坐在一起的情况. 选择哪对坐在一起的方法有 $\begin{bmatrix} 5 \\ 1 \end{bmatrix}$ 种，

选择这一对中谁坐在左边的方法有 2 种，还有 9! 种方法安排每一个人（因为一对中的两

个人必会相邻坐，所以可以当作一个整体处理）. 这就共给出 $\begin{bmatrix} 5 \\ 1 \end{bmatrix} \cdot 2 \cdot 9!$ 种排法. 但是，我

们重复计算了至少有两对坐在一起的情况，所以必须减去 $\begin{bmatrix} 5 \\ 2 \end{bmatrix} \cdot 2^2 \cdot 8!$（$\begin{bmatrix} 5 \\ 2 \end{bmatrix}$ 是选择哪两

对人相邻坐的方法种数，有 2 种方法安排每一对人，有 8! 种方法安排每一个人）. 继续这样的模式，最后得到的结果是

$$10! - \begin{bmatrix} 5 \\ 1 \end{bmatrix} \cdot 2 \cdot 9! + \begin{bmatrix} 5 \\ 2 \end{bmatrix} \cdot 2^2 \cdot 8! - \begin{bmatrix} 5 \\ 3 \end{bmatrix} \cdot 2^3 \cdot 7! + \begin{bmatrix} 5 \\ 4 \end{bmatrix} \cdot 2^4 \cdot 6! - \begin{bmatrix} 5 \\ 5 \end{bmatrix} \cdot 2^5 \cdot 5!$$

7. 考虑三个集合 X, Y, Z，有 $|X| = m$，$|Y| = n$，$|Z| = r$，以及 $Z \subset Y$. 用 $s_{m,n,r}$ 表示对 $Z \subseteq f(X)$，函数 $f : X \to Y$ 的个数. 证明

$$s_{m,n,r} = m^n - \begin{bmatrix} r \\ 1 \end{bmatrix} (m-1)^n + \begin{bmatrix} r \\ 2 \end{bmatrix} (m-2)^n - \cdots + (-1)^n (m-r)^n$$

证明　这里我们用补计数和容斥原理得到 $s_{m,n,r}$. 我们知道有 m^n 个函数 $f : X \to Y$. 如果 $Z \nsubseteq f(X)$，那么必定存在某个元素 $z \in Z$，没有 $x \in X$，使 $f(x) = z$. 考虑 Z 的包含 k 个元素的子集 S. 因为 Y 中余下的 $m-k$ 个元素都被 X 的每一个元素映射到，所以 S 中没有元素属于 $f(X)$ 的函数的个数是 $(m-k)^n$. 大小为 k 的 Z 的子集有 $\begin{bmatrix} r \\ k \end{bmatrix}$ 个，所以由容斥原理，得

$$s_{m,n,r} = \sum_{k=0}^{r} (-1)^k \begin{bmatrix} r \\ k \end{bmatrix} (m-k)^n$$

$$= m^n - \begin{bmatrix} r \\ 1 \end{bmatrix} (m-1)^n + \begin{bmatrix} r \\ 2 \end{bmatrix} (m-2)^n - \cdots + (-1)^n (m-1)^n$$

8. 一个由 n 个 X 和 r 个 Y 组成的字母组，求由 X 和 Y 组成的不同的单词（序列）的个

数,使得每个序列中必须包含 n 个 X(不必包含所有的 Y).

解 只要我们用杠杠代替 X,用星星代替 Y,那这就是一个星杠类的问题.我们增加一个 X,对 $n+1$ 个 X 和 r 个 Y 进行排列.这样的序列都由出现在第 $n+1$ 个 X 之前的所有元素组成.注意到用这种方法得到的每一个序列都是唯一的.这个过程保证我们用到所有的 X,但是在第 $n+1$ 个 X 之后的 Y 必须除去,所以我们没有必要必须用所有这些 Y.

在总共 $n+r+1$ 个字母中必须选取 r 个空位置给 Y.于是有 $\left\lfloor \begin{array}{c} n+r+1 \\ r \end{array} \right\rfloor$ 个这样的序列.

9.设 A,B,C 是三个集合.如果 $|A \bigcap B|=|B \bigcap C|=|C \bigcap A|=1$,$A \bigcap B \bigcap C=\varnothing$,那么就定义有序三元组 (A,B,C) 为最小交集三元组.例如,$(\{1,2\},\{2,3\},\{1,3,4\})$ 就是一个有序最小交集三元组.求每个集合都是 $\{1,2,3,4,5,6,7\}$ 的子集的有序最小交集三元组的个数.

解 首先,选择分别属于 $A \bigcap B$,$B \bigcap C$,$C \bigcap A$ 的元素.因为原集合中有 7 个元素,所以对 $A \bigcap B$ 的元素有 7 种选择,对 $B \bigcap C$ 的元素有 6 种选择,对 $C \bigcap A$ 的元素有 5 种选择.现在已经满足了 $|A \bigcap B|=|B \bigcap C|=|C \bigcap A|=1$ 的条件,也没有违反 $A \bigcap B \bigcap C=\varnothing$ 的条件.对于余下的每一个元素,因为没有一个元素能出现在多重集合中,所以有 4 种选择:出现在三个集合 A,B,C 之一的元素,或者不出现在任何一个集合之中的元素.因为余下 4 个元素,所以有 $7 \cdot 6 \cdot 5 \cdot 4^4 = 53\ 760$ 个有序最小交集三元组.

10.对于字母 $\{H,T\}$ 的回文序列指的是由 H 和 T 组成的,从左到右读和从右到左读是相同的序列.于是 $HTH,HTTH,HTHTH$ 和 $HTHHTH$ 分别是长度为 $3,4,5,6$ 的回文序列.设 $P(n)$ 表示长度为 n 的字母 $\{H,T\}$ 的回文序列的个数.n 有多少个值,使 $1\ 000 < P(n) < 10\ 000$?

解 我们对两种情况确定 $P(n)$ 的一般形式:n 是偶数的情况和 n 是奇数的情况.如果 n 是偶数,那么点对序列的前 $\frac{n}{2}$ 个字母的每一个都有两种选择.于是后 $\frac{n}{2}$ 个字母可以用得到回文序列的方法排列(使对 k 从 $\frac{n}{2}$ 到 n,第 k 个元素与第 $n-k+1$ 个元素相同).于是当 n 是偶数时,长度为 n 的回文序列有 $2^{\frac{n}{2}}$ 个.类似地,如果 n 是奇数,那么点对序列的前 $\frac{n+1}{2}$ 个字母是 H 或 T,但是其余的字母必须使得到的序列是回文序列.于是,当 n 是奇数时,长度为 n 的回文序列共有 $2^{\frac{n+1}{2}}$ 个.

我们的目标是 $1\ 000 < P(n) < 10\ 000$.因为 $P(n)$ 永远是 2 的幂,所以要寻找大于 1 000 的 2 的最小的幂和小于 10 000 的 2 的最大的幂.我们有 $1\ 024 = 2^{10}$,所以使 $P(n) > 1\ 000$ 的 n 的最小值是 $10 = \frac{n+1}{2}$,则 $n = 19$.我们还有 $8\ 192 = 2^{13}$,所以使 $P(n) < 10\ 000$

的 n 的最大值是 $13=\dfrac{n}{2}$，则 $n=26$．于是对 $19\leqslant n\leqslant 26$，有 $1\,000<P(n)<10\,000$．于是我们可以推出，n 有 8 个值，使 $1\,000<P(n)<10\,000$．

11．不等式 $n_1+n_2+\cdots+n_k\leqslant m$ 有多少组非负整数解？

解　我们想找出一种巧妙的方法把该不等式变为方程，以便可以使用我们已经知道的方法．为此我们随手加一个变量 s，把原不等式变为方程 $n_1+n_2+\cdots+n_k+s=m$，这里 $n_1,n_2,\cdots,n_k,s$ 都是非负整数．注意到由于 s 是非负整数，所以可以取所有可能值，于是 $n_1+n_2+\cdots+n_k$ 可以取 0 到 m 的一切可能值．在例 22 中讨论过，因为我们有 $k+1$ 个变量和 m 个 1，所以这样的方程的解的组数是 $\begin{pmatrix}m+k\\m\end{pmatrix}$．

12．对于方程 $x+y+z=30$ 的使 x,y,z 都不是 3 的倍数的非负整数解有多少组？

解　为了使 x,y,z 的和是 30（是 3 的倍数），且 x,y,z 都不是 3 的倍数，这三个数除以 3 的余数必定相同．我们看两种情况：每个数都除以 3 余 1 和每个数都除以 3 余 2．如果 x,y,z 除以 3 的余数都是 1，那么设 $x=3a+1,y=3b+1,z=3c+1$．这样就得到

$$x+y+z=3a+1+3b+1+3c+1=3(a+b+c)+3=30$$

可化简为 $3(a+b+c)=27$，然后 $a+b+c=9$，其中 a,b,c 是非负整数．我们已经明白如何用前面的例 22 中星星和杠杠的方法解决这类问题，得到的结果是 $\begin{pmatrix}11\\2\end{pmatrix}$．类似地，如果 x,y,z 除以 3 的余数都是 2，那么设 $x=3a+2,y=3b+2,z=3c+2$．这样化简后就得到 $a+b+c=8$，有 $\begin{pmatrix}10\\2\end{pmatrix}$ 组非负整数解．于是方程 $x+y+z=30$ 的使 x,y,z 都不是 3 的倍数的非负整数解一共有 $\begin{pmatrix}11\\2\end{pmatrix}+\begin{pmatrix}10\\2\end{pmatrix}=100$ 组．

13．求正整数的三数组 (a,b,c) 的个数，其中每一个正整数都取自于 1 到 9 的数，且乘积 abc 能被 10 整除．

解　为了使 abc 能被 10 整除，则 a,b,c 中至少有一个必定是偶数，且至少有一个必能被 5 整除．因为所有三个数都取自于 1 到 9，这表示其中之一必定是 5．这里用补计数法，并利用容斥原理．首先，计算没有限制的所有可能的有序三数组的个数．其次，减去没有 5 和没有偶数的三数组．但是，这样就把既没有 5 又没有偶数的三数组减了两次，所以必须加回．

对于 a,b,c 中的每个数都有 9 种选择，所以没有限制的三数组共有 9^3 个．如果这三个数中没有 5，那么余下的每一个数都只有 8 种选择，所以没有 5 的三数组共有 8^3 个．如果不允许有偶数，那么每个数都有 5 种可能的选择 $(1,3,5,7,9)$，所以没有偶数的三数组共有 5^3 个．最后，如果我们既排除偶数，又排除 5，那么对余下的每个数取自于 $(1,3,7,9)$，于是

有 4^3 个三数组. 这样, 最后的结果是

$$9^3 - 8^3 - 5^3 + 4^3 = 156$$

个使 abc 能被 10 整除的有序三数组.

14. 将数 $1, 2, \cdots, 8$ 分成三个非空集合, 求有多少种分法. 例如, $\{1, 3, 6, 7\}$, $\{2, 5\}$, $\{4, 8\}$ 就是一种分法, 与这三个集合的顺序无关.

解 首先, 假定与这三个集合的顺序无关. 此时把 8 个数中每一个数放到一个集合有 3 种选择, 所以有 3^8 种分法把这些数分成三个集合. 但是, 这并没有排除一个或多个集合是空集的可能性. 如果这些集合中至少有一个集合是空集, 那么有 $\begin{bmatrix} 3 \\ 1 \end{bmatrix} = 3$ 种方法使哪一个集合必须是空集, 每个数都有 2 种选择分配到那一个集合, 所以共有 $3 \cdot 2^8$ 种方法. 但是, 我们少算了有两个集合是空集的情况. 有三种方法可能发生 (只要选择一个集合非空). 最后, 我们调整计数的情况以保证与集合的顺序无关. 三个非空集合的排列有 3! 种, 因为我们不考虑顺序, 所以应把结果除以 3!. 这样就得

$$\frac{3^8 - 3 \cdot 2^8 + 3}{3!} = 966$$

种分法将数 $1, 2, \cdots, 8$ 分成三个非空集合, 且与这三个集合的顺序无关.

15. 设 S_1 和 S_2 表示两个长度为 n 的二进制数串. S_1 和 S_2 不同位置的个数称为 S_1 和 S_2 的海明 (Hamming) 距离, 用 $H(S_1, S_2)$ 表示. 例如, $H(001011, 101001) = 2$. 给定正整数 n 和 $k, k \leqslant n$. 计算长度为 n 的有序二进制数串 S_1 和 S_2 的二元对 (S_1, S_2) 的个数, 使 $H(S_1, S_2) = k$.

解 首先, 构造 S_1. 对于 S_1 的 n 个位置中的每一个都有 2 种选择 (0 或 1), 所以有 2^n 种方法构造 S_1. 其次, 我们必须选择 S_2 的 k 个位置与 S_1 不同, 有 $\begin{bmatrix} n \\ k \end{bmatrix}$ 种方法选择一些位置不同. 一旦我们选择了这些位置, S_2 就完全确定了. 于是有 $\begin{bmatrix} n \\ k \end{bmatrix} 2^n$ 个海明距离为 k, 长度为 n 的有序二进制数串对.

16. 在由 5 个 A, 5 个 B, 5 个 C 共 15 个字母组成的排列中, 前 5 个字母中没有 A, 中间 5 个字母中没有 B, 后 5 个字母中没有 C 的排列有多少个?

解 假定在前 5 个字母中用 k 个 B ($0 \leqslant k \leqslant 5$). 于是前 5 个字母中用 $5 - k$ 个 C, 有 $\begin{bmatrix} 5 \\ k \end{bmatrix}$ 种方法选择 B. 一旦选择 B 的位置, 其余的位置必须用 C 补满. 余下的 k 个 C 与 $5 - k$ 个 A 必须一起用到第二组的 5 个字母中, 所以又有 $\begin{bmatrix} 5 \\ k \end{bmatrix}$ 种方法安排这些字母. 最后, 末 5 个

字母中有 k 个 A 和 $5-k$ 个 B,于是有 $\begin{bmatrix} 5 \\ k \end{bmatrix}$ 种方法安排这些字母.总共有

$$\sum_{k=0}^{5} \begin{bmatrix} 5 \\ k \end{bmatrix}^3 = 2\ 252$$

种排列.

17. 考虑各位数字都不相同的数,第一位数字不是 0,数字之和是 36.这样的数有 $N \times 7!$ 个,N 的值是什么?

解   所有 $0,1,\cdots,9$ 的数字的和是 45,所以我们不能使用数字的和是 9 的一组数字.现在来看不能用的数字有多少种不同的情况.如果不考虑数字 9,那么有 9! 种方法排列 $0,1,\cdots,8$.如果把 0 放在第一个数字,那么把这个 0 除去,得到各位数字的和是 36,且没有 0 或 9 的数.

另一种可能是我们可以不考虑一对和是 9 的非零的数字.有 4 对这样的数字(1 和 8,2 和 7,3 和 6,4 和 5).对于每一对数,都有 8! 种方法排列其余 8 个数字.如果 0 是第一个数字,我们就要除去它,得到另一个合格的数.

最后,我们除去数字的和是 9 的非零的三数组.这样的三数组有 3 组($\{1,2,6\},\{1,3,5\},\{2,3,4\}$).对于每一个三数组,都有 7! 种方法排列其余 7 个数字(如果第一个数字是 0,那么就除去).我们不能除去 4 个或更多的非零数字使得到各位数字的和是 36,这是因为 $1+2+3+4=10$,而且这是我们可能除去的最小的数字.这样总共有

$$9! + 4 \cdot 8! + 3 \cdot 7! = (9 \cdot 8 + 4 \cdot 8 + 3) \cdot 7! = 107 \cdot 7!$$

个可能的数,于是 $N = 107$.

18. 在一系列扔硬币的结果中,我们可以把背面接着是正面,和正面接着又是正面等情况记录下来.我们用 TH, HH,等等表示.例如,在扔 15 次硬币的序列 $HHTTHHHHTHHTTTT$ 中,观察到有 5 个 HH,3 个 HT,2 个 TH 和 4 个 TT 的子序列.在扔 15 次硬币的序列中,多少个不同序列恰好包含 2 个 HH,3 个 HT,4 个 TH 和 5 个 TT 的子序列?

解   我们首先关注从背面到正面和从正面到背面的转换,寻找一个一般的结构.因为我们有 3 个 HT 和 4 个 TH,所以我们的序列一定形如 $T_1 H_1 T_2 H_2 T_3 H_3 T_4 H_4$,其中 T_i 表示一个背面的字母串(至少包括一个背面),H_i 表示一个正面的字母串(至少包括一个正面).因为每一个字母串必须至少包含一个正(背),所以我们必须附加 2 个 H 到某个 H_i 的组合中,附加 5 个 T 到某个 T_i 的组合中得到 2 个 HH 和 5 个 TT.我们知道在 4 组中安排 2 个同样的对象有 $\begin{bmatrix} 5 \\ 2 \end{bmatrix} = 10$ 种方法,在 4 组中安排 5 个同样的对象有 $\begin{bmatrix} 8 \\ 5 \end{bmatrix} = 56$ 种方法,所以共有 $10 \cdot 56 = 560$ 个给定子序列的序列.

19. 表达式 $(x+y+z)^{2\,006} + (x-y-z)^{2\,006}$ 经过展开和合并同类项后得以化简,在化

简后的表达式中有多少项?

解 由多项式定理,有

$$(x+y+z)^{2\,006} + (x-y-z)^{2\,006}$$

$$= \sum_{a+b+c=2\,006} \begin{bmatrix} 2\,006 \\ a,b,c \end{bmatrix} x^a y^b z^c + \sum_{a+b+c=2\,006} \begin{bmatrix} 2\,006 \\ a,b,c \end{bmatrix} x^a (-y)^b (-z)^c$$

$$= \sum_{a+b+c=2\,006} [1+(-1)^{b+c}] \begin{bmatrix} 2\,006 \\ a,b,c \end{bmatrix} x^a y^b z^c$$

项数是有序非负整数三数组 (a,b,c) 的个数,其中 $a+b+c=2\,006$,$b+c$ 是偶数(在 $(-1)^{b+c}=1$ 的情况下,有一个非零系数). 为了使 $b+c$ 是偶数,a 必须是偶数. 特别地,设 $a=2k$,于是有 $2\,006-2k+1$ 项(因为 b 可以从 0 取到 $2\,006-2k$). 于是,总项数是

$$\sum_{k=0}^{1\,003} (2\,006-2k+1) = 1\,004 \cdot 2\,007 - 2\sum_{k=0}^{1\,003} k$$

$$= 1\,004 \cdot 2\,007 - 2\frac{1\,004 \cdot 1\,003}{2}$$

$$= 1\,004^2 = 1\,008\,016$$

20. 多项式 $1-x+x^2-x^3+\cdots+x^{16}-x^{17}$ 可改写成 $a_0+a_1 y+a_2 y^2+\cdots+a_{16} y^{16}+a_{17} y^{17}$ 的形式,其中 $y=x+1$,a_i 是常数,求 a_2 的值.

解 因为 $y=x+1$,所以 $x=y-1$. 代入原多项式,有

$$1-x+x^2-x^3+\cdots+x^{16}-x^{17}$$
$$=1-(y-1)+(y-1)^2-(y-1)^3+\cdots+(y-1)^{16}-(y-1)^{17}$$

由二项式定理,我们知道 $(y-1)^n$ 中 y^2 的系数是 $(-1)^{n-2}\begin{bmatrix} n \\ 2 \end{bmatrix}$,所以取自于上面的式子中的系数的和是

$$\begin{bmatrix} 2 \\ 2 \end{bmatrix} + \begin{bmatrix} 3 \\ 2 \end{bmatrix} + \cdots + \begin{bmatrix} 16 \\ 2 \end{bmatrix} + \begin{bmatrix} 17 \\ 2 \end{bmatrix}$$

根据曲棍球杆恒等式,上式可化简为 $\begin{bmatrix} 18 \\ 3 \end{bmatrix} = 816$,所以 $a_2 = 816$.

另外,我们可以观察到

$$1-x+x^2-x^3+\cdots+x^{16}-x^{17} = \frac{1-x^{18}}{1+x} = \frac{1-(y-1)^{18}}{y}$$

于是,y^2 的系数 a_2 是 $1-(y-1)^{18}$ 中 y^3 的系数. 利用二项式定理得到

$$a_2 = -(-1)^{15} \begin{bmatrix} 18 \\ 3 \end{bmatrix} = 816$$

21. 设 S 是包含 n 个元素的集合,证明

$$\sum_{A \subseteq S}\sum_{B \subseteq S} |A \cap B| = n \cdot 4^{n-1}$$

证明　　我们提供一个组合的证明.计算 S 的所有有序子集对的交的大小的和的值.

（a）这恰好是对左边的计数.$|A \cap B|$ 是 A 和 B 交的大小,允许 A 和 B 跑遍 S 的一切可能的子集.

（b）考虑一个特定的元素 $x \in S$.我们将确定 x 在和式中计算了多少次.当 A 和 B 都包含 x 时,元素 x 从 1 分布到 $|A \cap B|$.于是我们需要计算有多少个 A 和 B 都包含 x 的有序子集对 (A,B).对于 S 中除 x 以外的 $n-1$ 个元素的每一个,我们都有 4 种选择:属于 A 但不属于 B 的元素,属于 B 但不属于 A 的元素,既不属于 A 也不属于 B 的元素,既属于 A 又属于 B 的元素.因此有 4^{n-1} 个 A 和 B 都包含 x 的有序子集对 (A,B).因为这对任何 $x \in S$ 和 $|S| = n$ 都成立,所以总个数是 $n \cdot 4^{n-1}$.

因为我们是对同一件事计数,所以它们必定相等,于是

$$\sum_{A \subseteq S}\sum_{B \subseteq S} |A \cap B| = n \cdot 4^{n-1}$$

这就是所求的.

22.证明:任何不能被 5 整除的奇数必整除形如 $10101\cdots01$ 的某一个 1 和 0 交替出现的数串.例如,13 整除 10 101,17 整除 101 010 101 010 101,9 和 19 整除 10 101 010 101 010 101.

证明　　设 n 是不能被 5 整除的奇数.考虑前 $n+1$ 个这样的数

$$1,101,10\ 101,1\ 010\ 101,\cdots,\underbrace{1010\cdots101}_{2n+1\text{位数}}$$

把这 $n+1$ 个数除以 n,有 n 种可能的余数.根据鸽巢原理,至少有两个数的余数相同.假定这两个数是

$$\underbrace{1010\cdots101}_{2i+1\text{位数}} \text{ 和} \underbrace{1010\cdots101}_{2j+1\text{位数}} \quad (i > j)$$

当我们作这两个数的差时,就得到一个能被 n 整除的数.我们有

$$\underbrace{1010\cdots101}_{2i+1\text{位数}} - \underbrace{1010\cdots101}_{2j+1\text{位数}} = \underbrace{1010\cdots101}_{2i-2j-1\text{位数}}\underbrace{00\cdots0}_{2j+2\text{个}0} = \underbrace{1010\cdots101}_{2i-2j-1\text{位数}} \cdot 10^{2j+2}$$

因为 n 是不能被 5 整除的奇数,所以 n 与 10^{2j+2} 互质.于是 n 必整除所求形式的数 $\underbrace{1010\cdots101}_{2i-2j-1\text{位数}}$.于是,每一个不能被 5 整除的奇数必整除形如 $10101\cdots01$ 的某一个数.

23.证明:对于每一个 16 位数,都存在一个或几个连续的数字组成的数字串,使这些数字的积是完全平方数.

证明　　假定该 16 位数的第 k 位数是 $n_k (1 \leqslant k \leqslant 16)$.定义 $N_k = n_1 \cdot n_2 \cdot n_3 \cdot \cdots \cdot n_k$ $(0 \leqslant k \leqslant 16)$.所以 $N_0 = 1, N_1 = n_1, N_2 = n_1 \cdot n_2, N_3 = n_1 \cdot n_2 \cdot n_3, \cdots$.注意到每一个 n_k 都是该 16 位数的连续数字的积.

其次,注意到因为每个 n_k 都是一个数字,所以 N_k 的质因数分解式形如 $2^{\alpha_1} 3^{\alpha_2} 5^{\alpha_3} 7^{\alpha_4}$

$(a_i \geqslant 0)$,对于 $17N_k$ 的各质因数的指数奇偶性分布有 $2^4 = 16$ 种.根据鸽巢原理,至少有两个数的奇偶性分布相同.假定这两个数是 N_i 和 $N_j(i < j)$,于是

$$\frac{N_j}{N_i} = \frac{n_1 \cdot n_2 \cdot \cdots \cdot n_j}{n_1 \cdot n_2 \cdot \cdots \cdot n_i} = n_{i+1} \cdot n_{i+2} \cdot \cdots \cdot n_j$$

给出一个完全平方数,这是因为 N_j 除以 N_i 的结果是奇偶性相同的指数相减,结果指数都是偶数.因为这也是原 16 位数的连续数字的积,所以我们证明了存在一个或几个连续的数字组成的数字串,使这些数字的积是完全平方数.

24. 从 1 到 100 选取 10 个整数.证明:我们能找到两个所选取整数不交的非空子集,使这两个子集的元素的和相等.

证明 考虑 S 是从 1 到 100 选取 10 个整数组成的一个集合.我们知道 S 有 $2^{10} - 1 = 1\,023$ 个非空子集,也知道 S 的元素的和至多是 $\sum_{i=91}^{100} i = 955$.注意,$S$ 的任何子集的元素和都小于或等于 S 本身的元素和.根据鸽巢原理,因为 S 有 1 023 个非空子集,对于这些子集可能的元素和少于 955 种,所以 S 中必存在两个子集(比如说 S_1 和 S_2).如果 S_1 和 S_2 不交,那么已经证毕.否则,$S_1 \backslash (S_1 \bigcap S_2)$ 和 $S_2 \backslash (S_1 \bigcap S_2)$ 不交,因为从每个集合中除去共同的元素,所以元素的和仍然相同.于是,对于选自 1 到 100 的 10 个整数的任何集合中能找到两个所选整数的不交的非空子集,且元素的和相等,这就是我们所求的.

25. 平面内每个点是红色、绿色、蓝色三种颜色中的一种.证明:该平面内存在一个顶点都同色的矩形.

证明 我们将关注的是在平面内的点集 (x, y),其中 x, y 为整数,$1 \leqslant x \leqslant 4, 1 \leqslant y \leqslant 82$.在这个点集中 y 值相同的四点作为"行".用红色、绿色、蓝色三种颜色对这一行涂色有 $3^4 = 81$ 种方法.因为共有 82 行,根据鸽巢原理,存在两行同色,就取这两行.因为每行有四点和三种颜色,根据鸽巢原理,在我们选定的行中某种颜色至少出现两次.在这一行中取同色的两点以及在另一行的相应位置上的两点就是顶点都同色的一个矩形.

26. Jenny 有一堆共 n 块的石块,n 是正整数,$n \geqslant 2$.每一步,她取一堆石块分成两小堆.如果新的两堆石块分别是 a 块和 b 块,那么把积 ab 写在黑板上.她继续重复这一过程,直到每堆石块都恰好是 1 块.证明:不管怎样分石块,黑板上数的和始终不变.

(例如,如果 Jenny 从 12 块石块的一堆开始,她可以分成一堆 5 块,一堆 7 块,并把 $5 \cdot 7 = 35$ 写在黑板上.然后可以把 5 块一堆的石块分成 2 块一堆,3 块一堆,然后把 $2 \cdot 3 = 6$ 写在黑板上.)

证明 先看 n 较小时的情况.

当 $n = 2$ 时,如果我们从 2 块石块的一堆开始,只有一种可能,即两堆都是 1 块石块.我们把 $1 \cdot 1 = 1$ 写在黑板上,这就是最后的和.

当 $n = 3$ 时,我们从 3 块石块的一堆开始,必须分成 2 块一堆和 1 块一堆.我们把 $2 \cdot$

$1＝2$ 写在黑板上.然后把 2 块石块的一堆分成的两堆都是 1 块,再在黑板上写上 $1\cdot1＝1$,这就给出和 $2＋1＝3$.

当 $n＝4$ 时,我们有两种可能把 4 块石块的一堆分成两小堆.虽然命题认为无论怎么分,结果总是相同的,但我们还是要检验两种可能性来肯定 $n＝4$ 的情况.

4 块石块的一堆分成每堆都是 2 块,然后再把每一堆都分成两堆都是 1 块石块,最后的和是 $2\cdot2＋1\cdot1＋1\cdot1＝6$.

另一种分法,我们分成 3 块一堆和 1 块一堆.3 块一堆的石块必须像 $n＝3$ 的情况那样分,所以得到 $3\cdot1＋2\cdot1＋1\cdot1＝6$.这与前面的分法结果相同.

当 $n＝5$ 时,我们从 5 块石块的一堆开始,结果和是 10(读者可以用各种可能的分法检验这种情况).

到目前为止,我们得到的和是 $1,3,6,10$.我们注意到这些数都是三角形数,所以我们猜想对有 n 块石块的一堆,最后的这个和是 $\frac{n(n-1)}{2}$.现在需要证明的是实际上这与分法无关.我们对 n 用强归纳法.

基础情况:我们已经检验了对 $n＝2$ 的情况.

归纳假定:假定对有 $n(2\leqslant n\leqslant k)$ 块一堆的石块,不管如何分,最后的和都是 $\frac{n(n-1)}{2}$.

归纳步骤:考虑有 $k+1$ 块石块的一堆.第一次必须用某种方法把石块分成两堆,比如说是 a 块一堆和 b 块一堆$(a+b=k+1,1\leqslant a,b\leqslant k)$,这样就把 $a\cdot b$ 作为最后的和.接着我们需要把 a 块一堆的石块分成 a 堆,每堆都是 1 块.因为 $1\leqslant a\leqslant k$,所以可以用强归纳法使最后的和是 $\frac{a(a-1)}{2}$.类似地,把 b 块一堆的石块分成 b 堆,每堆都是 1 块,可以得到 $\frac{b(b-1)}{2}$,再把这个数加上原来的和 $\frac{a(a-1)}{2}$,得

$$ab+\frac{a(a-1)+b(b-1)}{2}=\frac{a^2+b^2+2ab-a-b}{2}$$
$$=\frac{(a+b-1)(a+b)}{2}$$
$$=\frac{k(k-1)}{2}$$

这就是所求的.根据数学归纳法原理,这就推出了证明.

27.证明:对一切有 n 个顶点的树 T,有 $\chi(T;k)=k(k-1)^{n-1}$.

证明　我们对 n 进行归纳.

基础情况:当 $n＝1$ 时,只有一个顶点,可以用 k 种颜色中的任意一种涂色,所以有 k 种方法对这棵树涂色.这与 $k(k-1)^0$ 一致,于是基础情况成立.

归纳假定:假定对某个 $m \geqslant 1$,对一切有 m 个顶点的树 T,有
$$\chi(T;k) = k(k-1)^{m-1}$$

归纳步骤:考虑有 $m+1$ 个顶点的树 T.因为 $m+1 \geqslant 2$,由例 84 可知,树 T 至少有两片叶子.假定一片叶子是 l,由例 85 可知,$T-l$ 是有 m 个顶点的树.根据归纳假定,用 k 种颜色对 $T-l$ 涂色的方法有 $k(k-1)^{m-1}$ 种.现在必须对 l 涂一种颜色.因为 l 是叶,所以恰好有一个相邻的顶点.l 不能与相邻的顶点同色,但是可以有另外 $k-1$ 种颜色中的任意一种.于是,根据乘法原理,有
$$\chi(T;k) = (k-1)\,\chi(T-l;k)^{m-1} = k(k-1)^m$$
这就是所求的.根据数学归纳法原理,这就推出了证明.

28. 证明:每一张有 n 个顶点,至少有 n 条棱的图包含一个环路.

证明 设 $G=(V,E)$ 是一张有 n 个顶点,至少有 n 条棱的图.假定 G 有 k 个成分,标号为 $H_1, H_2, \cdots, H_k$,且 H_i 包含 n_i 个顶点.于是必有 $\sum_{i=1}^{k} n_i = n$.我们断言,存在某个至少有 n_j 个顶点的成分 H_j.如果不是这种情况,那么每个成分 H_i 必包含少于 n_i 条棱,这表明图中的总棱数 $|E| < \sum_{i=1}^{k} n_i = n$,这是一个矛盾.于是必存在一个至少有 n_j 条棱连通的成分 H_j.我们断言,这个 H_j 包含一个环路.由例 86 可知,如果一个有 n 个顶点的树,那么它必定恰好有 $n-1$ 条棱.因为 H_j 有 n_j 个顶点,至少有 n_j 条棱,这表明它不是树.树的定义是连通的,没有环路的图;因为 H_j 的构成是连通的,这就是说,不能满足另一个要求,于是 H_j 不是没有环路的.这表明 H_j 包含一个环路,因此整个图包含一个环路.

29. 设 $p > 2$ 是质数.在 $\{1,2,\cdots,p-1\}$ 的子集中,求和能被 p 整除的子集的个数.

解 考虑母函数
$$\prod_{j=1}^{p-1} (1+X^j) = \sum_{A \subseteq \{1,2,\cdots,p-1\}} X^{\sigma(A)}$$

其中 $\sigma(A)$ 表示 A 的元素的和.根据定义,如果是空集,就取这个和是 0.如果取 $X = \omega$ 是 1 的 p 次单位根,并对 $i = 1,2,\cdots,p-1$,用 a_i 表示有 $\sigma(A) \equiv i \pmod{p}$ 的集合 A 的个数,那么
$$\prod_{j=1}^{p-1} (1+\omega^j) = a_0 + a_1\omega + \cdots + a_{p-1}\omega^{p-1}$$

对于 $j = 1,2,\cdots,p-1$,ω^j 是多项式
$$X^{p-1} + X^{p-2} + \cdots + X + 1 = \frac{X^p - 1}{X - 1} = \prod_{j=1}^{p-1} (X - \omega^j)$$

的根.将 $X = -1$ 代入后得 $\prod_{j=1}^{p-1}(1+\omega^j) = 1$.最后根据在例 126 中已经证明的结论,可以推得 $a_0 - 1 = a_1 = \cdots = a_{p-1}$,所以 $(p-1)(a_0-1) + a_0 = 2^{p-1}$,于是

$$a_0 = \frac{2^{p-1} + p - 1}{p}$$

30. 一副牌有 32 张，其中有两张是不同的丑角牌，丑角牌的标号是 0. 10 张红牌的标号是 1 到 10. 类似地，蓝牌和绿牌也是如此. 从这副牌中选取若干张牌组成一手牌. 如果这手牌中的一张牌标有数 k，那么这张牌的值就是 2^k，这手牌的值就是手中牌的值的和. 确定值为 2 004 的一手牌有多少种.

解　这又是一个利用母函数容易解决的问题，即设

$$F(X) = (1 + X)^2 (1 + X^2)^3 (1 + X^{2^2})^3 \cdots (1 + X^{2^{10}})^3$$

于是所求一手牌的种数是 $F(X)$ 中 X^{2004} 的系数. 第一个因式对应于值为 2^0 的两张丑角牌，其余的因式对应于标号为 $k(1 \leqslant k \leqslant 10)$，值为 2^k 的三张牌.

再看改写成简便形式的 F.

容易看出，重复使用恒等式 $(1 - a)(1 + a) = 1 - a^2$，得到

$$(1 - X)^3 (1 + X) F(X) = (1 - X^{2^{11}})^3$$

于是

$$F(X) = \frac{(1 - X^{2^{11}})^3}{(1 - X)^3 (1 + X)}$$

用 1 代替分子不影响次数低于 $X^{2^{11}} = X^{2048}$ 的任何系数，所以只要求 $\dfrac{1}{(1 - X)^3 (1 + X)}$ 中的 X^{2004} 的系数即可.

如第 14 章那样，写成部分分式

$$\frac{1}{(1 - X)^3 (1 + X)} = \frac{1}{2} \frac{1}{(1 - X)^3} + \frac{1}{4} \frac{1}{(1 - X)^2} + \frac{1}{8(1 - X)} + \frac{1}{8(1 + X)}$$

下面，我们由一般形式的二项式定理

$$(1 + X)^\alpha = \sum_{n \geqslant 0} \binom{\alpha}{n} X^n$$

得

$$\frac{1}{(1 - X)^3 (1 + X)} = \sum_{n \geqslant 0} \left[\frac{1}{2} \binom{n+2}{2} + \frac{1}{4} \binom{n+1}{1} + \frac{1}{8} + \frac{(-1)^n}{8} \right] X^n$$

于是，得到的结果是有

$$\frac{1}{2} \binom{2\,006}{2} + \frac{2\,005}{4} + \frac{1}{8} + \frac{1}{8} = \frac{1}{2} \binom{2\,006}{2} + \frac{2\,006}{4} = 1\,003^2$$

种值为 2 004 的一手牌.

31. 自然数集合可分割成有限多个算术数列 $\{a_i + dr_i\}, 1 \leqslant i \leqslant n$. 证明：

(a) $\displaystyle\sum_{i=1}^{n} \frac{1}{r_i} = 1$；

(b) 存在 $i \neq j$, 但 $r_i = r_j$;

(c) $\displaystyle\sum_{i=1}^{n} \frac{a_i}{r_i} = \frac{n-1}{2}$.

证明 我们在考虑 x 的几何级数时,注意到有以下恒等式

$$\sum_{n \geqslant 0} X^n = \sum_{i=1}^{n} \sum_{d \geqslant 0} X^{a_i + dr_i}$$

于是

$$\frac{1}{1-X} = \sum_{i=1}^{n} X^{a_i} \sum_{d \geqslant 0} (X^{r_i})^d = \sum_{i=1}^{n} \frac{X^{a_i}}{1 - X^{r_i}} \tag{1}$$

由此推出

$$1 = \sum_{i=1}^{n} \frac{X^{a_i}(1-X)}{1 - X^{r_i}} = \sum_{i=1}^{n} \frac{X^{a_i}}{1 + X + X^2 + \cdots + X^{r_i - 1}}$$

对于(a),把 $X = 1$ 代入上式,得到所求的结果.

对于(b),我们假定所有的数都不相同,取 r_1 是其中最大的数. 如果把 1 的 r_1 次单位根,比如说 ω 是 r_1 次单位根,代入式(1),我们看到左边有意义,所以右边应该有某些项抵消. 那仅仅是当存在一个 r_j,使得 $\omega^{r_j} = 1$ 时才有可能. 但是那意味着 $r_1 \mid r_j$,这与 r_1 的选择矛盾.

对于(c),我们已经有恒等式

$$1 = \sum_{i=1}^{n} \frac{X^{a_i}}{1 + X + X^2 + \cdots + X^{r_i - 1}}$$

如果取这个关系式的导数,那么得到

$$0 = \sum_{i=1}^{n} \frac{a_i X^{a_i - 1}(1 + X + X^2 + \cdots + X^{r_i - 1}) - X^{a_i}[1 + 2X + 3X^2 + \cdots + (r_i - 1)X^{r_i} - 2]}{(1 + X + X^2 + \cdots + X^{r_i - 1})^2}$$

又如果把 $X = 1$ 代入上式,那么有

$$0 = \sum_{i=1}^{n} \frac{a_i r_i - [1 + 2 + \cdots + (r_i - 1)]}{r_i^2}$$

把上式改写为

$$0 = \sum_{i=1}^{n} \frac{a_i}{r_i} - \sum_{i=1}^{n} \frac{r_i(r_i - 1)}{r_i^2}$$

于是再一次利用入门题中已证明过的命题,得

$$\sum_{i=1}^{n} \frac{a_i}{r_i} = \sum_{i=1}^{n} \left(\frac{1}{2} - \frac{1}{r_i}\right) = \frac{n}{2} - \frac{1}{2} \sum_{i=1}^{n} \frac{1}{r_i} = \frac{n-1}{2}$$

32. 求一切自然数 n,存在两个不同的整数集 $\{a_1, a_2, \cdots, a_n\}$ 和 $\{b_1, b_2, \cdots, b_n\}$,使多重集

$$\{a_i + a_j \mid 1 \leqslant i < j \leqslant n\} \text{ 和 } \{b_i + b_j \mid 1 \leqslant i < j \leqslant n\}$$

重合.

解　我们将证明只有 2 的幂满足要求的性质,考虑

$$f(X) = \sum_{i=1}^{n} X^{a_i} \,, g(X) = \sum_{i=1}^{n} X^{b_i}$$

注意到

$$f^2(X) = \sum_{i=1}^{n} X^{2a_i} + 2 \sum_{1 \leqslant i < j \leqslant n} X^{a_i + a_j}$$

和

$$g^2(X) = \sum_{i=1}^{n} X^{2b_i} + 2 \sum_{1 \leqslant i < j \leqslant n} X^{b_i + b_j}$$

于是

$$f^2(X) - g^2(X) = \sum_{i=1}^{n} X^{2a_i} - \sum_{i=1}^{n} X^{2b_i} = f(X^2) - g(X^2)$$

观察到 $f(1) = g(1) = n$ 是有用的,这意味着 $(X-1) \mid [f(X) - g(X)]$. 所以设

$$f(X) - g(X) = (X-1)^k h(X), h(1) \neq 0$$

然后我们可把上述关系式改写成

$$[f(X) - g(X)][f(X) + g(X)] = (X^2 - 1)^k h(X^2)$$

上式进一步等价于

$$(X-1)^k h(X)[f(X) + g(X)] = (X^2 - 1)^k h(X^2)$$

两边除以 $(X-1)^k$,得

$$h(X)[f(X) + g(X)] = (X+1)^k h(X^2)$$

将 $X = 1$ 代入后得 $2nh(1) = 2^k h(1)$,约去 $2h(1)$,得 $n = 2^{k-1}$.

这些集合的结构可以用对 j 归纳得到,这里 $n = 2^j$. 对于 $j = 1$,可取 $A_1 = \{1,4\}$,$B_1 = \{2,3\}$.

现在对 $j \geqslant 1$ 构造递推关系

$$A_{j+1} = A_j \bigcup (2^{j+1} + B_j), B_{j+1} = B_j \bigcup (2^{j+1} + A_j)$$

这里使用记号 $x + M = \{x + m \mid m \in M\}$. 下面留给读者检验细节.

33. 是否存在具有以下性质的非负整数的一个子集 X:对于任何整数 n,方程 $a + 2b = n$ 恰有一组解,$a, b \in X$.

证明　取 0 作为 X 的一个元素. 考虑

$$f(T) = \sum_{a \in X} X^a$$

我们有

$$f(T)f(T^2) = \sum_{a, b \in X} X^{a + 2b}$$

根据已知条件,因为每个非负整数可唯一地表示为 $a + 2b$ 的形式,所以上式等于

$\sum\limits_{i \geqslant 0} X^i$. 于是，我们有

$$f(T)f(T^2) = \frac{1}{1-T}$$

现在的技巧是把这一关系写成 $T^2, T^4, T^8, \cdots$ 的关系，得

$$\frac{f(T)}{f(T^{2^{2i+1}})} = \frac{1-T^2}{1-T} \cdot \frac{1-T^8}{1-T^4} \cdot \cdots \cdot \frac{1-T^{2^{2i+1}}}{1-T^{2^{2i}}} = \prod_{k=1}^{i}(1+T^{2^{2k+1}})$$

让 i 任意大，注意到 0 属于我们的集合，容易看出 $f(T^{2^{2i+1}})$ 将变为 1. 于是

$$f(T) = \prod_{i=1}^{\infty}(1+T^{2^{2k+1}})$$

用我们的语言表达，这就是由自然数构成的二进制展开式，0 在奇数位上，这个展开式从右读到左.

34. 设 n 是正整数，$X = \{1, 2, \cdots, 2n\}$，X 有多少个没有两个元素 $x, y (x, y \in S)$ 相差 2 的子集 S？

解 对于任何这样的集合 S，设

$$A = \{a \mid 2a \in S\}, B = \{b \mid 2b-1 \in S\}$$

于是，A 和 B 是 $\{1, 2, \cdots, n\}$ 的没有两个元素相差 1 的两个子集. 由例 71 可知，这样的集合有 F_{n+2} 种可能. 反之，给出这样的两个集合 A 和 B，我们可以取 $S = (2A) \bigcup (2B-1)$ 构造一个集合 S. 于是有 F_{n+2}^2 个这样的集合.

35. 有一个由 200×3 个单位正方形组成的矩形. 证明：把这个矩形分割成大小为 1×2 的矩形的方法个数能被 3 整除.

证明 我们将推导铺砌一个 $2n \times 3$ 的矩形方法数 t_n 的递推关系.

先看对 $(2n+2) \times 3$ 的矩形铺砌时第一块 1×2 的矩形的情况. 有三种方法安放这块 1×2 的矩形，把对 $(2n+2) \times 3$ 的矩形的铺砌转变为对 $2n \times 3$ 的矩形铺砌，但要注意有两种例外的情况（图 25）.

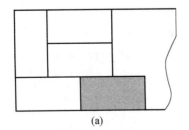 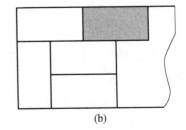

(a)   (b)

图 25

当这种情况发生时，余下的是一个缺少一个小方格的 $(2n-1) \times 3$ 的矩形. 我们把铺砌这种情况的种数称为 r_n. 于是有递推关系 $t_{n+1} = 3t_n + 2r_n$.

对于缺少一个小方格的 $(2n+1) \times 3$ 的矩形只有两种方法覆盖靠边的一个 2×1 的部

分. 我们可以竖直使用 1×2 的砖块. 这就变为要铺砌一个 $2n \times 3$ 的矩形, 所以有 t_n 种方法铺砌. 另一方面, 我们可以使用 3 个水平方向的 1×2 的矩形. 这就变为要铺砌一个缺少一个小方格的 $(2n-1) \times 3$ 的矩形, 所以有 r_n 种方法铺砌.

于是, $r_{n+1} = t_n + r_n$. 根据上面一个递推关系, 得到 $r_n = \dfrac{t_{n+1} - 3t_n}{2}$, 再代入 $r_{n+1} = t_n + r_n$, 得到递推关系 $t_{n+2} = 4t_{n+1} - t_n$.

我们可以用初始条件 $t_1 = 3$ 和 $t_2 = 3t_1 + 2r_1 = 3 \cdot 3 + 2 \cdot 1 = 11$ 和这个递推关系得到 t_n 的一个通项公式. 但是, 因为我们只关注模 3 的余数, 所以对递推关系模 3 就容易一些了, 看看会发生什么情况. 如果这样做了, 就会发现 $t_n (\bmod 3)$ 是 $0, 2, 2, 0, 1, 1, 0, 2, 2, \cdots$. 于是我们看到只有当 $n = 3m+1$ 时, t_n 是 3 的倍数. 特别是 t_{100} 是 3 的倍数.

36. 一个单词是由 $\{a, b, c, d\}$ 组成的 n 个字母的一个序列. 如果这个单词包含连续两个同样的字母组, 那么就说这个单词是复杂的. 例如, 单词 $caab$, $baba$ 和 $cababdc$ 都是复杂单词, 而 $bacba$, $dcbdc$ 却不是. 一个单词如果不是复杂单词, 那么就是简单单词. 证明: 如果 n 是正整数, 那么有 n 个字母的简单单词超过 2^n 个.

证明　用 $S(n)$ 表示长度为 n 的简单单词的集合, s_n 表示长度为 n 的简单单词的个数. 如果在 $S(n)$ 的每个单词的末尾添加一个字母, 那么得到一个有 $n+1$ 个字母的集合 $T(n+1)$, 并且 $|T(n+1)| = 4s_n$.

显然 $S(n+1) \subset T(n+1)$, 但是二者并不相等, 因为添加一个字母后可能会使简单单词变为复杂单词. 现在我们来分析一下会发生什么情况.

注意到对于 $1 \leqslant k \leqslant m = \lfloor \dfrac{n+1}{2} \rfloor$, 在末尾恰有两段 k 个字母重复就会发生这种情况.

设 $T_k(n+1)$ 表示这些恰有两段 k 个字母重复的坏单词的集合. 显然有
$$s_{n+1} \geqslant |T(n+1)| - |T_1(n+1)| - |T_2(n+1)| - \cdots - |T_m(n+1)|$$

因为对于这样的单词我们可以缩减最后 k 个字母, 得到有 $n+1-k$ 个字母的简单单词, 并且它们显然是不同的, 所以 $|T_1(n+1)| = s_n$ 和 $T_k(n+1) \leqslant s_{n+1-k}$.

于是有不等式
$$s_{n+1} \geqslant 3s_n - s_{n-1} - s_{n-2} - \cdots - s_{n+1-m}$$
因为 $s_1 = 4, s_2 = 12$, 所以只要用强归纳法证明 $s_{n+1} > 2s_n$ 就够了.

利用上面的结论, 归纳步骤很容易
$$s_{n+1} \geqslant 3s_n - \frac{1}{2}s_n - \frac{1}{4}s_n - \cdots > 3s_n - s_n = 2s_n$$

37. 有一个排列 $\sigma: \{1, 2, \cdots, n\} \to \{1, 2, \cdots, n\}$, 当且仅当对于每一个整数 $k, 1 \leqslant k \leqslant n-1, \sigma$ 满足以下不等式

$$|\sigma(k)^{①} - \sigma(k-1)| \leqslant 2$$

则称排列 σ 为直接排列. 求存在 2 003 个直接排列的最小的 n.

解 主要的思想方法是看 n 放在什么位置. 根据这个想法, 设所有直接排列的个数为 x_n, 第一位是 n 的直接排列的个数为 a_n, 即 $\sigma(1) = n$. 我们先求 a_n 的递推关系.

容易算出前几项 $a_1 = 1, a_2 = 1, a_3 = 2$. 假定 $n \geqslant 4$, 第二位有两种可能, 即 $n-1$ 和 $n-2$. 如果 $\sigma(2) = n-1$, 那么在抹去第一个 n 后, 留下的是第一位是 $n-1$ 的 $\{1, 2, \cdots, n-1\}$ 的直接排列, 反之亦然. 于是这样的排列有 a_{n-1} 种.

另一种可能是第二位是 $n-2$, $\sigma(2) = n-2$. 如果 $n-1$ 不在第三位, 那么只有相邻的是 $n-3$ 这一种可能. 再进行迭代, 可见 $\sigma(3) = n-4$, 等等, 于是这类排列只有一种. 另外, 如果 $\sigma(3) = n-1$, 那么就得到 $\sigma(4) = n-3$, 此时抹去前三项后, 留下的是 $\{1, 2, \cdots, n-3\}$ 的一个直接排列, 反之亦然. 于是这种形式的排列有 a_{n-3} 种. 将所有这些情况相结合, 得到递推关系

$$a_n = a_{n-1} + a_{n-3} + 1$$

现在考察 n 可能的另一个位置. 如果 n 在最后一个位置, 那么由对称性, 又得到 a_n 种直接排列. 否则, n 在中间的某个位置. 对 $n \geqslant 2$, 设 $b_n = x_n - 2a_n$ 是这种排列的种数. 现在需要推导 b_n 的递推关系.

注意到如果 n 在中间的某个位置, 那么与它相邻的必定是 $n-1$ 和 $n-2$. 如果抹去 n, 那么唯一一对新的相邻的数就是这两个数. 于是又得到两个最高的值相邻的一个直接排列. 如果 $n-1$ 在一端, 那么这就是我们分析过的得到 a_n 的递推关系的第一种情况. 对于两端都有 a_{n-2} 种这样的排列, 总数是 $2a_{n-2}$ 种. 如果 $n-1$ 不在两端, 那么它在中间 (于是 $n-2$ 必是两邻之一). 根据定义, 这种排列有 b_{n-1} 种. 因此 $b_n = b_{n-1} + 2a_{n-2}$.

我们可以将这一递推关系转化为数列 x_n 的递推关系. 一种可能是对于 $n \geqslant 5$, 有 $x_n = x_{n-1} + x_{n-3} + 2n - 4$. 但是这一递推关系的特征方程是四次方程 $r^4 - r^3 - 1 = 0$, 所得到的 x_n 的公式十分麻烦. 我们只能用递推法计算 x_n. 因为各项的数值增加相对很快, 所以不难计算. 这一计算表明我们所求的数是 $n = 16$ (表 2).

表 2

n	a_n	b_n	x_n
1	1		1
2	1	0	2
3	2	2	6

---

① $\sigma(k)$ 表示第 k 位上的数. ——译者注

续表 2

n	a_n	b_n	x_n
4	4	4	12
5	6	8	20
6	9	16	34
7	14	28	56
8	21	46	88
9	31	74	136
10	46	116	208
11	68	178	314
12	100	270	470
13	147	406	700
14	216	606	1 038
15	317	900	1 534
16	465	1 332	2 262

38. 16 名学生参加一次数学竞赛,每一道题都是有四个选项的多项选择. 竞赛后发现任何两名学生至多有一个共同的答案. 证明:这次竞赛至多有 5 道题.

证明　我们构造一张学生和问题的表格,其中学生是列,问题是行,每个方格记录答案 A,B,C 或 D.

再计算一致的个数. 考虑列,根据已知条件,任何两名学生至多有一个共同答案. 于是这个数至多是学生对的个数,即这个数小于或等于 $\dbinom{16}{2} = 120$.

考虑行,注意我们只能对其中的一行计算其下界,然后乘以问题的个数 n.

现在,比如说 a 名学生答 A,b 名学生答 B,c 名学生答 C,最后 d 名学生答 D.

首先,有 $a+b+c+d=16$. 答案一致的个数显然是 $\dbinom{a}{2} + \dbinom{b}{2} + \dbinom{c}{2} + \dbinom{d}{2}$.

为了得到所求的下界,我们再使用 Jensen 不等式,有

$$\dbinom{a}{2} + \dbinom{b}{2} + \dbinom{c}{2} + \dbinom{d}{2} \geqslant 4\dbinom{4}{2} = 24$$

于是由行得到至少有 $24n$ 个答案一致. 利用列的上界推得 $24n \leqslant 120$,于是 $n \leqslant 5$.

39. 已知 10 个人去书店,每个人恰好都买了 3 本书. 对于每两个人,至少有一本书是两人都买的. 有一本书买的人最多,至少有多少人买了这本书?

解 画一张常用的表格. 假定总共卖掉 k 本书. 用列表示这 10 个人, 行表示买的书. 如果这个人买这本书, 那么在这个方格内填 1. 设 a_i 是第 i 行中 1 的个数, $1 \leqslant i \leqslant k$. 问题告诉我们 $\max\limits_{i} a_i$ 的最小值可能是什么.

将行和列全部相加, 得到 $\sum\limits_{i=1}^{k} a_i = 30$. 其次, 我们计算有多少对 1. 按列来算, 因为每两个人买一本同样的书, 所以至少有 $\begin{pmatrix} 10 \\ 2 \end{pmatrix}$ 对 1.

另外, 根据行, 我们得这个数是 $\sum\limits_{i=1}^{k} \begin{pmatrix} a_i \\ 2 \end{pmatrix}$.

于是, 以下不等式成立

$$\sum_{i=1}^{k} \begin{pmatrix} a_i \\ 2 \end{pmatrix} \geqslant \begin{pmatrix} 10 \\ 2 \end{pmatrix}$$

展开后得到等价的不等式

$$\sum_{i=1}^{k} a_i^2 \geqslant 90 + \sum_{i=1}^{k} a_i = 90 + 30 = 120$$

现在注意 $\max\limits_{i} a_i \geqslant 5$. 事实上, 假定不是这样的话, 那么有

$$\sum_{i=1}^{k} a_i^2 \leqslant 4 \sum_{i=1}^{k} a_i = 120$$

于是等号应该成立, 即每个数都应该等于 4. 但是 4 不能被 30 整除, 所以完成.

还要对这种情况做一个方案. 对于书本, 取 $k = 6$ 表示书. 于是可以这样分配

$$B_1 \rightarrow \{P_1, P_2, P_3, P_5, P_6\}, B_2 \rightarrow \{P_1, P_3, P_4, P_7, P_8\},$$
$$B_3 \rightarrow \{P_1, P_2, P_4, P_9, P_{10}\}, B_4 \rightarrow \{P_2, P_5, P_6, P_7, P_8\},$$
$$B_5 \rightarrow \{P_3, P_7, P_8, P_9, P_{10}\}, B_6 \rightarrow \{P_4, P_5, P_6, P_9, P_{10}\}$$

这里箭头表示卖掉, P_j 表示人.

40. 设 X 是有 n 个元素的集合. 给定 X 的 $k(k \geqslant 2)$ 个子集, 每一个集合至少有 r 个元素, 证明：能够找出其中的两个子集, 它们的交至少有 $r - \dfrac{nk}{4(k-1)}$ 个元素.

证明 设这 k 个子集是 $A_1, A_2, \cdots, A_k$. 可以假定 $\bigcup\limits_{i=1}^{k} A_i = X$, 否则我们可以利用并的基数小于 n 的命题得到更好的界. 考虑以下表格, 行用 $A_1, A_2, \cdots, A_k$ 表示, 列用 X 的元素 $x_1, x_2, \cdots, x_n$ 表示. 对于 $1 \leqslant i \leqslant k, 1 \leqslant j \leqslant n$, 如果 x_j 是集合 A_i 的元素, 那么在方格 (i, j) 中放一个 1. 设 a_i 是第 i 列中 1 的个数, 或者等价地说, a_i 是出现元素 $x_i (1 \leqslant i \leqslant k)$ 的集合的个数. 现在有

$$S = \sum_{i=1}^{n} a_i$$

等于整个表格中的数的和，计算各行的和，得

$$\sum_{i=1}^{n} a_i = \sum_{i=1}^{k} |A_i| \geqslant kr$$

再进一步看

$$\sum_{1 \leqslant i < j \leqslant k} |A_i \bigcap A_j|$$

它等于在同一列中出现多少对 1. 但这等价于用以下记号时

$$\sum_{1 \leqslant i < j \leqslant k} |A_i \bigcap A_j| = \sum_{i=1}^{n} \binom{a_i}{2}$$

对凸函数 $\binom{x}{2}$ 用 Jensen 不等式，得

$$\sum_{i=1}^{n} \binom{a_i}{2} \geqslant \frac{kr(kr-n)}{n}$$

于是

$$\sum_{1 \leqslant i < j \leqslant k} |A_i \bigcap A_j| \geqslant \frac{kr(kr-n)}{2n}$$

设这些交的最大值是 M，则 M 满足

$$M \geqslant \frac{r(kr-n)}{(k-1)n}$$

但是这看上去并不像我们要求的. 幸运的是奇迹发生了，我们有

$$r - \frac{nk}{4(k-1)} \leqslant \frac{r(kr-n)}{(k-1)n}$$

这是因为它等价于

$$4kr^2 - 4nr + n^2k - 4n(k-1)r \geqslant 0$$

再进一步可推得 $k(2r-n)^2 \geqslant 0$，这就是要证明的.

41. 设 X 是有 n 个元素的有限集，$A_1, A_2, \cdots, A_m$ 是集合 X 的有三个元素的子集，且对一切 $i \neq j$，有 $|A_i \bigcap A_j| \leqslant 1$. 证明：存在 X 的至少有 $\lfloor \sqrt{2n} \rfloor$ 个元素的子集 A 不包含 A_i 的任何元素.

证明　设 A 是不包含 A_i 的任何元素的元素个数最多的 X 的子集，$k = |A|$.

关键是要选取最大的 A. 现在来看属于 X 但不属于 A 的元素.

由于 A 是最大的，所以对于任何 $x \in X$，$A \bigcup \{x\}$ 不满足题目的条件. 于是存在一个下标 $i(x)$，$A_{i(x)} \subset A \bigcup \{x\}$.

我们可以把它改写为 $x \in A_{i(x)}$ 以及有两个元素的集合 $C_x = A_{i(x)} \backslash \{x\} \subset A$. 因为 $|A_i \bigcap A_j| \leqslant 1$，所以所有的集合 C_x 都不相同.

现在这些集合 C_x 是 A 的两个元素的子集，所以至多有 $\binom{k}{2}$ 个. 因为属于 $X - A$ 的每一

个 x，都有一个集合，所以得

$$n-k \leqslant \binom{k}{2}$$

展开后，得到二次不等式 $k^2+k-2n \geqslant 0$. 于是

$$k \geqslant \frac{-1+\sqrt{8n+1}}{2} > \sqrt{2n}-1$$

证明完毕.

42. 设 T 是大于 1 的整数的有限集合. 如果对于任何 $t \in T$，能找到 $s \in S$，使得 t, s 不互质，则称 T 的子集 S 为 T 的好子集. 证明：T 的好子集的个数是奇数.

证明 对于 T 的任何子集 S，如果 T 中有一个整数与 S 的一切元素互质，那么把 T 中的这个整数称为 S 的一个古板数. 观察到一个好集合是没有古板数的. 对于任何集合 S，设 $P(S)$ 是 S 的所有古板数的集合（所以，如果 S 是一个好子集，那么 $P(S)=\varnothing$）.

对于 T 的任何子集 A, B，当且仅当对任何 $x \in A, y \in B, (x, y)=1$ 时，称有序二元对 (A, B) 是"坏对". 容易看出这些有序二元对 (A, B) 的个数是奇数，因为这个关系是对称的（如果 (A, B) 是坏对，那么 (B, A) 也是坏对，$(\varnothing, \varnothing)$ 是形如 (A, A) 的仅有的坏对）. 对于 T 的任何子集 X，因为当且仅当 S 是 $P(X)$ 的子集时，(X, S) 是坏对，所以形如 (X, S) 的坏对的个数等于 $2^{|P(X)|}$.

因为当且仅当 $|P(X)|=0$ 时，即当且仅当 X 是好子集时，$2^{|P(X)|}$ 是奇数，所以上面的两个事实表明 T 的好子集的个数是奇数.

43. 证明：对于平面内任何有 n 个点的集合，在这些点中至多存在 $cn\sqrt{n}$ 个点的距离等于 1，这里 $c>0$ 是某个绝对常数.

证明 设这 n 个点为 $P_i, 1 \leqslant i \leqslant n$，以这 n 个点为圆心，1 为半径作圆 C_i. 设 a_i 是这 n 个圆的每个圆上点的个数. 我们关心的是 $S=\frac{1}{2}\sum_{i=1}^{n} a_i$ 的范围，因为每个等于 1 的距离都计算了两次.

我们用两种方法计算三元组 (P_i, A, B) 的个数 $(1 \leqslant i \leqslant n)$，其中 A, B 是圆 C_i 上的点. 固定 P_i，点 (A, B) 的个数是 $\binom{a_i}{2}$，所以三元组的总个数等于 $\sum_{i=1}^{n}\binom{a_i}{2}$.

另外，因为 $AP_i=1, BP_i=1$，所以 P_i 必在以 A, B 为圆心，1 为半径的圆上. 因为任何两个圆相交至多有两个交点，所以 (A, B) 的个数是 $\binom{n}{2}$，这就推出三元组 (P_i, A, B) 的个数至多是 $n(n-1)$.

于是，得

$$\sum_{i=1}^{n}\binom{a_i}{2}\leqslant n(n-1)$$

余下来唯一要做的是用函数 $\binom{x}{2}$ 的凸性,利用 Jensen 不等式,得

$$\frac{S(2S-n)}{n^2}\leqslant n(n-1)$$

化为二次不等式 $2S^2-nS-n^2(n-1)\leqslant 0$,于是

$$S\leqslant\frac{n+n\sqrt{8n-7}}{4}$$

44. 在黑板上写 1 到 2 015 的数.数学博士每秒钟擦去形如 $a,b,c,a+b+c$ 的四个数,并用 $a+b,b+c,c+a$ 代替.证明:这一操作至多持续 9 min.

证明　第一件事就是要注意每操作一次,黑板上的数就减少一个.第二,另一个容易观察到的是在进行操作时,黑板上的数的和 S 保持不变.关键是注意到恒等式

$$(a+b)^2+(b+c)^2+(c+a)^2=a^2+b^2+c^2+(a+b+c)^2$$

这就是说,这些数的平方和也保持不变.于是对于给定的 n,比如说黑板上的数是 a_1,$a_2,\cdots,a_n$,我们有

$$\sum_{i=1}^{n}a_i=1\,008\cdot 2\,015,\quad\sum_{i=1}^{n}a_i^2=336\cdot 2\,015\cdot 4\,031$$

利用柯西-施瓦兹不等式

$$n\sum_{i=1}^{n}a_i^2\geqslant\left(\sum_{i=1}^{n}a_i\right)^2$$

于是,必有

$$n\geqslant\frac{3\cdot 1\,008\cdot 2\,015}{4\,031}=1\,511.6$$

这意味着这个过程至多能迭代 $2\,015-1\,512=503$ 次,于是至多能持续 $\dfrac{503}{60}=8.39(\text{min})$.

45. 有若干块石头放在一条(双向)无限长标有整数的方格带状条上.我们实施一系列搬动石头的操作,每次搬动是以下两类之一:

(a) 从方格 $n-1$ 和方格 n 中各取出一块石头,放到方格 $n+1$;

(b) 从方格 n 中取出两块石头,在方格 $n-2$ 和 $n+1$ 各放一块石头.

证明:任何这样一系列搬动都会导致不能再进行下去的情况,并且这种情况与搬动的顺序无关.

证明　设 r 是方程 $x^2-x-1=0$ 的正根(读者会注意到 r 是黄金数,但是不注意到这一点也能解出本题).对于石头的任何布局 S,考虑和 $I(S)=\sum_{i}s_i r^i$,其中 s_i 是方格 i 中石头的块数.

对于变换(a)，$I(S)$ 中纯粹的改变量是

$$r^{n+1} - r^n - r^{n-1} = r^{n-1}(r^2 - r - 1) = 0$$

对于变换(b)，$I(S)$ 中纯粹的改变量是

$$r^{n+1} - 2r^n + r^{n-2} = r^{n-2}(r-1)(r^2 - r - 1) = 0$$

于是我们看到在本题的变换中 $I(S)$ 是一个不变量.

我们将对石头数 n 归纳证明：任何这样搬动石头必搬动有限次就结束.

因为 $r > 1$，所以存在正整数 M，有 $r^M > I(S)$. 这意味着无论如何进行操作，都不能把一块石头通过标号为 $M-1$ 的方格.

因此，我们必将把一块石头搬动到最右边的位置，不能再把它搬动. 抛弃这块石头后，再用归纳假定.

假定我们有两种不同的有尽头的布局，分别称为 A 和 B，再设这两种布局中方格 i 中的石头数分别为 a_i 和 b_i. 注意，因为这两个布局都有尽头，所以同一个方格中不能有两块石头，或者两个连续方格中的每一个都有石头. 现在取 k 为使 $a_k \neq b_k$ 的最大下标，不失一般性，假定 $a_k = 1 > b_k = 0$. 注意到 B 中的下一块石头最多在方格 $k-1$，于是在 B 中的连续石头之间至少有一个空隙. 抛弃位于 $k+1, k+2, \cdots$ 的石头，把新的布局称为 A' 和 B'. 于是

$$I(A') \geqslant r^k = \frac{r^{k+1}}{r^2 - 1} = r^{k-1} + r^{k-3} + \cdots > I(B')$$

因为 I 在操作下是不变量，所以这是一个矛盾，所以证毕.

46. 考虑各元素都是整数的矩阵，把同一个整数加到一行的所有元素上，或者一列中，这就称为一次操作. 已知对于无穷多个正整数 n，经过有限多次操作可以得到一个所有元素都能被 n 整除的矩阵. 证明：经过有限多次操作可以得到一个所有元素都是零的矩阵.

证明　考虑任何两行和任何两列，假定它们的交形如 $\begin{bmatrix} a & b \\ c & d \end{bmatrix}$. 注意，如果进行任何此操作，$a+d-b-c$ 是不变量. 当所有元素都能被 n 整除时，$a+d-b-c$ 也能被 n 整除. 所以 $a+d-b-c$ 能被无穷多个整数整除，于是 $a+d-b-c=0$. 这适用于任何一对行和列.

现在对每一行加上一个适当的数，使第一列的每一个数都是 0. 然后对每一列加上一个适当的数，使第一行的每一个数都是 0. 对于矩阵中第 $m(m>1)$ 行，第 $n(n>1)$ 列的数 x，考虑第一行和第 m 行，第一列和第 n 列，得到矩阵 $\begin{bmatrix} 0 & 0 \\ 0 & x \end{bmatrix}$. 根据上面 $x=0$，所以实际上整个矩阵都是 0.

47. 在正六边形的顶点上放六个非负整数，使这六个数的和是 n. 允许做以下形式的

操作:他(她)可以取一个顶点,用写在两个相邻顶点之间的数的差的绝对值代替写在那里的数.证明:如果 n 是奇数,那么进行一系列操作后可以使 0 出现在所有六个顶点上.

证法 1　首先,勾画出一个策略.一看就想到有两个不完全的不变量:零的个数和六个数的最大值.只要我们小心地选择操作,前者可以不变,否则这个数就既增加又减少.但是后者却是单调不增的量.后者这个量不能再减少的唯一情况是各个顶点上的数(依次)是 $a,a,0,a,a,0$,这就造成一个僵局.所以如果我们以某种方式保证不造成这种局面的话,那么我们就可以得到全部是零的情况.

如果和 $\sum_{i=1}^{6} a_i$ 是奇数,那么称布局 $C(a_1,a_2,\cdots,a_6)$ 为奇布局.用 t_k 表示在顶点 k 处的操作,即用 $|a_{k+1}-a_k|$ 代替 a_k,这里下标用模 6 处理.注意到如果用 $M(C)$ 表示写在顶点上数的最大值,那么没有操作能使这个数增加.如果顶点之间的数是一偶一奇交替,那么就把这个布局称为强奇布局.我们构建一个最后使这个最大值减少的操作,在达到某一处时,将所有顶点上的数都变为零.注意到因为原来数的和是 n,所以原来顶点中就有奇数个奇数.

假定 C 是奇布局,但不是强奇布局.如果有五个奇数,可以假定
$$C \equiv (1,1,1,1,1,0)(\bmod 2)$$
利用 t_2 和 t_4,就得到一个强奇布局.

如果有三个奇数,但顶点上的数不是交替的,那么再用对称性,就有两种可能
$$C \equiv (1,1,1,0,0,0)(\bmod 2) \text{ 或 } C \equiv (1,1,0,1,0,0)(\bmod 2)$$
在第一种情况下,利用 t_4 和 t_6 变为五个奇数,对于后者,利用 t_6 和 t_1 得到一个强奇布局.

如果只有一个奇数,再利用对称性,可以假定
$$C \equiv (1,0,0,0,0,0)(\bmod 2)$$
利用 t_2,然后利用 t_6,变为三个奇数.

现在假定有一个强奇布局
$$C \equiv (1,0,1,0,1,0)(\bmod 2)$$
利用 t_2,t_4 和 t_6,可以假定 $M(C)$ 是一个奇数.如果 $M(C) \neq a_1$,那么利用 t_3 和 t_5 得到一个使 $M(C') < M(C)$ 的奇布局,于是重复步骤1.对于 a_3 和 a_5,类似的命题成立.于是最后一步是 $M(C) = a_1 = a_3 = a_5$.然后再用 t_2,t_4 和 t_6,接着用 t_1,t_3 和 t_5,得到所有的数都是 0.

证法 2　设这六个数分别是 a_0,a_1,a_2,a_3,a_4,a_5.这里下标用模 2 处理.因为所有六个数的和是奇数,不失一般性,假定 $a_0 + a_2 + a_4$ 是奇数.

断言:如果 a_0,a_2,a_4 不全相等,其中至少有两个非零,那么我们能进行操作,使 $\max(a_0,a_2,a_4)$ 减少,这三个数的和保持奇数.

证明:不失一般性,设 $a_0 \leqslant a_2 \leqslant a_4$,于是 $a_0 < a_4,a_2 \neq 0$.在对 1,3,5 这三个位置操作后,这六个数将是

$$(a_0, a_2 - a_0, a_2, a_4 - a_2, a_4, a_4 - a_0)$$

如果 $a_0 > 0$,那么对 $2,4$ 这两个位置进行操作.结果将是

$$(a_0, a_2 - a_0, a_4 - a_0, a_4 - a_2, a_2 - a_0, a_4 - a_0)$$

因为 a_4 严格大于 $a_0, a_4 - a_0$ 和 $a_2 - a_0$,所以这就使最大值减小.这三个数的新的和将是

$$a_0' + a_2' + a_4' = a_4 + a_2 - a_0 = (a_4 + a_2 + a_0) - 2a_0$$

还是奇数.

如果 $a_0 = 0$,那么因为和是奇数,所以必有 $0 < a_2 < a_4$.现在对 $0,4$ 这两个位置进行操作.结果将是

$$(a_4 - a_2, a_2, a_2, a_4 - a_2, a_2, a_4)$$

在使 $\max(a_0, a_2, a_4)$ 减小,但保持这三个数的和不变,于是是奇数.

连续使用这个断言,我们不能无限地减小最大值.因此最终必将 $a_0 = a_2 = a_4 = a$,或者这三个数中的两个等于零,比如说 $a_0 = a_2 = 0$ 和 $a_4 = a$.在第一种情况下,对 $1,3,5$ 这三个位置操作,结果将是 $(a, 0, a, 0, a, 0)$,然后再对 $0, 2, 4$ 这三个位置操作,结果将是 $(0, 0, 0, 0, 0, 0)$.在第二种情况下,对 $1, 3, 5$ 这三个位置操作,结果将是 $(0, 0, 0, a, a, a)$.然后再对 4 这个位置操作,结果将是 $(0, 0, 0, a, 0, a)$.最后对 $3, 5$ 这两个位置操作,结果将是 $(0, 0, 0, 0, 0, 0)$.

48. 有一块 $(2n+1) \times (2n+1)$ 的板要用图 26 所示形状的薄片砖块铺砌,允许旋转和翻转.证明:第一类的砖块至少要用 $4n+3$ 块.

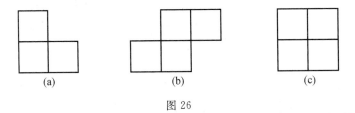

图 26

证明   行数和列数从 1 到 $2n+1$.对奇数行和奇数列的方格涂黑色,对其余的方格涂白色,共有 $(n+1)^2 = n^2 + 2n + 1$ 个黑方格和 $3n^2 + 2n$ 个白方格.第一类砖块可以覆盖两个白方格和一个黑方格或者三个白方格.其余的砖块总是覆盖三个白方格和一个黑方格.

设 A 是第一类能覆盖一个黑方格的砖块数,B 是第一类不能覆盖黑方格的砖块数,C 是其余两类的砖块数.

然后看黑方格,因为黑方格由 A 类和 C 类覆盖,所以应该有 $A + C = n^2 + 2n + 1$.

现在计算白方格,我们有 $2A + 3B + 3C = 3n^2 + 2n$.第一个关系式乘以 3 后,减去第二个关系式,得到 $A - 3B = 4n + 3$.但是显然 $A - 3B \leqslant A + B$,所以得到第一类砖块至少有 $4n + 3$ 块.

49.给定一个正 2 004 边形,所有的对角线都已画好.除去一些边和对角线,每个顶点至多发出 5 条线段.证明:可以用两种颜色对顶点涂色,使至少有 $\frac{3}{5}$ 的其余线段的端点不同色.

证明　首先,注意到最大度数为 d 的图可以用 d 种或 $d+1$ 种颜色正规地对各个顶点涂色.于是已知条件中的图可以用 6 种颜色涂色.

现在从 6 种颜色中均匀而随机地选取 3 种颜色(每种颜色用同样的概率选取),把这些颜色并在一种单一的颜色称为黄色.对其余三种颜色同样处理称为绿色.现在的两种颜色看来是不正规的.关于这种新的涂色的任何棱是同色的概率是

$$\frac{2\cdot 4}{\dbinom{6}{3}}=\frac{2}{5}$$

于是同色棱的期望值至多是 $\frac{2\mid E\mid}{5}$.所以必定有某种特定的选择,使不超过 G 的棱的 $\frac{2}{5}$ 是同色的,因此至少有 $\frac{3}{5}$ 的棱的端点不同色.

50.设 A 是模 N^2 的 N 个余数的集合.证明:存在一个模 N^2 的 N 个余数的集合 B,使 $A+B=\{a+b\mid a\in A,b\in B\}$ 至少有 $\frac{N^2}{2}$ 个元素.

证明　随机取一个有 n 个属于 $\mathbf{Z}/N^2\mathbf{Z}$ 的元素的集合,n 个元素中的每一个所取的概率是 $\frac{1}{N^2}$,所有的选择都是独立的.在选出的 n 个元素中取一些不同元素放入集合 B 中,这些元素可以少于 n 个.考虑随机变量 $X=\mid A+B\mid$.于是用 X_i 表示随机变量 X 的取值.对于 $0\leqslant i\leqslant N^2-1$,如果 $i\in A+B$,那么 X_i 的值是 1,否则就是 0,于是有 $X=\sum\limits_{i=0}^{N^2-1}X_i$.

现在由期望值的线性性质,得

$$E[X]=\sum_{i=0}^{N^2-1}E[X_i]=\sum_{i=0}^{N^2-1}P\quad(i\in A+B)$$

概率 $P(i\in A+B)$ 是容易计算的,因为我们可以把 N 次的概率转化为一个元素不属于 A 的概率的 n 次幂,所以它等于 $\left(1-\dfrac{N}{N^2}\right)^N$,因为 A 有 N 个元素,所以

$$P(i\in A+B)=1-\left(1-\frac{1}{N}\right)^N$$

从不等式 $\left(1-\dfrac{1}{N}\right)^N<\dfrac{1}{2}$,推得 $E[X]>\dfrac{N^2}{2}$,于是证毕.

51.对一个 $m\times n$ 的棋盘随机涂色:每一个方格都是独立地涂红色或黑色,概率都是

$\frac{1}{2}$. 如果有一条公共边的同色方格序列从 p 出发到 q 结束,我们就说 p 与 q 属于同一个同色连通区域. 证明:同色连通区域的期望值大于 $\frac{mn}{8}$.

证明 这一解法属于 Noam Elkies.

第一行从左到右,第二行从左到右,…… 对棋盘的方格编号为 $1,2,\cdots,mn$. 对 i 用归纳法证明:如果只考虑前 i 个方格组成的图形,那么同色分量的期望值至少是 $\frac{i}{8}$.

当 $i=1$ 时,显然正确. 对于归纳步骤,假定第 i 个方格与棋盘上左边的棱或最上面一行不相邻,那么可以分成三种情况:

第 i 个方格与上方相邻的方格以及与它左边的方格都不同色的概率是 $\frac{1}{4}$. 在这种情况下,加上第 i 个方格就加一个分量.

第 i 个方格与正上方相邻的方格以及与它左边的方格同色,但是与对角线方向上方的方格以及左边的方格不同色的概率是 $\frac{1}{8}$. 在这种情况下,加上第 i 个方格就除去一个分量或者保持分量数不变.

在其他所有情况下,当加上第 i 个方格时,保持分量数不变.

因此,加上第 i 个方格使分量个数的期望值至少增加 $\frac{1}{4}-\frac{1}{8}=\frac{1}{8}$,于是用归纳的步骤就完成了.

如果第 i 个方格与棋盘左边的棱不相邻,那么情况比较容易:如果第 i 个方格与上方的方格不同色,那么加一个分量,否则分量数不变. 因此,加上第 i 个方格使分量的期望值增加 $\frac{1}{2}$. 如果第 i 个方格与棋盘的最上面的一条棱相邻,那么情况相同.

于是根据归纳法,分量的期望值至少增加 $\frac{i}{8}$,这就是所求的.

52. 一堆有限个正方形,其总面积是 4. 证明:这些正方形能覆盖一个边长是 1 的正方形.

证明 对于 $1\leqslant i\leqslant k$,设 a_i 是这些正方形的边长. 如果有一个 a_i 大于 1,那么已经完成证明. 否则,对于每一个 i,能找到一个正整数 n_i,使 $a_i\in[2^{-n_i},2^{-n_i+1})$.

如果我们用边长为 $b_i=\frac{1}{2^{n_i}}\leqslant a_i$ 的正方形代替给定的正方形,那么覆盖这个正方形将变得更难了. 因为 $a_i<2b_i$,所以这些新的正方形面积的和大于 1.

现在来证明:这些新的正方形能够覆盖这个单位正方形,那么证明完毕. 策略很简单,把这个正方形分割成 4 个边长为 $\frac{1}{2}$ 的正方形. 如果有的话,那么就是边长为 $\frac{1}{2}$ 的新正方形. 如果有一些正方形不变, 那么再分割成 4 个边长为 $\frac{1}{4}$ 的正方形. 我们将覆盖所有正方形, 于是这个过程进行到某处就完成了, 因为覆盖的正方形的面积和大于 1.

53. 平面内给定 $2n+3$ 个点, 没有三点共线, 也没有四点共圆. 证明: 存在一个经过其中三点的圆, 使其余 n 个点在该圆的内部.

证明　设 A 和 B 是这 $2n+3$ 个点的凸包上的连续两点. 选择一个最佳的坐标系, 使直线 AB 在水平方向上. 其余个点为 $C_1, C_2, \cdots, C_{2n+1}$, 其 y 坐标较大.

接着对于 $1 \leqslant i \leqslant 2n+1$, 看 $\angle AC_iB$. 根据已知条件没有四点共圆, 所以这些角都不相等.

于是不失一般性, 对一切 $1 \leqslant i \leqslant 2n$, 设 $\angle AC_iB < \angle AC_{i+1}B$. 我们断言, 一个好圆是 $\triangle AC_{n+1}B$ 的外接圆.

为了证明这一点, 注意到因为所有的点都在 AB 的同一侧, 如果 $i > n+1$, 那么 $\angle AC_iB > \angle AC_{n+1}B$, 所以 C_i 在该圆内. 如果 $i < n+1$, 那么情况类似, 所以 C_i 在该圆外.

54. 设 $n \geqslant 4$ 是确定的正整数. 给出平面内无三点共线, 无四点共圆的 n 个点的集合 $S = \{P_1, P_2, \cdots, P_n\}$. 对于 $1 \leqslant t \leqslant n$, 设点 P_t 在圆 $P_iP_jP_k$ 的内部, a_t 是 P_t 的个数, 再设 $m(S) = \sum\limits_{i=1}^{n} a_i$. 证明: 存在一个只与 n 有关的正整数 $f(n)$, 当且仅当 $m(S) = f(n)$ 时, S 的点是一个凸多边形的顶点.

证明　我们断言, 函数 $f(n) = 2\begin{bmatrix} n \\ 4 \end{bmatrix}$ 满足要求.

设 P_a, P_b, P_c, P_d 四点的重量 $w(a,b,c,d)$ 是这样的点 P_i 的个数: $i \in \{a,b,c,d\}$, P_i 在经过其余三点的圆的内部. 观察

$$m(S) = \sum_{1 \leqslant a < b < c < d \leqslant n} w(a,b,c,d)$$

容易看出, 我们需要分析这四点组成的四边形何时是凸四边形, 何时是凹四边形两种情况.

断言: 凸四边形的重量是 2.

证明: 设凸四边形的顶点是 A, B, C, D, 当且仅当

$$\angle ABC > 180° - \angle ADC \Leftrightarrow \angle ABC + \angle ADC > 180°$$

时, 点 D 在 $\triangle ABC$ 外接圆的内部. 因此, 如果点 D 在 $\triangle ABC$ 外接圆的内部, 那么由对称性, 点 B 在 $\triangle ADC$ 外接圆的内部. 如果不是这样, 那么因为四边形 $ABCD$ 的内角和是 $360°$, 则

$$\angle ABC + \angle ADC < 180° \Rightarrow \angle BAD + \angle ACD > 180°$$

因此点 A 在 $\triangle BCD$ 外接圆的内部, 点 C 在 $\triangle ABD$ 外接圆的内部. 这两种情况下, 四边形 $ABCD$ 的重量都等于 2.

断言:凹四边形的重量是 1.

证明:设四边形 $ABCD$ 是凹四边形.不失一般性,设点 A 使内角 $\angle BAC > 180°$.于是推得点 A 在 $\triangle BCD$ 的内部.因此,$\triangle BCD$ 的外接圆包含点 A.但是,经过 A,B,C,D 中的三点的其余三个圆都不包含第四点.因此四边形 $ABCD$ 的重量等于 1.

如果 S 的顶点形成一个凸 n 边形,那么 S 中的不同四点形成的每一个四边形都是凸四边形,因此

$$m(S) = \sum_{1 \leqslant a < b < c < d \leqslant n} w(a,b,c,d) = 2\begin{bmatrix} n \\ 4 \end{bmatrix}$$

如果 S 的顶点形成一个凹 n 边形,那么 S 中不同四点形成的四边形中至少有一个是凹四边形,因此

$$m(S) = \sum_{1 \leqslant a < b < c < d \leqslant n} w(a,b,c,d) < 2\begin{bmatrix} n \\ 4 \end{bmatrix}$$

于是,当且仅当 S 中的点是一个凸多边形的顶点时,函数 $f(n) = 2\begin{bmatrix} n \\ 4 \end{bmatrix}$ 满足 $m(S) = f(n)$.

55. 设 S 是平面内有 n 个点的集合,S 中无三点共线.证明:存在一个包含 $2n-5$ 个点,且满足以下条件的集合 P:三个顶点都是 S 的元素的每一个三角形的内部有一点是 P 的元素.

证明 考虑坐标系内的点 $P_i(x_i, y_i)$,$x_1 < x_2 < \cdots < x_n$.设 d 是 P_i 和直线 $P_j P_k$ 之间的最小距离的一半,其中不同的下标 (i,j,k) 是取自 $\{1,2,\cdots,n\}$ 的一切三元组.

定义有 $2n-4$ 个点的集合 P,即

$$P = \{(x_i, y_i - d), (x_i, y_i - d) \mid i = 2,3,\cdots,n-1\}$$

考虑任何 $\triangle P_k P_l P_m$,其中 $k < l < m$.于是,其内部必包含点 $(x_l, y_l + d)$ 或点 $(x_l, y_l - d)$ 之一,所以 P 是一个好集,也是最接近我们要求的集合.我们只需要从 P 中除去一点.

这些点的凸包至少包含三点,必包含 P_1 和 P_n.假定第三点是 P_j,显然在点 $(x_j, y_j \pm d)$ 中有一点在凸包之外,我们可以从 P 中除去这一点.

56. A 是封闭的多边形的集合.对于 A 中的任意两点,联结这两点的线段完全在 A 内.证明:A 中存在一点 O,对于任何点在 A 的边界上的 X, X',使 O 位于线段 XX' 上,且

$$\frac{1}{2} \leqslant \frac{OX}{OX'} \leqslant 2$$

证明 在 A 的边界上的一切 M,设 A_M 是关于以 M 为极,比为 $\frac{2}{3}$ 的 A 的位似集合,利用 A 的凸性,可以推得对一切这样的点 M,A_M 是凸的,并包含于 A.

利用 A 和 A_M 的凸性,可以看出,如果点 M,N,P 是 A 的边界上的三点,G 是 $\triangle MNP$ 的重心,那么 G 属于集合 A_M,A_N,A_P 中的每一个. 由此推出集合 A_M 这一族是有界的凸多边形的集合,其中任意三个都有一个公共点.

由赫尔利定理,可以推得存在属于一切集合 A_M 的一点 O,这里 M 是 A 的边界上的点.

现在考虑经过点 O 的任意直线. 这条直线与 A 的边界相交于两点 X,X'. 于是根据上面的结论,O 属于线段 XX_2,其中 $X_2 = h_X(X')$,也属于线段 XX'. 于是,$OX \leqslant XX_2 = \dfrac{2}{3}XX'$,所以 $OX' \geqslant \dfrac{1}{3}XX'$. 于是 $\dfrac{OX}{OX'} \leqslant 2$.

另一个不等式只要将 X 和 X' 交换即可得到.

附录:递推关系

这里涉及一些关于解递推关系的理论,这些理论在同名的章节中是需要的.这绝不是难以处理的话题,并且在处理递推关系时应该是足够的,下面还提出一些问题.

定义 1 数列 a_n 的线性递推关系指的是形如

$$a_n = c_1 a_{n-1} + c_2 a_{n-2} + \cdots + c_k a_{n-k} + b_n$$

的递推关系,其中 $c_1, c_2, \cdots, c_k, b_n$ 可以是 n 的函数,但不是 a_i 的函数.

例如,卡塔兰(Catalan)数 C_n 的递推关系

$$C_n = C_1 C_{n-1} + C_2 C_{n-2} + \cdots + C_{n-1} C_1$$

就不是线性递推关系.

另外,通常用 F_n 表示斐波那契数的递推关系满足线性递推关系

$$F_n = F_{n-1} + F_{n-2}$$

定义 2 如果 $b_n = 0$,那么这样的线性递推关系称为齐次线性递推关系.

显然斐波那契数的递推关系是齐次线性递推关系.

定义 3 如果所有的 c_i 都与 n 无关,那么这样的线性递推关系称为常系数线性递推关系.

例如,错排数 D_n(集合 $\{1, 2, \cdots, n\}$ 的没有任何元素在原来位置的排列)满足的递推关系

$$D_n = (n-1)(D_{n-1} + D_{n-2})$$

我们将呈现解递推关系的方法只涉及常系数线性递推关系.

在我们转向这些结果前,需要解释一些词语.递推关系只给我们数列的下一项是什么,它并不提供数列开始时的任何信息.为了确定数列就必须提供前 k 项的值(见线性递推的定义).由初始值 $F_0 = F_1 = 1$ 确定的斐波那契数列就是一例.另外,鲁卡斯(Lucas)数列有同样的递推关系,但初始条件是 $L_0 = 2, L_1 = 1$.

定义 4 常系数齐次线性递推关系 $a_n = c_1 a_{n-1} + c_2 a_{n-2} + \cdots + c_k a_{n-k}$ 的特征多项式是

$$f(X) = X^k - c_1 X^{k-1} - \cdots - c_{k-1} X - c_k$$

定理 1 如果该递推关系的特征多项式有不同的根 $z_1, z_2, \cdots, z_m$,对于 $i = 1, 2, \cdots, m$,z_i 是 e_i 重根,那么具有这一特征多项式的数列都可写成

$$z_1^n, n z_1^n, \cdots, n^{e_1-1} z_1^n$$

$$z_2^n, n z_2^n, \cdots, n^{e_2-1} z_2^n$$

$$\vdots$$

$$z_m^n, nz_m^n, \cdots, n^{e_m-1}z_m^n$$

的线性组合.

注 1　如果所有的根都相同,那么 $m=k$,具有这一递推关系的数列都是 $z_1^n, z_2^n, \cdots, z_m^n$ 的线性组合.

注 2　特定的线性组合由该数列前 k 项的值确定.唯一困难的是特征多项式可能没有明确的根.例如,将 $X^3 - X - 1$ 与 $X^3 - 2X^2 + X = X(X-1)^2$ 比较.

我们可以看出,这一知识在下面的例题中是如何帮助我们解递推关系的.

例 136　考虑 $a_0 = -3, a_1 = 7$,对于 $n \geqslant 2$,有 $a_n = 2a_{n-1} + 3a_{n-2}$,求 a_n 的一个通项.

解　可将 $a_n = cr^n$ 代入 $a_n = 2a_{n-1} + 3a_{n-2}$ 中,得

$$c \cdot r^n = 2 \cdot c \cdot r^{n-1} + 3 \cdot c \cdot r^{n-2}$$

于是

$$c \cdot r^n - 2 \cdot c \cdot r^{n-1} - 3 \cdot c \cdot r^{n-2} = 0$$
$$r^n - 2r^{n-1} - 3r^{n-2} = 0 \quad (\text{除以 } c)$$
$$r^2 - 2r - 3 = 0 \quad (\text{除以 } r^{n-2})$$
$$(r-3)(r+1) = 0$$

这告诉我们特征多项式有 3 和 -1 两根.于是对常数 c_1 和 c_2,解得这个递推关系有 $a_n = c_1 3^n$ 和 $a_n = c_2(-1)^n$.这就给出

$$a_n = c_1 3^n + c_2(-1)^n$$

的一般解.注意,直到现在我们还没有涉及初始条件.这些初始条件允许我们确定所需要的 c_1 和 c_2 特定的值.

注意到

$$-3 = a_0 = c_1 3^0 + c_2(-1)^0 = c_1 + c_2$$
$$7 = a_1 = c_1 3^1 + c_2(-1)^1 = 3c_1 - c_2$$

这给出了一个线性方程组,可以解得 $c_1 = 1$ 和 $c_2 = -4$.于是 a_n 的一个通项是

$$a_n = 3^n - 4(-1)^n$$

对于非齐次常系数递推关系,我们有以下定理.

定理 2　如果数列 a_n 满足递推关系

$$a_n = c_1 a_{n-1} + c_2 a_{n-2} + \cdots + c_k a_{n-k} + b_n$$

那么 a_n 可以写成 $p_n + q_n$ 的形式,这里 p_n 满足齐次递推关系 $p_n = c_1 p_{n-1} + c_2 p_{n-2} + \cdots + c_k p_{n-k}$,$q_n$ 是一个特解.

于是在解非齐次递推关系时唯一有技巧的部分是求一个特解.

例 137　回到前面的例子 $a_0 = -3, a_1 = 7, a_n = 2a_{n-1} + 3a_{n-2}$,把递推关系改为

$$a_n = 2a_{n-1} + 3a_{n-2} + n - 5$$

现在我们的解是什么?

解 要注意第一件事就是我们在前面已经找到了齐次递推关系时的解("p_n"),即 $p_n = c_1 3^n + c_2 (-1)^n$. 现在只需求出一个特解. 因为非齐次项是线性多项式,我们将猜出形如 $bn + c$ 的一个解. 于是,我们有

$$bn + c = 2[b(n-1) + c] + 3[b(n-2) + c] + n - 5$$
$$= (5b+1)n - 8b + 5c - 5$$

这告诉我们 $b = 5b + 1, c = -8b + 5c - 5$. 解这两个方程,得到 $b = -\dfrac{1}{4}, c = \dfrac{3}{4}$. 于是, 特解是

$$q_n = -\frac{1}{4}n + \frac{3}{4}$$

最后我们用初始条件解常数 c_1 和 c_2, 有

$$a_0 = -3 = c_1 + c_2 + \frac{3}{4}, a_1 = 7 = 3c_1 - c_2 + \frac{1}{2}$$

解得 $c_1 = \dfrac{11}{16}, c_2 = -\dfrac{71}{16}$. 于是,一般解为

$$a_n = \frac{1}{16}([11 \cdot 3^n - 71 \cdot (-1)^n - 4n + 12]$$

另一个例子是要解递推关系

$$a_n = 3a_{n-1} + 3a_{n-2} + 4^{n-2}$$

因为特征多项式是 $X^2 - 3X - 3$, $b_n = 4^{n-2}$ 的底数是 4, 我们要寻找形如 $a_n = 4^{n+A}$ 的特解. 于是我们在两边除以 4^{n-2} 后,必须解 $4^{A+2} = 3 \cdot 4^{A+1} + 3 \cdot 4^A + 1$. 显然这就得到 $A = 0$, 于是 $a_n = 4^n$ 是一个特解.

因为我们并不是要把一长串规则列入附录中,所以上面两种情况对于本书范围内的内容应该是足够了. 我们还要说一些话,在解常系数的递推关系时,不管是齐次的还是非齐次的,也可以用与该数列有关的母函数 $f(X) = \sum_{n \geqslant 0} a_n X^n$ 处理. 在母函数这一章一开篇的例题就是这种方法的一个例子.

词　汇　表

Addition Rule(加法原理)：见 Rule of Sum.

Adjacent(相邻的)：一张图的两个顶点 u,v，如果有一条棱联结这两点，那么这两个顶点是相邻的.

Binomial Coefficient(二项式系数)：二项式系数指的是数 $\begin{bmatrix} n \\ k \end{bmatrix} = \dfrac{n!}{k!\,(n-k)!}$.

Cardinality(基数)：集合 A 的基数或大小(用 $|A|$ 表示)指的是该集合元素的个数.

Chromatic Number(色数)：图 G 的色数指的是使图 G 是一个正规的 $k-$着色的最小的 k，用 $\chi(G)$ 表示.

Chromatic Polynomial(色多项式)：对于一切正整数 k，图 G 的色多项式(用 $\chi(G;k)$ 表示)指的是用 k 种或更少种颜色得到 G 的不同的涂色种数，它是 k 的函数.

Combination(组合)：组合指的是一组对象的子集. 从总共 n 个对象中取出 k 个对象的组合数是 $\begin{bmatrix} n \\ k \end{bmatrix} = \dfrac{n!}{k!\,(n-k)!}$.

Complement of a Set(一个集合的补集)：如果有一个包含我们所关心的全体对象的全集 U，那么我们就可以把集合 A 的补集(用记号 A^c 表示)定义为不属于 A 的元素的集合($A^c = U\backslash A$). 例如，如果我们在把自然数集视为全集时，偶数集的补集就是奇数集.(注意：为了使补集的概念有意义，必须有一个全集！)

Complete Graph(完全图)：有 n 个顶点的完全图指的是有 n 个顶点，且包含所有 $\begin{bmatrix} n \\ 2 \end{bmatrix}$ 条可能的棱的图.

Convex(凸的)：所有的内角都小于 $180°$ 的多边形称为凸的.

Degree(度数)：图的顶点 v 的度数指的是以 v 为端点的棱的条数.

Derangement(错排)：错排指的是没有一个对象在其原来所在位置上的一个排列.

Disjoint(不交)：如果集合 A 和集合 B 没有共同的元素，那么称集合 A 和集合 B 不交($A \cap B = \varnothing$).

Element(元素)：记号 $x \in A$(读作 x 属于 A，或 x 是 A 的元素)指的是元素 x 包含于集合 A 内. 另外，常用记号 $y \notin A$(读作 y 不属于 A，或 y 不是 A 的元素)表示元素 y 不包含于集合 A 内.

Empty Set(空集)：空集是没有任何元素的集合. 用记号 $\{\ \ \}$ 或 $\varnothing$ 表示.

Expected Value(期望值):随机变量 X 的期望值由

$$E[X] = \sum_{s \in S} X(s) P(s) = \sum_x x P(X = x)$$

Rule of Sum(加法原理):如果 $A_1, A_2, \cdots, A_n$ 是两两不交的集合(即没有一对集合有公共的元素),那么

$$| A_1 \bigcup A_2 \bigcup \cdots \bigcup A_n | = | A_1 | + | A_2 | + \cdots + | A_n |$$

给出,在第二个和式中 x 跑遍 X 的一切可能值.

Generating Function(母函数):与数列 $\{a_n\}_{i=1}^{\infty}$ 有关的母函数指的是一个变量的形式幂级数. 实际上,我们有

$$f(x) = \sum_n a_n x^n$$

Graph(图):一张图 $G(V, E)$ 就是一对元素,其中 V 是顶点(我们称其为点)的一个有限集,E 是棱(V 的二元子集)的集合.

Intersection(交):两个集合 A 和 B 的交(记作 $A \bigcap B$)是由一切既属于 A,又属于 B 的元素组成的集合 $\{x \mid x \in A$ 且 $x \in B\}$.

Invariant(不变量):不变量指的是对一个对象或集合实施变换时保持不变的一个性质.

$k-$Colorable($k-$可着色的):如果图有一个正规的 $k-$着色,那么就说这个图是 $k-$可着色的.

Leaf(叶):树中度数为 1 的顶点称为叶.

Multinomial Coefficient(多项式系数):多项式系数指的是形如

$$\begin{pmatrix} n \\ k_1, k_2, \cdots, k_m \end{pmatrix} = \frac{n!}{k_1! \; k_2! \; \cdots k_m!}$$

的数,其中 $n = k_1 + k_2 + \cdots + k_m$.

Multiplication Rule(乘法原理):见 Rule of Product.

Permutation(排列):不同对象的有序组的排列指的是对同样这些对象以可能的不同顺序进行的排列. 从总共 n 个对象中,取出 k 个对象的排列数是 $\dfrac{n!}{(n-k)!}$.

Probability(概率):给定集合 S,概率是一个函数 $P:S \to [0, 1]$,使

$$\sum_{s \in S} P(s) = 1$$

对于 $A \subseteq S$,事件 A 的概率由 $\sum_{s \in A} P(s)$ 给出.

Proper $k-$Coloring(正规 $k-$着色):对于 $k \geqslant 1$,如果存在一个映射 $f:V \to \{1, 2, \cdots, k\}$,使得由 $uv \in E$,推得 $f(u) \neq f(v)$,我们就说图 $G(V, E)$ 有一个正规 $k-$着色.

Random Variable(随机变量):随机变量是定义在概率的样本空间上的一个函数.

Recurrence Relation(递推关系)：递推关系是把数列的元素定义为该数列的前几个元素的函数的一个等式.

Rule of Product(乘法原理)：如果我们有 n 种要选择的情况,其中第一种选择有 X_1 种可能,第二种选择有 X_2 种可能,一直到第 n 种选择有 X_n 种可能,那么要选择的方法总数为 $X_1 \cdot X_2 \cdots \cdot X_n$.

Sequence(序列)：序列是一些元素的有序排列.序列中可能有无限多项.

Set(集合)：集合是由不同元素组成的总体,其各元素的排列顺序并不重要.我们可以用列举法指定一个集合,例如,$\{1,2,4,8,16\}$ 或 $\{3,5,7,\cdots,19\}$. 我们也可以使用构造法(也称描述法)的记号指定一个集合,在构造法集合中提出一个条件用来确定哪些元素属于这个集合,例如,$\{x \mid 1 < x < 17\}$ 或 $\{(x,y) \mid y = 3x + 4\}$.

Set Difference(差集)：集合 A 和集合 B 的差集(记作 $A \backslash B$)是由属于 A 但不属于 B 的元素组成的集合.

Set Equality(集合的相等)：如果集合 A 和集合 B 恰好包含同样一些元素,那么称集合 A 和集合 B 相等(记作 $A=B$).(证明 $A=B$ 的常用方法是证明 $A \subseteq B$ 且 $B \subseteq A$,切记!)

Subgraph(子图)：图 G 的子图 H 指的是满足 $V(H) \subseteq V(G)$ 和 $E(H) \subseteq E(G)$ 的图.

Subset(子集)：如果集合 A 的每一个元素都是集合 B 的元素(由 $x \in A$ 可推得 $x \in B$),那么就说集合 A 是集合 B 的子集(记作 $A \subseteq B$).

Tree(树)：连通的,且没有环路的图称为树.

Union(并)：两个集合 A 和 B 的并(记作 $A \cup B$)指的是由一切属于集合 A 或集合 B 的元素组成的集合 $\{x \mid x \in A$ 或 $x \in B\}$(记作 $A \cup B$).

刘培杰数学工作室
已出版(即将出版)图书目录——初等数学

书　名	出版时间	定　价	编号
新编中学数学解题方法全书(高中版)上卷(第2版)	2018-08	58.00	951
新编中学数学解题方法全书(高中版)中卷(第2版)	2018-08	68.00	952
新编中学数学解题方法全书(高中版)下卷(一)(第2版)	2018-08	58.00	953
新编中学数学解题方法全书(高中版)下卷(二)(第2版)	2018-08	58.00	954
新编中学数学解题方法全书(高中版)下卷(三)(第2版)	2018-08	68.00	955
新编中学数学解题方法全书(初中版)上卷	2008-01	28.00	29
新编中学数学解题方法全书(初中版)中卷	2010-07	38.00	75
新编中学数学解题方法全书(高考复习卷)	2010-01	48.00	67
新编中学数学解题方法全书(高考真题卷)	2010-01	38.00	62
新编中学数学解题方法全书(高考精华卷)	2011-03	68.00	118
新编平面解析几何解题方法全书(专题讲座卷)	2010-01	18.00	61
新编中学数学解题方法全书(自主招生卷)	2013-08	88.00	261
数学奥林匹克与数学文化(第一辑)	2006-05	48.00	4
数学奥林匹克与数学文化(第二辑)(竞赛卷)	2008-01	48.00	19
数学奥林匹克与数学文化(第二辑)(文化卷)	2008-07	58.00	36′
数学奥林匹克与数学文化(第三辑)(竞赛卷)	2010-01	48.00	59
数学奥林匹克与数学文化(第四辑)(竞赛卷)	2011-08	58.00	87
数学奥林匹克与数学文化(第五辑)	2015-06	98.00	370
世界著名平面几何经典著作钩沉——几何作图专题卷(共3卷)	2022-01	198.00	1460
世界著名平面几何经典著作钩沉(民国平面几何老课本)	2011-03	38.00	113
世界著名平面几何经典著作钩沉(建国初期平面三角老课本)	2015-08	38.00	507
世界著名解析几何经典著作钩沉——平面解析几何卷	2014-01	38.00	264
世界著名数论经典著作钩沉(算术卷)	2012-01	28.00	125
世界著名数学经典著作钩沉——立体几何卷	2011-02	28.00	88
世界著名三角学经典著作钩沉(平面三角卷Ⅰ)	2010-06	28.00	69
世界著名三角学经典著作钩沉(平面三角卷Ⅱ)	2011-01	38.00	78
世界著名初等数论经典著作钩沉(理论和实用算术卷)	2011-07	38.00	126
世界著名几何经典著作钩沉(解析几何卷)	2022-10	68.00	1564
发展你的空间想象力(第3版)	2021-01	98.00	1464
空间想象力进阶	2019-05	68.00	1062
走向国际数学奥林匹克的平面几何试题诠释.第1卷	2019-07	88.00	1043
走向国际数学奥林匹克的平面几何试题诠释.第2卷	2019-09	78.00	1044
走向国际数学奥林匹克的平面几何试题诠释.第3卷	2019-03	78.00	1045
走向国际数学奥林匹克的平面几何试题诠释.第4卷	2019-09	98.00	1046
平面几何证明方法全书	2007-08	35.00	1
平面几何证明方法全书习题解答(第2版)	2006-12	18.00	10
平面几何天天练上卷·基础篇(直线型)	2013-01	58.00	208
平面几何天天练中卷·基础篇(涉及圆)	2013-01	28.00	234
平面几何天天练下卷·提高篇	2013-01	58.00	237
平面几何专题研究	2013-07	98.00	258
平面几何解题之道.第1卷	2022-05	38.00	1494
几何学习题集	2020-10	48.00	1217
通过解题学习代数几何	2021-04	88.00	1301
圆锥曲线的奥秘	2022-06	88.00	1541

刘培杰数学工作室
已出版(即将出版)图书目录——初等数学

书　名	出版时间	定价	编号
最新世界各国数学奥林匹克中的平面几何试题	2007-09	38.00	14
数学竞赛平面几何典型题及新颖解	2010-07	48.00	74
初等数学复习及研究(平面几何)	2008-09	68.00	38
初等数学复习及研究(立体几何)	2010-06	38.00	71
初等数学复习及研究(平面几何)习题解答	2009-01	58.00	42
几何学教程(平面几何卷)	2011-03	68.00	90
几何学教程(立体几何卷)	2011-07	68.00	130
几何变换与几何证题	2010-06	88.00	70
计算方法与几何证题	2011-06	28.00	129
立体几何技巧与方法(第2版)	2022-10	168.00	1572
几何瑰宝——平面几何500名题暨1500条定理(上、下)	2021-07	168.00	1358
三角形的解法与应用	2012-07	18.00	183
近代的三角形几何学	2012-07	48.00	184
一般折线几何学	2015-08	48.00	503
三角形的五心	2009-06	28.00	51
三角形的六心及其应用	2015-10	68.00	542
三角形趣谈	2012-08	28.00	212
解三角形	2014-01	28.00	265
探秘三角形:一次数学旅行	2021-10	68.00	1387
三角学专门教程	2014-09	28.00	387
图天下几何新题试卷.初中(第2版)	2017-11	58.00	855
圆锥曲线习题集(上册)	2013-06	68.00	255
圆锥曲线习题集(中册)	2015-01	78.00	434
圆锥曲线习题集(下册·第1卷)	2016-10	78.00	683
圆锥曲线习题集(下册·第2卷)	2018-01	98.00	853
圆锥曲线习题集(下册·第3卷)	2019-10	128.00	1113
圆锥曲线的思想方法	2021-08	48.00	1379
圆锥曲线的八个主要问题	2021-10	48.00	1415
论九点圆	2015-05	88.00	645
近代欧氏几何学	2012-03	48.00	162
罗巴切夫斯基几何学及几何基础概要	2012-07	28.00	188
罗巴切夫斯基几何学初步	2015-06	28.00	474
用三角、解析几何、复数、向量计算解数学竞赛几何题	2015-03	48.00	455
用解析法研究圆锥曲线的几何理论	2022-05	48.00	1495
美国中学几何教程	2015-04	88.00	458
三线坐标与三角形特征点	2015-04	98.00	460
坐标几何学基础.第1卷,笛卡儿坐标	2021-08	48.00	1398
坐标几何学基础.第2卷,三线坐标	2021-09	28.00	1399
平面解析几何方法与研究(第1卷)	2015-05	18.00	471
平面解析几何方法与研究(第2卷)	2015-06	18.00	472
平面解析几何方法与研究(第3卷)	2015-07	18.00	473
解析几何研究	2015-01	38.00	425
解析几何学教程.上	2016-01	38.00	574
解析几何学教程.下	2016-01	38.00	575
几何学基础	2016-01	58.00	581
初等几何研究	2015-02	58.00	444
十九和二十世纪欧氏几何学中的片段	2017-01	58.00	696
平面几何中考.高考.奥数一本通	2017-07	28.00	820
几何学简史	2017-08	28.00	833
四面体	2018-01	48.00	880
平面几何证明方法思路	2018-12	68.00	913
折纸中的几何练习	2022-09	48.00	1559
中学新几何学(英文)	2022-10	98.00	1562

刘培杰数学工作室
已出版（即将出版）图书目录——初等数学

书　名	出版时间	定价	编号
平面几何图形特性新析.上篇	2019-01	68.00	911
平面几何图形特性新析.下篇	2018-06	88.00	912
平面几何范例多解探究.上篇	2018-04	48.00	910
平面几何范例多解探究.下篇	2018-12	68.00	914
从分析解题过程学解题:竞赛中的几何问题研究	2018-07	68.00	946
从分析解题过程学解题:竞赛中的向量几何与不等式研究(全2册)	2019-06	138.00	1090
从分析解题过程学解题:竞赛中的不等式问题	2021-01	48.00	1249
二维、三维欧氏几何的对偶原理	2018-12	38.00	990
星形大观及闭折线论	2019-03	68.00	1020
立体几何的问题和方法	2019-11	58.00	1127
三角代换论	2021-05	58.00	1313
俄罗斯平面几何问题集	2009-08	88.00	55
俄罗斯立体几何问题集	2014-03	58.00	283
俄罗斯几何大师——沙雷金论数学及其他	2014-01	48.00	271
来自俄罗斯的5000道几何习题及解答	2011-03	58.00	89
俄罗斯初等数学问题集	2012-05	38.00	177
俄罗斯函数问题集	2011-03	38.00	103
俄罗斯组合分析问题集	2011-01	48.00	79
俄罗斯初等数学万题选——三角卷	2012-11	38.00	222
俄罗斯初等数学万题选——代数卷	2013-08	68.00	225
俄罗斯初等数学万题选——几何卷	2014-01	68.00	226
俄罗斯《量子》杂志数学征解问题100题选	2018-08	48.00	969
俄罗斯《量子》杂志数学征解问题又100题选	2018-08	48.00	970
俄罗斯《量子》杂志数学征解问题	2020-05	48.00	1138
463个俄罗斯几何老问题	2012-01	28.00	152
《量子》数学短文精粹	2018-09	38.00	972
用三角、解析几何等计算解来自俄罗斯的几何题	2019-11	88.00	1119
基谢廖夫平面几何	2022-01	48.00	1461
基谢廖夫立体几何	2023-04	48.00	1599
数学:代数、数学分析和几何(10-11年级)	2021-01	48.00	1250
立体几何.10—11年级	2022-01	58.00	1472
直观几何学:5—6年级	2022-04	58.00	1508
平面几何:9—11年级	2022-10	48.00	1571
谈谈素数	2011-03	18.00	91
平方和	2011-03	18.00	92
整数论	2011-05	38.00	120
从整数谈起	2015-10	28.00	538
数与多项式	2016-01	38.00	558
谈谈不定方程	2011-05	28.00	119
质数漫谈	2022-07	68.00	1529
解析不等式新论	2009-06	68.00	48
建立不等式的方法	2011-03	98.00	104
数学奥林匹克不等式研究(第2版)	2020-07	68.00	1181
不等式研究(第二辑)	2012-02	68.00	153
不等式的秘密(第一卷)(第2版)	2014-02	38.00	286
不等式的秘密(第二卷)	2014-01	38.00	268
初等不等式的证明方法	2010-06	38.00	123
初等不等式的证明方法(第二版)	2014-11	38.00	407
不等式·理论·方法(基础卷)	2015-07	38.00	496
不等式·理论·方法(经典不等式卷)	2015-07	38.00	497
不等式·理论·方法(特殊类型不等式卷)	2015-07	48.00	498
不等式探究	2016-03	38.00	582
不等式探秘	2017-01	88.00	689
四面体不等式	2017-01	68.00	715
数学奥林匹克中常见重要不等式	2017-09	38.00	845

书　　名	出版时间	定价	编号
三正弦不等式	2018-09	98.00	974
函数方程与不等式:解法与稳定性结果	2019-04	68.00	1058
数学不等式.第1卷,对称多项式不等式	2022-05	78.00	1455
数学不等式.第2卷,对称有理不等式与对称无理不等式	2022-05	88.00	1456
数学不等式.第3卷,循环不等式与非循环不等式	2022-05	88.00	1457
数学不等式.第4卷,Jensen不等式的扩展与加细	2022-05	88.00	1458
数学不等式.第5卷,创建不等式与解不等式的其他方法	2022-05	88.00	1459
同余理论	2012-05	38.00	163
[x]与{x}	2015-04	48.00	476
极值与最值.上卷	2015-06	28.00	486
极值与最值.中卷	2015-06	38.00	487
极值与最值.下卷	2015-06	28.00	488
整数的性质	2012-11	38.00	192
完全平方数及其应用	2015-08	78.00	506
多项式理论	2015-10	88.00	541
奇数、偶数、奇偶分析法	2018-01	98.00	876
不定方程及其应用.上	2018-12	58.00	992
不定方程及其应用.中	2019-01	78.00	993
不定方程及其应用.下	2019-02	98.00	994
Nesbitt不等式加强式的研究	2022-06	128.00	1527
最值定理与分析不等式	2023-02	78.00	1567
一类积分不等式	2023-02	88.00	1579

书　　名	出版时间	定价	编号
历届美国中学生数学竞赛试题及解答(第一卷)1950-1954	2014-07	18.00	277
历届美国中学生数学竞赛试题及解答(第二卷)1955-1959	2014-04	18.00	278
历届美国中学生数学竞赛试题及解答(第三卷)1960-1964	2014-06	18.00	279
历届美国中学生数学竞赛试题及解答(第四卷)1965-1969	2014-04	28.00	280
历届美国中学生数学竞赛试题及解答(第五卷)1970-1972	2014-06	18.00	281
历届美国中学生数学竞赛试题及解答(第六卷)1973-1980	2017-07	18.00	768
历届美国中学生数学竞赛试题及解答(第七卷)1981-1986	2015-01	18.00	424
历届美国中学生数学竞赛试题及解答(第八卷)1987-1990	2017-05	18.00	769

书　　名	出版时间	定价	编号
历届中国数学奥林匹克试题集(第3版)	2021-10	58.00	1440
历届加拿大数学奥林匹克试题集	2012-08	38.00	215
历届美国数学奥林匹克试题集:1972~2019	2020-04	88.00	1135
历届波兰数学竞赛试题集.第1卷,1949~1963	2015-03	18.00	453
历届波兰数学竞赛试题集.第2卷,1964~1976	2015-03	18.00	454
历届巴尔干数学奥林匹克试题集	2015-05	38.00	466
保加利亚数学奥林匹克	2014-10	38.00	393
圣彼得堡数学奥林匹克试题集	2015-01	38.00	429
匈牙利奥林匹克数学竞赛题解.第1卷	2016-05	28.00	593
匈牙利奥林匹克数学竞赛题解.第2卷	2016-05	28.00	594
历届美国数学邀请赛试题集(第2版)	2017-10	78.00	851
普林斯顿大学数学竞赛	2016-06	38.00	669
亚太地区数学奥林匹克竞赛题	2015-07	18.00	492
日本历届(初级)广中杯数学竞赛试题及解答.第1卷(2000~2007)	2016-05	28.00	641
日本历届(初级)广中杯数学竞赛试题及解答.第2卷(2008~2015)	2016-05	38.00	642
越南数学奥林匹克题选:1962-2009	2021-07	48.00	1370
360个数学竞赛问题	2016-08	58.00	677
奥数最佳实战题.上卷	2017-06	38.00	760
奥数最佳实战题.下卷	2017-05	58.00	761
哈尔滨市早期中学数学竞赛试题汇编	2016-07	28.00	672
全国高中数学联赛试题及解答:1981—2019(第4版)	2020-07	138.00	1176
2022年全国高中数学联合竞赛模拟题集	2022-06	30.00	1521

刘培杰数学工作室
已出版(即将出版)图书目录——初等数学

书 名	出版时间	定价	编号
20世纪50年代全国部分城市数学竞赛试题汇编	2017−07	28.00	797
国内外数学竞赛题及精解:2018~2019	2020−08	45.00	1192
国内外数学竞赛题及精解:2019~2020	2021−11	58.00	1439
许康华竞赛优学精选集.第一辑	2018−08	68.00	949
天问叶班数学问题征解100题.Ⅰ,2016−2018	2019−05	88.00	1075
天问叶班数学问题征解100题.Ⅱ,2017−2019	2020−07	98.00	1177
美国初中数学竞赛:AMC8准备(共6卷)	2019−07	138.00	1089
美国高中数学竞赛:AMC10准备(共6卷)	2019−08	158.00	1105
王连笑教你怎样学数学:高考选择题解题策略与客观题实用训练	2014−01	48.00	262
王连笑教你怎样学数学:高考数学高层次讲座	2015−02	48.00	432
高考数学的理论与实践	2009−08	38.00	53
高考数学核心题型解题方法与技巧	2010−01	28.00	86
高考思维新平台	2014−03	38.00	259
高考数学压轴题解题诀窍(上)(第2版)	2018−01	58.00	874
高考数学压轴题解题诀窍(下)(第2版)	2018−01	48.00	875
北京市五区文科数学三年高考模拟题详解:2013~2015	2015−08	48.00	500
北京市五区理科数学三年高考模拟题详解:2013~2015	2015−09	68.00	505
向量法巧解数学高考题	2009−08	28.00	54
高中数学课堂教学的实践与反思	2021−11	48.00	791
数学高考参考	2016−01	78.00	589
新课程标准高考数学解答题各种题型解法指导	2020−08	78.00	1196
全国及各省市高考数学试题审题要津与解法研究	2015−02	48.00	450
高中数学章节起始课的教学研究与案例设计	2019−05	28.00	1064
新课标高考数学——五年试题分章详解(2007~2011)(上、下)	2011−10	78.00	140,141
全国中考数学压轴题审题要津与解法研究	2013−04	78.00	248
新编全国及各省市中考数学压轴题审题要津与解法研究	2014−05	58.00	342
全国及各省市5年中考数学压轴题审题要津与解法研究(2015版)	2015−04	58.00	462
中考数学专题总复习	2007−04	28.00	6
中考数学较难题常考题型解题方法与技巧	2016−09	48.00	681
中考数学难题常考题型解题方法与技巧	2016−09	48.00	682
中考数学中档题常考题型解题方法与技巧	2017−08	68.00	835
中考数学选择填空压轴好题妙解365	2017−05	38.00	759
中考数学:三类重点考题的解法例析与习题	2020−04	48.00	1140
中小学数学的历史文化	2019−11	48.00	1124
初中平面几何百题多思创新解	2020−01	58.00	1125
初中数学中考备考	2020−01	58.00	1126
高考数学之九章演义	2019−08	68.00	1044
高考数学之难题谈笑间	2022−06	68.00	1519
化学可以这样学:高中化学知识方法智慧感悟疑难辨析	2019−07	58.00	1103
如何成为学习高手	2019−09	58.00	1107
高考数学:经典真题分类解析	2020−04	78.00	1134
高考数学解答题破解策略	2020−11	58.00	1221
从分析解题过程学解题:高考压轴题与竞赛题之关系探究	2020−08	88.00	1179
教学新思考:单元整体视角下的初中数学教学设计	2021−03	58.00	1278
思维再拓展:2020年经典几何题的多解探究与思考	即将出版		1279
中考数学小压轴汇编初讲	2017−07	48.00	788
中考数学大压轴专题微言	2017−09	48.00	846
怎么解中考平面几何探索题	2019−06	48.00	1093
北京中考数学压轴题解题方法突破(第8版)	2022−11	78.00	1577
助你高考成功的数学解题智慧:知识是智慧的基础	2016−01	58.00	596
助你高考成功的数学解题智慧:错误是智慧的试金石	2016−04	58.00	643
助你高考成功的数学解题智慧:方法是智慧的推手	2016−04	68.00	657
高考数学奇思妙解	2016−04	38.00	610
高考数学解题策略	2016−05	48.00	670

刘培杰数学工作室

已出版(即将出版)图书目录——初等数学

书　名	出版时间	定　价	编号
数学解题泄天机(第2版)	2017-10	48.00	850
高考物理压轴题全解	2017-04	58.00	746
高中物理经典问题25讲	2017-05	28.00	764
高中物理教学讲义	2018-01	48.00	871
高中物理教学讲义:全模块	2022-03	98.00	1492
高中物理答疑解惑65篇	2021-11	48.00	1462
中学物理基础问题解析	2020-08	48.00	1183
2017年高考理科数学真题研究	2018-01	58.00	867
2017年高考文科数学真题研究	2018-01	48.00	868
初中数学、高中数学脱节知识补缺教材	2017-06	48.00	766
高考数学小题抢分必练	2017-10	48.00	834
高考数学核心素养解读	2017-09	38.00	839
高考数学客观题解题方法和技巧	2017-10	38.00	847
十年高考数学精品试题审题要津与解法研究	2021-10	98.00	1427
中国历届高考数学试题及解答.1949—1979	2018-01	38.00	877
历届中国高考数学试题及解答.第二卷,1980—1989	2018-10	28.00	975
历届中国高考数学试题及解答.第三卷,1990—1999	2018-10	48.00	976
数学文化与高考研究	2018-03	48.00	882
跟我学解高中数学题	2018-07	58.00	926
中学数学研究的方法及案例	2018-05	58.00	869
高考数学抢分技能	2018-07	68.00	934
高一新生常用数学方法和重要数学思想提升教材	2018-06	38.00	921
2018年高考数学真题研究	2019-01	68.00	1000
2019年高考数学真题研究	2020-05	88.00	1137
高考数学全国卷六道解答题常考题型解题诀窍:理科(全2册)	2019-07	78.00	1101
高考数学全国卷16道选择、填空题常考题型解题诀窍.理科	2018-09	88.00	971
高考数学全国卷16道选择、填空题常考题型解题诀窍.文科	2020-01	88.00	1123
高中数学一题多解	2019-06	58.00	1087
历届中国高考数学试题及解答:1917—1999	2021-08	98.00	1371
2000~2003年全国及各省市高考数学试题及解答	2022-05	88.00	1499
2004年全国及各省市高考数学试题及解答	2022-07	78.00	1500
突破高原:高中数学解题思维探究	2021-08	48.00	1375
高考数学中的"取值范围"	2021-10	48.00	1429
新课程标准高中数学各种题型解法大全.必修一分册	2021-06	58.00	1315
新课程标准高中数学各种题型解法大全.必修二分册	2022-01	68.00	1471
高中数学各种题型解法大全.选择性必修一分册	2022-06	68.00	1525
高中数学各种题型解法大全.选择性必修二分册	2023-01	58.00	1600

书　名	出版时间	定　价	编号
新编640个世界著名数学智力趣题	2014-01	88.00	242
500个最新世界著名数学智力趣题	2008-06	48.00	3
400个最新世界著名数学最值问题	2008-09	48.00	36
500个世界著名数学征解问题	2009-06	48.00	52
400个中国最佳初等数学征解老问题	2010-01	48.00	60
500个俄罗斯数学经典老题	2011-01	28.00	81
1000个国外中学物理好题	2012-04	48.00	174
300个日本高考数学题	2012-05	38.00	142
700个早期日本高考数学试题	2017-02	88.00	752
500个前苏联早期高考数学试题及解答	2012-05	28.00	185
546个早期俄罗斯大学生数学竞赛题	2014-03	38.00	285
548个来自美苏的数学好问题	2014-11	28.00	396
20所苏联著名大学早期入学试题	2015-02	18.00	452
161道德国工科大学生必做的微分方程习题	2015-05	28.00	469
500个德国工科大学生必做的高数习题	2015-06	28.00	478
360个数学竞赛问题	2016-08	58.00	677
200个趣味数学故事	2018-02	48.00	857
470个数学奥林匹克中的最值问题	2018-10	88.00	985
德国讲义日本考题.微积分卷	2015-04	48.00	456
德国讲义日本考题.微分方程卷	2015-04	38.00	457
二十世纪中叶中、英、美、日、法、俄高考数学试题精选	2017-06	38.00	783

刘培杰数学工作室
已出版(即将出版)图书目录——初等数学

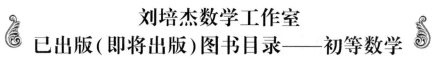

书　名	出版时间	定价	编号
中国初等数学研究　2009 卷(第 1 辑)	2009－05	20.00	45
中国初等数学研究　2010 卷(第 2 辑)	2010－05	30.00	68
中国初等数学研究　2011 卷(第 3 辑)	2011－07	60.00	127
中国初等数学研究　2012 卷(第 4 辑)	2012－07	48.00	190
中国初等数学研究　2014 卷(第 5 辑)	2014－02	48.00	288
中国初等数学研究　2015 卷(第 6 辑)	2015－06	68.00	493
中国初等数学研究　2016 卷(第 7 辑)	2016－04	68.00	609
中国初等数学研究　2017 卷(第 8 辑)	2017－01	98.00	712
初等数学研究在中国.第 1 辑	2019－03	158.00	1024
初等数学研究在中国.第 2 辑	2019－10	158.00	1116
初等数学研究在中国.第 3 辑	2021－05	158.00	1306
初等数学研究在中国.第 4 辑	2022－06	158.00	1520
几何变换(I)	2014－07	28.00	353
几何变换(II)	2015－06	28.00	354
几何变换(III)	2015－01	38.00	355
几何变换(IV)	2015－12	38.00	356
初等数论难题集(第一卷)	2009－05	68.00	44
初等数论难题集(第二卷)(上、下)	2011－02	128.00	82,83
数论概貌	2011－03	18.00	93
代数数论(第二版)	2013－08	58.00	94
代数多项式	2014－06	38.00	289
初等数论的知识与问题	2011－02	28.00	95
超越数论基础	2011－03	28.00	96
数论初等教程	2011－03	28.00	97
数论基础	2011－03	18.00	98
数论基础与维诺格拉多夫	2014－03	18.00	292
解析数论基础	2012－08	28.00	216
解析数论基础(第二版)	2014－01	48.00	287
解析数论问题集(第二版)(原版引进)	2014－05	88.00	343
解析数论问题集(第二版)(中译本)	2016－04	88.00	607
解析数论基础(潘承洞,潘承彪著)	2016－07	98.00	673
解析数论导引	2016－07	58.00	674
数论入门	2011－03	38.00	99
代数数论入门	2015－03	38.00	448
数论开篇	2012－07	28.00	194
解析数论引论	2011－03	48.00	100
Barban Davenport Halberstam 均值和	2009－01	40.00	33
基础数论	2011－03	28.00	101
初等数论 100 例	2011－05	18.00	122
初等数论经典例题	2012－07	18.00	204
最新世界各国数学奥林匹克中的初等数论试题(上、下)	2012－01	138.00	144,145
初等数论(I)	2012－01	18.00	156
初等数论(II)	2012－01	18.00	157
初等数论(III)	2012－01	28.00	158

书　名	出版时间	定　价	编号
平面几何与数论中未解决的新老问题	2013-01	68.00	229
代数数论简史	2014-11	28.00	408
代数数论	2015-09	88.00	532
代数、数论及分析习题集	2016-11	98.00	695
数论导引提要及习题解答	2016-01	48.00	559
素数定理的初等证明.第2版	2016-09	48.00	686
数论中的模函数与狄利克雷级数(第二版)	2017-11	78.00	837
数论:数学导引	2018-01	68.00	849
范氏大代数	2019-02	98.00	1016
解析数学讲义.第一卷,导来式及微分、积分、级数	2019-04	88.00	1021
解析数学讲义.第二卷,关于几何的应用	2019-04	68.00	1022
解析数学讲义.第三卷,解析函数论	2019-04	78.00	1023
分析·组合·数论纵横谈	2019-04	58.00	1039
Hall 代数:民国时期的中学数学课本:英文	2019-08	88.00	1106
基谢廖夫初等代数	2022-07	38.00	1531
数学精神巡礼	2019-01	58.00	731
数学眼光透视(第2版)	2017-06	78.00	732
数学思想领悟(第2版)	2018-01	68.00	733
数学方法溯源(第2版)	2018-08	68.00	734
数学解题引论	2017-05	58.00	735
数学史话览胜(第2版)	2017-01	48.00	736
数学应用展观(第2版)	2017-08	68.00	737
数学建模尝试	2018-04	48.00	738
数学竞赛采风	2018-01	68.00	739
数学测评探营	2019-05	58.00	740
数学技能操握	2018-03	48.00	741
数学欣赏拾趣	2018-02	48.00	742
从毕达哥拉斯到怀尔斯	2007-10	48.00	9
从迪利克雷到维斯卡尔迪	2008-01	48.00	21
从哥德巴赫到陈景润	2008-05	98.00	35
从庞加莱到佩雷尔曼	2011-08	138.00	136
博弈论精粹	2008-03	58.00	30
博弈论精粹.第二版(精装)	2015-01	88.00	461
数学 我爱你	2008-01	28.00	20
精神的圣徒　别样的人生——60 位中国数学家成长的历程	2008-09	48.00	39
数学史概论	2009-06	78.00	50
数学史概论(精装)	2013-03	158.00	272
数学史选讲	2016-01	48.00	544
斐波那契数列	2010-02	28.00	65
数学拼盘和斐波那契魔方	2010-07	38.00	72
斐波那契数列欣赏(第2版)	2018-08	58.00	948
Fibonacci 数列中的明珠	2018-06	58.00	928
数学的创造	2011-02	48.00	85
数学美与创造力	2016-01	48.00	595
数海拾贝	2016-01	48.00	590
数学中的美(第2版)	2019-04	68.00	1057
数论中的美学	2014-12	38.00	351

刘培杰数学工作室
已出版(即将出版)图书目录——初等数学

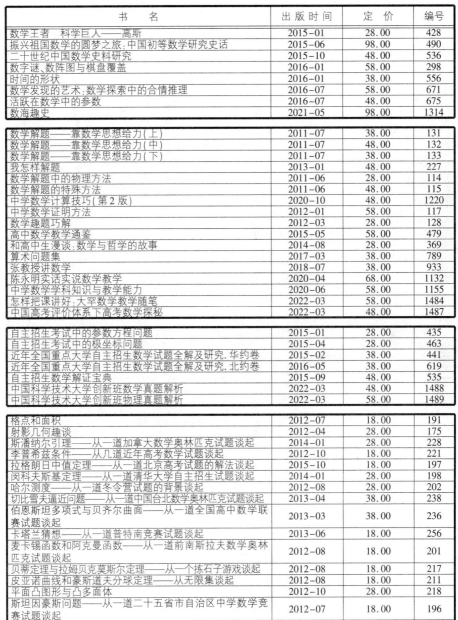

书　　　名	出版时间	定　价	编号
数学王者　科学巨人——高斯	2015-01	28.00	428
振兴祖国数学的圆梦之旅:中国初等数学研究史话	2015-06	98.00	490
二十世纪中国数学史料研究	2015-10	48.00	536
数字谜、数阵图与棋盘覆盖	2016-01	58.00	298
时间的形状	2016-01	38.00	556
数学发现的艺术:数学探索中的合情推理	2016-07	58.00	671
活跃在数学中的参数	2016-07	48.00	675
数海趣史	2021-05	98.00	1314
数学解题——靠数学思想给力(上)	2011-07	38.00	131
数学解题——靠数学思想给力(中)	2011-07	48.00	132
数学解题——靠数学思想给力(下)	2011-07	38.00	133
我怎样解题	2013-01	48.00	227
数学解题中的物理方法	2011-06	28.00	114
数学解题的特殊方法	2011-06	48.00	115
中学数学计算技巧(第2版)	2020-10	48.00	1220
中学数学证明方法	2012-01	58.00	117
数学趣题巧解	2012-03	28.00	128
高中数学教学通鉴	2015-05	58.00	479
和高中生漫谈:数学与哲学的故事	2014-08	28.00	369
算术问题集	2017-03	38.00	789
张教授讲数学	2018-07	38.00	933
陈永明实话实说数学教学	2020-04	68.00	1132
中学数学学科知识与教学能力	2020-06	58.00	1155
怎样把课讲好:大罕数学教学随笔	2022-03	58.00	1484
中国高考评价体系下高考数学探秘	2022-03	48.00	1487
自主招生考试中的参数方程问题	2015-01	28.00	435
自主招生考试中的极坐标问题	2015-04	28.00	463
近年全国重点大学自主招生数学试题全解及研究.华约卷	2015-02	38.00	441
近年全国重点大学自主招生数学试题全解及研究.北约卷	2016-05	38.00	619
自主招生数学解证宝典	2015-09	48.00	535
中国科学技术大学创新班数学真题解析	2022-03	48.00	1488
中国科学技术大学创新班物理真题解析	2022-03	58.00	1489
格点和面积	2012-07	18.00	191
射影几何趣谈	2012-04	28.00	175
斯潘纳尔引理——从一道加拿大数学奥林匹克试题谈起	2014-01	28.00	228
李普希兹条件——从几道近年高考数学试题谈起	2012-10	18.00	221
拉格朗日中值定理——从一道北京高考试题的解法谈起	2015-10	18.00	197
闵科夫斯基定理——从一道清华大学自主招生试题谈起	2014-01	28.00	198
哈尔测度——从一道冬令营试题的背景谈起	2012-08	28.00	202
切比雪夫逼近问题——从一道中国台北数学奥林匹克试题谈起	2013-04	38.00	238
伯恩斯坦多项式与贝齐尔曲面——从一道全国高中数学联赛试题谈起	2013-03	38.00	236
卡塔兰猜想——从一道普特南竞赛试题谈起	2013-06	18.00	256
麦卡锡函数和阿克曼函数——从一道前南斯拉夫数学奥林匹克试题谈起	2012-08	18.00	201
贝蒂定理与拉姆贝克莫斯尔定理——从一个拣石子游戏谈起	2012-08	18.00	217
皮亚诺曲线和豪斯道夫分球定理——从无限集谈起	2012-08	18.00	211
平面凸图形与凸多面体	2012-10	28.00	218
斯坦因豪斯问题——从一道二十五省市自治区中学数学竞赛试题谈起	2012-07	18.00	196

刘培杰数学工作室
已出版(即将出版)图书目录——初等数学

书　名	出版时间	定　价	编号
纽结理论中的亚历山大多项式与琼斯多项式——从一道北京市高一数学竞赛试题谈起	2012-07	28.00	195
原则与策略——从波利亚"解题表"谈起	2013-04	38.00	244
转化与化归——从三大尺规作图不能问题谈起	2012-08	28.00	214
代数几何中的贝祖定理(第一版)——从一道IMO试题的解法谈起	2013-08	18.00	193
成功连贯理论与约当块理论——从一道比利时数学竞赛试题谈起	2012-04	18.00	180
素数判定与大数分解	2014-08	18.00	199
置换多项式及其应用	2012-10	18.00	220
椭圆函数与模函数——从一道美国加州大学洛杉矶分校(UCLA)博士资格考题谈起	2012-10	28.00	219
差分方程的拉格朗日方法——从一道2011年全国高考理科试题的解法谈起	2012-08	28.00	200
力学在几何中的一些应用	2013-01	38.00	240
从根式解到伽罗华理论	2020-01	48.00	1121
康托洛维奇不等式——从一道全国高中联赛试题谈起	2013-03	28.00	337
西格尔引理——从一道第18届IMO试题的解法谈起	即将出版		
罗斯定理——从一道前苏联数学竞赛试题谈起	即将出版		
拉克斯定理和阿廷定理——从一道IMO试题的解法谈起	2014-01	58.00	246
毕卡大定理——从一道美国大学数学竞赛试题谈起	2014-07	18.00	350
贝齐尔曲线——从一道全国高中联赛试题谈起	即将出版		
拉格朗日乘子定理——从一道2005年全国高中联赛试题的高等数学解法谈起	2015-05	28.00	480
雅可比定理——从一道日本数学奥林匹克试题谈起	2013-04	48.00	249
李天岩-约克定理——从一道波兰数学竞赛试题谈起	2014-06	28.00	349
受控理论与初等不等式;从一道IMO试题的解法谈起	2023-03	48.00	1601
布劳维不动点定理——从一道前苏联数学奥林匹克试题谈起	2014-01	38.00	273
伯恩赛德定理——从一道英国数学奥林匹克试题谈起	即将出版		
布查特-莫斯特定理——从一道上海市初中竞赛试题谈起	即将出版		
数论中的同余数问题——从一道普特南竞赛试题谈起	即将出版		
范·德蒙行列式——从一道美国数学奥林匹克试题谈起	即将出版		
中国剩余定理;总数法构建中国历史年表	2015-01	28.00	430
牛顿程序与方程求根——从一道全国高考试题解法谈起	即将出版		
库默尔定理——从一道IMO预选试题谈起	即将出版		
卢丁定理——从一道冬令营试题的解法谈起	即将出版		
沃斯滕霍姆定理——从一道IMO预选试题谈起	即将出版		
卡尔松不等式——从一道莫斯科数学奥林匹克试题谈起	即将出版		
信息论中的香农熵——从一道近年高考压轴题谈起	即将出版		
约当不等式——从一道希望杯竞赛试题谈起	即将出版		
拉比诺维奇定理	即将出版		
刘维尔定理——从一道《美国数学月刊》征解问题的解法谈起	即将出版		
卡塔兰恒等式与级数求和——从一道IMO试题的解法谈起	即将出版		
勒让德猜想与素数分布——从一道爱尔兰竞赛试题谈起	即将出版		
天平称重与信息论——从一道基辅市数学奥林匹克试题谈起	即将出版		
哈密尔顿-凯莱定理;从一道高中数学联赛试题的解法谈起	2014-09	18.00	376
艾思特曼定理——从一道CMO试题的解法谈起	即将出版		

刘培杰数学工作室
已出版（即将出版）图书目录——初等数学

书　名	出版时间	定　价	编号
阿贝尔恒等式与经典不等式及应用	2018-06	98.00	923
迪利克雷除数问题	2018-07	48.00	930
幻方、幻立方与拉丁方	2019-08	48.00	1092
帕斯卡三角形	2014-03	18.00	294
蒲丰投针问题——从2009年清华大学的一道自主招生试题谈起	2014-01	38.00	295
斯图姆定理——从一道"华约"自主招生试题的解法谈起	2014-01	18.00	296
许瓦兹引理——从一道加利福尼亚大学伯克利分校数学系博士生试题谈起	2014-08	18.00	297
拉姆塞定理——从王诗宬院士的一个问题谈起	2016-04	48.00	299
坐标法	2013-12	28.00	332
数论三角形	2014-04	38.00	341
毕克定理	2014-07	18.00	352
数林掠影	2014-09	48.00	389
我们周围的概率	2014-10	38.00	390
凸函数最值定理：从一道华约自主招生题的解法谈起	2014-10	28.00	391
易学与数学奥林匹克	2014-10	38.00	392
生物数学趣谈	2015-01	18.00	409
反演	2015-01	28.00	420
因式分解与圆锥曲线	2015-01	18.00	426
轨迹	2015-01	28.00	427
面积原理：从常庚哲命的一道CMO试题的积分解法谈起	2015-01	48.00	431
形形色色的不动点定理：从一道28届IMO试题谈起	2015-01	38.00	439
柯西函数方程：从一道上海交大自主招生的试题谈起	2015-02	28.00	440
三角恒等式	2015-02	28.00	442
无理性判定：从一道2014年"北约"自主招生试题谈起	2015-01	38.00	443
数学归纳法	2015-03	18.00	451
极端原理与解题	2015-04	28.00	464
法雷级数	2014-08	18.00	367
摆线族	2015-01	38.00	438
函数方程及其解法	2015-05	38.00	470
含参数的方程和不等式	2012-09	28.00	213
希尔伯特第十问题	2016-01	38.00	543
无穷小量的求和	2016-01	28.00	545
切比雪夫多项式：从一道清华大学金秋营试题谈起	2016-01	38.00	583
泽肯多夫定理	2016-03	38.00	599
代数等式证题法	2016-01	28.00	600
三角等式证题法	2016-01	28.00	601
吴大任教授藏书中的一个因式分解公式：从一道美国数学邀请赛试题的解法谈起	2016-06	28.00	656
易卦——类万物的数学模型	2017-08	68.00	838
"不可思议"的数与数系可持续发展	2018-01	38.00	878
最短线	2018-01	38.00	879
数学在天文、地理、光学、机械力学中的一些应用	2023-03	88.00	1576
从阿基米德三角形谈起	2023-01	28.00	1578
幻方和魔方（第一卷）	2012-05	68.00	173
尘封的经典——初等数学经典文献选读（第一卷）	2012-07	48.00	205
尘封的经典——初等数学经典文献选读（第二卷）	2012-07	38.00	206
初级方程式论	2011-03	28.00	106
初等数学研究（Ⅰ）	2008-09	68.00	37
初等数学研究（Ⅱ）（上、下）	2009-05	118.00	46,47
初等数学专题研究	2022-10	68.00	1568

刘培杰数学工作室
已出版(即将出版)图书目录——初等数学

书　名	出版时间	定　价	编号
趣味初等方程妙题集锦	2014-09	48.00	388
趣味初等数论选美与欣赏	2015-02	48.00	445
耕读笔记(上卷):一位农民数学爱好者的初数探索	2015-04	28.00	459
耕读笔记(中卷):一位农民数学爱好者的初数探索	2015-05	28.00	483
耕读笔记(下卷):一位农民数学爱好者的初数探索	2015-05	28.00	484
几何不等式研究与欣赏.上卷	2016-01	88.00	547
几何不等式研究与欣赏.下卷	2016-01	48.00	552
初等数列研究与欣赏·上	2016-01	48.00	570
初等数列研究与欣赏·下	2016-01	48.00	571
趣味初等函数研究与欣赏.上	2016-09	48.00	684
趣味初等函数研究与欣赏.下	2018-09	48.00	685
三角不等式研究与欣赏	2020-10	68.00	1197
新编平面解析几何解题方法研究与欣赏	2021-10	78.00	1426
火柴游戏(第2版)	2022-05	38.00	1493
智力解谜.第1卷	2017-07	38.00	613
智力解谜.第2卷	2017-07	38.00	614
故事智力	2016-07	48.00	615
名人们喜欢的智力问题	2020-01	48.00	616
数学大师的发现、创造与失误	2018-01	48.00	617
异曲同工	2018-09	48.00	618
数学的味道	2018-01	58.00	798
数学千字文	2018-10	68.00	977
数贝偶拾——高考数学题研究	2014-04	28.00	274
数贝偶拾——初等数学研究	2014-04	38.00	275
数贝偶拾——奥数题研究	2014-04	48.00	276
钱昌本教你快乐学数学(上)	2011-12	48.00	155
钱昌本教你快乐学数学(下)	2012-03	58.00	171
集合、函数与方程	2014-01	28.00	300
数列与不等式	2014-01	38.00	301
三角与平面向量	2014-01	28.00	302
平面解析几何	2014-01	38.00	303
立体几何与组合	2014-01	28.00	304
极限与导数、数学归纳法	2014-01	38.00	305
趣味数学	2014-03	28.00	306
教材教法	2014-04	68.00	307
自主招生	2014-05	58.00	308
高考压轴题(上)	2015-01	48.00	309
高考压轴题(下)	2014-10	68.00	310
从费马到怀尔斯——费马大定理的历史	2013-10	198.00	I
从庞加莱到佩雷尔曼——庞加莱猜想的历史	2013-10	298.00	II
从切比雪夫到爱尔特希(上)——素数定理的初等证明	2013-07	48.00	III
从切比雪夫到爱尔特希(下)——素数定理100年	2012-12	98.00	III
从高斯到盖尔方特——二次域的高斯猜想	2013-10	198.00	IV
从库默尔到朗兰兹——朗兰兹猜想的历史	2014-01	98.00	V
从比勃巴赫到德布朗斯——比勃巴赫猜想的历史	2014-02	298.00	VI
从麦比乌斯到陈省身——麦比乌斯变换与麦比乌斯带	2014-02	298.00	VII
从布尔到豪斯道夫——布尔方程与格论漫谈	2013-10	198.00	VIII
从开普勒到阿诺德——三体问题的历史	2014-05	298.00	IX
从华林到华罗庚——华林问题的历史	2013-10	298.00	X

刘培杰数学工作室
已出版(即将出版)图书目录——初等数学

书　名	出版时间	定　价	编号
美国高中数学竞赛五十讲.第1卷(英文)	2014-08	28.00	357
美国高中数学竞赛五十讲.第2卷(英文)	2014-08	28.00	358
美国高中数学竞赛五十讲.第3卷(英文)	2014-09	28.00	359
美国高中数学竞赛五十讲.第4卷(英文)	2014-09	28.00	360
美国高中数学竞赛五十讲.第5卷(英文)	2014-10	28.00	361
美国高中数学竞赛五十讲.第6卷(英文)	2014-11	28.00	362
美国高中数学竞赛五十讲.第7卷(英文)	2014-12	28.00	363
美国高中数学竞赛五十讲.第8卷(英文)	2015-01	28.00	364
美国高中数学竞赛五十讲.第9卷(英文)	2015-01	28.00	365
美国高中数学竞赛五十讲.第10卷(英文)	2015-02	38.00	366
三角函数(第2版)	2017-04	38.00	626
不等式	2014-01	38.00	312
数列	2014-01	38.00	313
方程(第2版)	2017-04	38.00	624
排列和组合	2014-01	28.00	315
极限与导数(第2版)	2016-04	38.00	635
向量(第2版)	2018-08	58.00	627
复数及其应用	2014-08	28.00	318
函数	2014-01	38.00	319
集合	2020-01	48.00	320
直线与平面	2014-01	28.00	321
立体几何(第2版)	2016-04	38.00	629
解三角形	即将出版		323
直线与圆(第2版)	2016-11	38.00	631
圆锥曲线(第2版)	2016-09	48.00	632
解题通法(一)	2014-07	38.00	326
解题通法(二)	2014-07	38.00	327
解题通法(三)	2014-05	38.00	328
概率与统计	2014-01	28.00	329
信息迁移与算法	即将出版		330
IMO 50年.第1卷(1959-1963)	2014-11	28.00	377
IMO 50年.第2卷(1964-1968)	2014-11	28.00	378
IMO 50年.第3卷(1969-1973)	2014-09	28.00	379
IMO 50年.第4卷(1974-1978)	2016-04	38.00	380
IMO 50年.第5卷(1979-1984)	2015-04	38.00	381
IMO 50年.第6卷(1985-1989)	2015-04	58.00	382
IMO 50年.第7卷(1990-1994)	2016-01	48.00	383
IMO 50年.第8卷(1995-1999)	2016-06	38.00	384
IMO 50年.第9卷(2000-2004)	2015-04	58.00	385
IMO 50年.第10卷(2005-2009)	2016-01	48.00	386
IMO 50年.第11卷(2010-2015)	2017-03	48.00	646

刘培杰数学工作室
已出版（即将出版）图书目录——初等数学

书　名	出版时间	定　价	编号
数学反思(2006—2007)	2020—09	88.00	915
数学反思(2008—2009)	2019—01	68.00	917
数学反思(2010—2011)	2018—05	58.00	916
数学反思(2012—2013)	2019—01	58.00	918
数学反思(2014—2015)	2019—03	78.00	919
数学反思(2016—2017)	2021—03	58.00	1286
数学反思(2018—2019)	2023—01	88.00	1593
历届美国大学生数学竞赛试题集.第一卷(1938—1949)	2015—01	28.00	397
历届美国大学生数学竞赛试题集.第二卷(1950—1959)	2015—01	28.00	398
历届美国大学生数学竞赛试题集.第三卷(1960—1969)	2015—01	28.00	399
历届美国大学生数学竞赛试题集.第四卷(1970—1979)	2015—01	18.00	400
历届美国大学生数学竞赛试题集.第五卷(1980—1989)	2015—01	28.00	401
历届美国大学生数学竞赛试题集.第六卷(1990—1999)	2015—01	28.00	402
历届美国大学生数学竞赛试题集.第七卷(2000—2009)	2015—08	18.00	403
历届美国大学生数学竞赛试题集.第八卷(2010—2012)	2015—01	18.00	404
新课标高考数学创新题解题诀窍:总论	2014—09	28.00	372
新课标高考数学创新题解题诀窍:必修1~5分册	2014—08	38.00	373
新课标高考数学创新题解题诀窍:选修2-1,2-2,1-1,1-2分册	2014—09	38.00	374
新课标高考数学创新题解题诀窍:选修2-3,4-4,4-5分册	2014—09	18.00	375
全国重点大学自主招生英文数学试题全攻略:词汇卷	2015—07	48.00	410
全国重点大学自主招生英文数学试题全攻略:概念卷	2015—01	28.00	411
全国重点大学自主招生英文数学试题全攻略:文章选读卷(上)	2016—09	38.00	412
全国重点大学自主招生英文数学试题全攻略:文章选读卷(下)	2017—01	58.00	413
全国重点大学自主招生英文数学试题全攻略:试题卷	2015—07	38.00	414
全国重点大学自主招生英文数学试题全攻略:名著欣赏卷	2017—03	48.00	415
劳埃德数学趣题大全.题目卷.1:英文	2016—01	18.00	516
劳埃德数学趣题大全.题目卷.2:英文	2016—01	18.00	517
劳埃德数学趣题大全.题目卷.3:英文	2016—01	18.00	518
劳埃德数学趣题大全.题目卷.4:英文	2016—01	18.00	519
劳埃德数学趣题大全.题目卷.5:英文	2016—01	18.00	520
劳埃德数学趣题大全.答案卷:英文	2016—01	18.00	521
李成章教练奥数笔记.第1卷	2016—01	48.00	522
李成章教练奥数笔记.第2卷	2016—01	48.00	523
李成章教练奥数笔记.第3卷	2016—01	38.00	524
李成章教练奥数笔记.第4卷	2016—01	38.00	525
李成章教练奥数笔记.第5卷	2016—01	38.00	526
李成章教练奥数笔记.第6卷	2016—01	38.00	527
李成章教练奥数笔记.第7卷	2016—01	38.00	528
李成章教练奥数笔记.第8卷	2016—01	48.00	529
李成章教练奥数笔记.第9卷	2016—01	28.00	530

刘培杰数学工作室
已出版（即将出版）图书目录——初等数学

书　　名	出版时间	定　价	编号
第19～23届"希望杯"全国数学邀请赛试题审题要津详细评注(初一版)	2014-03	28.00	333
第19～23届"希望杯"全国数学邀请赛试题审题要津详细评注(初二、初三版)	2014-03	38.00	334
第19～23届"希望杯"全国数学邀请赛试题审题要津详细评注(高一版)	2014-03	28.00	335
第19～23届"希望杯"全国数学邀请赛试题审题要津详细评注(高二版)	2014-03	38.00	336
第19～25届"希望杯"全国数学邀请赛试题审题要津详细评注(初一版)	2015-01	38.00	416
第19～25届"希望杯"全国数学邀请赛试题审题要津详细评注(初二、初三版)	2015-01	58.00	417
第19～25届"希望杯"全国数学邀请赛试题审题要津详细评注(高一版)	2015-01	48.00	418
第19～25届"希望杯"全国数学邀请赛试题审题要津详细评注(高二版)	2015-01	48.00	419
物理奥林匹克竞赛大题典——力学卷	2014-11	48.00	405
物理奥林匹克竞赛大题典——热学卷	2014-04	28.00	339
物理奥林匹克竞赛大题典——电磁学卷	2015-07	48.00	406
物理奥林匹克竞赛大题典——光学与近代物理卷	2014-06	28.00	345
历届中国东南地区数学奥林匹克试题集(2004～2012)	2014-06	18.00	346
历届中国西部地区数学奥林匹克试题集(2001～2012)	2014-07	18.00	347
历届中国女子数学奥林匹克试题集(2002～2012)	2014-08	18.00	348
数学奥林匹克在中国	2014-06	98.00	344
数学奥林匹克问题集	2014-01	38.00	267
数学奥林匹克不等式散论	2010-06	38.00	124
数学奥林匹克不等式欣赏	2011-09	38.00	138
数学奥林匹克超级题库(初中卷上)	2010-01	58.00	66
数学奥林匹克不等式证明方法和技巧(上、下)	2011-08	158.00	134,135
他们学什么:原民主德国中学数学课本	2016-09	38.00	658
他们学什么:英国中学数学课本	2016-09	38.00	659
他们学什么:法国中学数学课本.1	2016-09	38.00	660
他们学什么:法国中学数学课本.2	2016-09	28.00	661
他们学什么:法国中学数学课本.3	2016-09	38.00	662
他们学什么:苏联中学数学课本	2016-09	28.00	679
高中数学题典——集合与简易逻辑·函数	2016-07	48.00	647
高中数学题典——导数	2016-07	48.00	648
高中数学题典——三角函数·平面向量	2016-07	48.00	649
高中数学题典——数列	2016-07	58.00	650
高中数学题典——不等式·推理与证明	2016-07	38.00	651
高中数学题典——立体几何	2016-07	48.00	652
高中数学题典——平面解析几何	2016-07	78.00	653
高中数学题典——计数原理·统计·概率·复数	2016-07	48.00	654
高中数学题典——算法·平面几何·初等数论·组合数学·其他	2016-07	68.00	655

刘培杰数学工作室

已出版（即将出版）图书目录——初等数学

书　　名	出版时间	定　价	编号
台湾地区奥林匹克数学竞赛试题.小学一年级	2017-03	38.00	722
台湾地区奥林匹克数学竞赛试题.小学二年级	2017-03	38.00	723
台湾地区奥林匹克数学竞赛试题.小学三年级	2017-03	38.00	724
台湾地区奥林匹克数学竞赛试题.小学四年级	2017-03	38.00	725
台湾地区奥林匹克数学竞赛试题.小学五年级	2017-03	38.00	726
台湾地区奥林匹克数学竞赛试题.小学六年级	2017-03	38.00	727
台湾地区奥林匹克数学竞赛试题.初中一年级	2017-03	38.00	728
台湾地区奥林匹克数学竞赛试题.初中二年级	2017-03	38.00	729
台湾地区奥林匹克数学竞赛试题.初中三年级	2017-03	28.00	730
不等式证题法	2017-04	28.00	747
平面几何培优教程	2019-08	88.00	748
奥数鼎级培优教程.高一分册	2018-09	88.00	749
奥数鼎级培优教程.高二分册.上	2018-04	68.00	750
奥数鼎级培优教程.高二分册.下	2018-04	68.00	751
高中数学竞赛冲刺宝典	2019-04	68.00	883
初中尖子生数学超级题典.实数	2017-07	58.00	792
初中尖子生数学超级题典.式、方程与不等式	2017-08	58.00	793
初中尖子生数学超级题典.圆、面积	2017-08	38.00	794
初中尖子生数学超级题典.函数、逻辑推理	2017-08	48.00	795
初中尖子生数学超级题典.角、线段、三角形与多边形	2017-07	58.00	796
数学王子——高斯	2018-01	48.00	858
坎坷奇星——阿贝尔	2018-01	48.00	859
闪烁奇星——伽罗瓦	2018-01	58.00	860
无穷统帅——康托尔	2018-01	48.00	861
科学公主——柯瓦列夫斯卡娅	2018-01	48.00	862
抽象代数之母——埃米·诺特	2018-01	48.00	863
电脑先驱——图灵	2018-01	58.00	864
昔日神童——维纳	2018-01	48.00	865
数坛怪侠——爱尔特希	2018-01	68.00	866
传奇数学家徐利治	2019-09	88.00	1110
当代世界中的数学.数学思想与数学基础	2019-01	38.00	892
当代世界中的数学.数学问题	2019-01	38.00	893
当代世界中的数学.应用数学与数学应用	2019-01	38.00	894
当代世界中的数学.数学王国的新疆域（一）	2019-01	38.00	895
当代世界中的数学.数学王国的新疆域（二）	2019-01	38.00	896
当代世界中的数学.数林撷英（一）	2019-01	38.00	897
当代世界中的数学.数林撷英（二）	2019-01	48.00	898
当代世界中的数学.数学之路	2019-01	38.00	899

书 名	出版时间	定 价	编号
105 个代数问题:来自 AwesomeMath 夏季课程	2019-02	58.00	956
106 个几何问题:来自 AwesomeMath 夏季课程	2020-07	58.00	957
107 个几何问题:来自 AwesomeMath 全年课程	2020-07	58.00	958
108 个代数问题:来自 AwesomeMath 全年课程	2019-01	68.00	959
109 个不等式:来自 AwesomeMath 夏季课程	2019-04	58.00	960
国际数学奥林匹克中的 110 个几何问题	即将出版		961
111 个代数和数论问题	2019-05	58.00	962
112 个组合问题:来自 AwesomeMath 夏季课程	2019-05	58.00	963
113 个几何不等式:来自 AwesomeMath 夏季课程	2020-08	58.00	964
114 个指数和对数问题:来自 AwesomeMath 夏季课程	2019-09	48.00	965
115 个三角问题:来自 AwesomeMath 夏季课程	2019-09	58.00	966
116 个代数不等式:来自 AwesomeMath 全年课程	2019-04	58.00	967
117 个多项式问题:来自 AwesomeMath 夏季课程	2021-09	58.00	1409
118 个数学竞赛不等式	2022-08	78.00	1526
紫色彗星国际数学竞赛试题	2019-02	58.00	999
数学竞赛中的数学:为数学爱好者、父母、教师和教练准备的丰富资源. 第一部	2020-04	58.00	1141
数学竞赛中的数学:为数学爱好者、父母、教师和教练准备的丰富资源. 第二部	2020-07	48.00	1142
和与积	2020-10	38.00	1219
数论:概念和问题	2020-12	68.00	1257
初等数学问题研究	2021-03	48.00	1270
数学奥林匹克中的欧几里得几何	2021-10	68.00	1413
数学奥林匹克题解新编	2022-01	58.00	1430
图论入门	2022-09	58.00	1554
澳大利亚中学数学竞赛试题及解答(初级卷)1978~1984	2019-02	28.00	1002
澳大利亚中学数学竞赛试题及解答(初级卷)1985~1991	2019-02	28.00	1003
澳大利亚中学数学竞赛试题及解答(初级卷)1992~1998	2019-02	28.00	1004
澳大利亚中学数学竞赛试题及解答(初级卷)1999~2005	2019-02	28.00	1005
澳大利亚中学数学竞赛试题及解答(中级卷)1978~1984	2019-03	28.00	1006
澳大利亚中学数学竞赛试题及解答(中级卷)1985~1991	2019-03	28.00	1007
澳大利亚中学数学竞赛试题及解答(中级卷)1992~1998	2019-03	28.00	1008
澳大利亚中学数学竞赛试题及解答(中级卷)1999~2005	2019-03	28.00	1009
澳大利亚中学数学竞赛试题及解答(高级卷)1978~1984	2019-05	28.00	1010
澳大利亚中学数学竞赛试题及解答(高级卷)1985~1991	2019-05	28.00	1011
澳大利亚中学数学竞赛试题及解答(高级卷)1992~1998	2019-05	28.00	1012
澳大利亚中学数学竞赛试题及解答(高级卷)1999~2005	2019-05	28.00	1013
天才中小学生智力测验题. 第一卷	2019-03	38.00	1026
天才中小学生智力测验题. 第二卷	2019-03	38.00	1027
天才中小学生智力测验题. 第三卷	2019-03	38.00	1028
天才中小学生智力测验题. 第四卷	2019-03	38.00	1029
天才中小学生智力测验题. 第五卷	2019-03	38.00	1030
天才中小学生智力测验题. 第六卷	2019-03	38.00	1031
天才中小学生智力测验题. 第七卷	2019-03	38.00	1032
天才中小学生智力测验题. 第八卷	2019-03	38.00	1033
天才中小学生智力测验题. 第九卷	2019-03	38.00	1034
天才中小学生智力测验题. 第十卷	2019-03	38.00	1035
天才中小学生智力测验题. 第十一卷	2019-03	38.00	1036
天才中小学生智力测验题. 第十二卷	2019-03	38.00	1037
天才中小学生智力测验题. 第十三卷	2019-03	38.00	1038

书　　名	出版时间	定　价	编号
重点大学自主招生数学备考全书:函数	2020-05	48.00	1047
重点大学自主招生数学备考全书:导数	2020-08	48.00	1048
重点大学自主招生数学备考全书:数列与不等式	2019-10	78.00	1049
重点大学自主招生数学备考全书:三角函数与平面向量	2020-08	68.00	1050
重点大学自主招生数学备考全书:平面解析几何	2020-07	58.00	1051
重点大学自主招生数学备考全书:立体几何与平面几何	2019-08	48.00	1052
重点大学自主招生数学备考全书:排列组合·概率统计·复数	2019-09	48.00	1053
重点大学自主招生数学备考全书:初等数论与组合数学	2019-08	48.00	1054
重点大学自主招生数学备考全书:重点大学自主招生真题.上	2019-04	68.00	1055
重点大学自主招生数学备考全书:重点大学自主招生真题.下	2019-04	58.00	1056
高中数学竞赛培训教程:平面几何问题的求解方法与策略.上	2018-05	68.00	906
高中数学竞赛培训教程:平面几何问题的求解方法与策略.下	2018-06	78.00	907
高中数学竞赛培训教程:整除与同余以及不定方程	2018-01	88.00	908
高中数学竞赛培训教程:组合计数与组合极值	2018-04	48.00	909
高中数学竞赛培训教程:初等代数	2019-04	78.00	1042
高中数学讲座:数学竞赛基础教程（第一册）	2019-06	48.00	1094
高中数学讲座:数学竞赛基础教程（第二册）	即将出版		1095
高中数学讲座:数学竞赛基础教程（第三册）	即将出版		1096
高中数学讲座:数学竞赛基础教程（第四册）	即将出版		1097
新编中学数学解题方法1000招丛书.实数(初中版)	2022-05	58.00	1291
新编中学数学解题方法1000招丛书.式(初中版)	2022-05	48.00	1292
新编中学数学解题方法1000招丛书.方程与不等式(初中版)	2021-04	58.00	1293
新编中学数学解题方法1000招丛书.函数(初中版)	2022-05	38.00	1294
新编中学数学解题方法1000招丛书.角(初中版)	2022-05	48.00	1295
新编中学数学解题方法1000招丛书.线段(初中版)	2022-05	48.00	1296
新编中学数学解题方法1000招丛书.三角形与多边形(初中版)	2021-04	48.00	1297
新编中学数学解题方法1000招丛书.圆(初中版)	2022-05	48.00	1298
新编中学数学解题方法1000招丛书.面积(初中版)	2021-07	28.00	1299
新编中学数学解题方法1000招丛书.逻辑推理(初中版)	2022-06	48.00	1300
高中数学题典精编.第一辑.函数	2022-01	58.00	1444
高中数学题典精编.第一辑.导数	2022-01	68.00	1445
高中数学题典精编.第一辑.三角函数·平面向量	2022-01	68.00	1446
高中数学题典精编.第一辑.数列	2022-01	58.00	1447
高中数学题典精编.第一辑.不等式·推理与证明	2022-01	58.00	1448
高中数学题典精编.第一辑.立体几何	2022-01	58.00	1449
高中数学题典精编.第一辑.平面解析几何	2022-01	68.00	1450
高中数学题典精编.第一辑.统计·概率·平面几何	2022-01	58.00	1451
高中数学题典精编.第一辑.初等数论·组合数学·数学文化·解题方法	2022-01	58.00	1452
历届全国初中数学竞赛试题分类解析.初等代数	2022-09	98.00	1555
历届全国初中数学竞赛试题分类解析.初等数论	2022-09	48.00	1556
历届全国初中数学竞赛试题分类解析.平面几何	2022-09	38.00	1557
历届全国初中数学竞赛试题分类解析.组合	2022-09	38.00	1558

联系地址:哈尔滨市南岗区复华四道街10号　哈尔滨工业大学出版社刘培杰数学工作室

网　　址:http://lpj.hit.edu.cn/

邮　　编:150006

联系电话:0451-86281378　　13904613167

E-mail:lpj1378@163.com